U0265711

职业教育智能建造工程技术系列教材

人工智能通识与应用

姚 琦 杨华峰 主 编

中国建筑工业出版社

图书在版编目（CIP）数据

人工智能通识与应用 / 姚琦，杨华峰主编. --北京：中国建筑工业出版社，2024.9. --（职业教育智能建造工程技术系列教材）. -- ISBN 978-7-112-29940-9

Ⅰ. TP18

中国国家版本馆CIP数据核字第2024BC1279号

本教材较为系统、全面地介绍了人工智能的基础知识及在行业的应用。全书分为人工智能通识、人工智能的行业应用、人工智能在土建行业的实践与应用3个模块，共9个项目，主要内容包括：人工智能的发展历程、人工智能的基础知识、人工智能的硬件技术、人工智能的软件技术、人工智能的产业发展、人工智能的产业应用、初识智能建造、人工智能技术的应用、人工智能机器人在智慧工地施工现场的应用。

本教材主要用作高等职业教育人工智能技术、智能建造技术、建筑工程技术等专业人工智能通识类课程，以及程序员、智能建造技师、人工智能兴趣爱好者等学习、参考。本教材配套大量教学微课及一个实践环节教学平台，供教师和学生使用。

为了便于本课程教学，作者自制免费课件资源，索取方式为：1. 邮箱：jckj@cabp.com.cn；2. 电话：（010）58337285；3. QQ服务群：472187676。

责任编辑：司　汉
书籍设计：锋尚设计
责任校对：李美娜

职业教育智能建造工程技术系列教材
人工智能通识与应用
姚　琦　杨华峰　主　编

*

中国建筑工业出版社出版、发行（北京海淀三里河路9号）
各地新华书店、建筑书店经销
北京锋尚制版有限公司制版
北京市密东印刷有限公司印刷

*

开本：787毫米×1092毫米　1/16　印张：17¼　字数：372千字
2024年8月第一版　2024年8月第一次印刷
定价：**58.00**元（赠教师课件）
ISBN 978-7-112-29940-9
（43011）

本书编审委员会

主　　编： 姚　琦　广西建设职业技术学院

杨华峰　深圳国腾安职业教育科技有限公司

副 主 编： 林冠宏　广西建设职业技术学院

黄　平　广西建设职业技术学院

罗献燕　广西建设职业技术学院

陶伯雄　广西建设职业技术学院

龙其生　广西华业建筑工程有限公司

参　　编： 冯耀纪　广西建设职业技术学院

张英楠　上海建工四建集团有限公司

袁立栋　国汽智控（重庆）科技有限公司

谭翰哲　广西体育高等专科学校

胡　涛　广西体育高等专科学校

主　　审： 庞毅玲　广西建设职业技术学院

安　晖　中国电子信息产业发展研究院

支持单位： 深圳国腾安职业教育科技有限公司

广西华业建筑工程有限公司

上海建工四建集团有限公司

前　言

本教材是以《国家职业教育改革实施方案》《关于深化现代职业教育体系建设改革的意见》《新一代人工智能发展规划》《关于加快场景创新以人工智能高水平应用促进经济高质量发展的指导意见》等文件精神作为行动纲领，依据全国住房和城乡建设职业教育教学指导委员会出台的《建筑工程技术专业教学基本要求》《建筑工程技术专业教学标准》《智能建造技术专业教学标准》等教学指导文件指导编写。紧跟“国家中长期教育改革和发展规划纲要”的精神，逐步落实“教、学、做”一体的教学模式改革，教程内容对接行业信息化、智能化发展对岗位的要求，把培养学生对人工智能通识知识的学习和应用放在教与学的突出位置上，强化能力的培养。

本教材是由国家级职业教育教师教学创新团队主要成员与“打造世界一流职业技能实训平台、构建全球职业技能实训标准”的深圳国腾安职业教育科技有限公司、广西华业建筑工程有限公司合作编写，为新型数字化教材，教材较为系统、全面地介绍了人工智能的基础知识及其在行业的应用。本教材注重落实立德树人的根本任务，促进学生成为“德智体美劳”全面发展的社会主义建设者和接班人。教材内容融入思想政治教育，推进中华民族文化自信自强。

本教材从人工智能发展中的新技术、新职业、新岗位对职业院校土建类专业学生提出的新要求出发，通过人工智能的认知教学与人工智能的应用实训实践，在“知”与“行”之间搭建平台，以拓宽学生人工智能视野、培育学生人工智能思维、锻炼学生人工智能应用实践能力。在编排形式上，本教材采用任务驱动法、以“任务描述–任务成果–任务实施–知识链接”的形式进行设计，以真实案例为基础，突出人工智能应用的核心技能培养；在内容设计上，本教材采取“理论+实践”一体化的编写模式，以案例导出问题，并根据内容设计相应的情境及实训，将相关原理与实操训练有机结合，围绕关键知识点引入相关实例，归纳总结理论，分析判断解决问题的途径和方法。

本教材由姚琦、杨华峰任主编并统稿，庞毅玲、安晖主审，林冠宏、黄平、罗献燕、陶伯雄、龙其生任副主编，冯耀纪、张英楠、袁立栋、谭翰哲、胡涛参编。具体编写分工如下：项目1、项目2由姚琦编写；项目3、项目4由林冠宏编写；项目5、项目6由罗献燕编写；项目7由黄平、杨华峰编写；项目8由冯耀纪、谭翰哲编写；项目9由陶伯雄、胡涛编写。张英楠、袁立栋、龙其生提供了相关资料和素材。

由于编写水平有限，对人工智能新技术的学习理解有限，书中难免有疏漏之处，恳请广大读者批评指正。

目　录

项目 1
人工智能的发展历程

学习情景

人工智能（Artificial Intelligence，简称AI）在2016年3月就曾进入大众视野，AlphaGo与围棋世界冠军进行人机对战，最终以4：1获胜，之后该程序在中国棋类网站上与数十位中日韩围棋高手进行对决，连续60局无一败绩。最近几年，世界各国为抢占人工智能市场，陆续发布了相关战略、政策和法律文件，我国也发布了《国务院关于印发新一代人工智能发展规划的通知》等文件，体现了国家在战略层面对于人工智能技术的高度重视。

了解人工智能每个发展阶段的重要事件，对整个人工智能的历史有一个清晰的认识，是迈入人工智能学习领域的第一步。通过本项目的学习，我们可以了解人工智能的起源、发展历程、发展趋势以及面临的困境，可以更深入地理解人工智能，体会到人工智能带来的职业岗位变化以及整个产业的发展趋势。

学习目标

1. 素质目标

人工智能的快速发展，极大地影响甚至改变社会生产与生活，人工智能的应用领域具有跨学科的属性，学生应能结合自身的专业，与人工智能技术实现有机地结合，应培养学生具有很强的自我提升能力及活跃的技术创新能力。

2. 知识目标

（1）了解人工智能的起源及发展历程。

（2）了解人工智能领域发展的趋势及带来的职业变化。

（3）了解人工智能所面临的问题。

3. 能力目标

（1）能够理解人工智能的定义及分级。

（2）能够简述人工智能的发展历史。

（3）能够简述人工智能的发展给工作和生活带来的变化。

思维导图

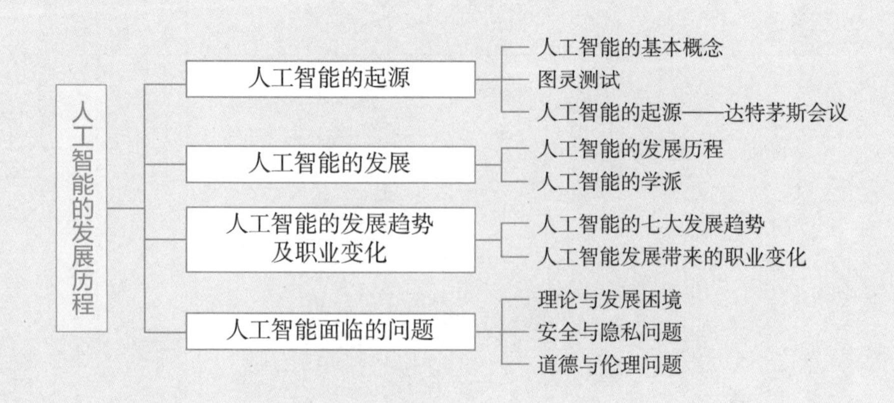

任务 1.1 人工智能的起源

【任务描述】

请说说将达特茅斯会议作为人工智能起源的原因是什么？自己身边的人工智能都有哪些？分别属于哪个级别？它给你的生活带来了哪些改变？你对这些改变有什么看法？

【任务成果】

完成并提交学习任务成果1.1。

学习任务成果1.1

一、请说说将达特茅斯会议作为人工智能起源的原因是什么？

二、出现在自己身边的人工智能都有哪些？分别属于哪个级别？它给你的生活带来了哪些改变？你对这些改变有什么看法？

学校				成绩
专业		姓名		
班级		学号		

【任务实施】

步骤一：将全班同学进行分组，每组4～6人，每小组推选一名同学为组长，负责与老师的联系。

步骤二：由小组长就任务提出的问题组织开展讨论，要求每位同学参与发言。

步骤三：请各小组收集汇总问题答案并上交文档。

【知识链接】

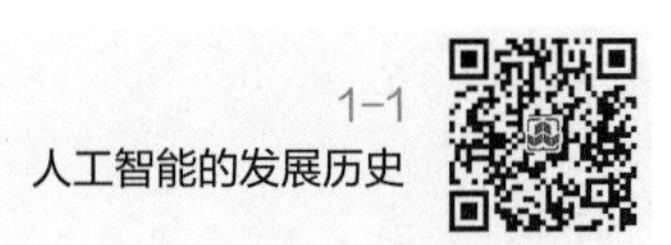

知识点一：人工智能的基本概念

不同学者对于人工智能的定义不尽相同，目前比较公认的一种定义是：人工智能是研究和开发用于模拟、延伸和扩展人的智能的理论、方法、技术以及应用系统的一门新的技术科学（图1–1–1）。

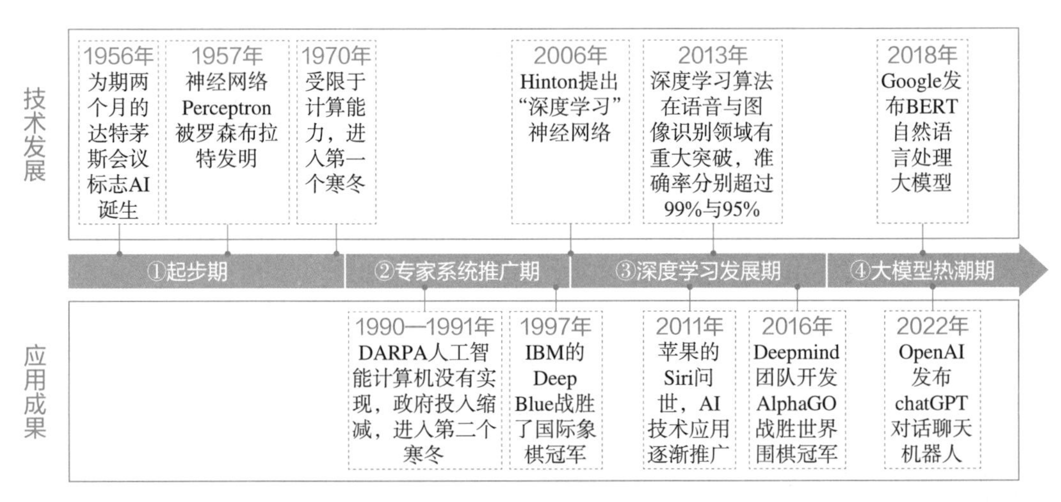

图1–1–1 人工智能的发展

人工智能可以分为三个级别：

1．弱人工智能

弱人工智能也称限制领域人工智能或者应用型人工智能，指的是专注于且只能解决特定领域问题的人工智能。毫无疑问，我们今天看到的所有人工智能算法和应用都属于弱人工智能的范畴。AlphaGo是弱人工智能的一个最好实例。AlphaGo虽然在围棋领域超越了人类最顶尖选手，但它的能力也仅止于围棋。一般而言，由于弱人工智能在功能上的局限性，人们更愿意将弱人工智能看成是人类的工具，而不会将弱人工智能视成威胁。

2．强人工智能

强人工智能又称通用人工智能或者完全人工智能，指的是可以胜任人类所有工作的人工智能，人可以做什么，强人工智能就可以做什么，但这种定义过于宽泛，缺乏一个量化的标准来评估什么样的计算机程序才是强人工智能，为此不同的研究者提出了许多不同的建议。一般认为，一个可以称得上是强人工智能的程序，大概需要具备以下几个方面的能力：第一，当存在不确定因素时能进行推理，包括使用策略、解决问题、制定决策的能力；第二，知识表达的能力，包括常识性知识的表达能力；第三，规划能力；第四，学习能力；第五，有使用自然语言进行交流沟通的能力。能将上述能力整合起来，实现既定目标的能力。

基于上面几种能力的描述，我们大概可以想象一个具备强人工智能的计算机程序会表现出什么样的行为特征，一旦实现了符合上述的强人工智能，几乎所有人类的工作都可以用人工智能来取代。

在强人工智能的定义里存在一个关键的专业性问题：强人工智能是否有必要具备人类的意识？有些研究者认为只有具备人类意识的人工智能才可以叫强人工智能；另一些研究者则说，强人工智能只需要具备胜任人类所有工作的能力就可以了，未必需要人类的意识，也就是说，一旦牵涉“意识”，强人工智能的定义和评估标准就会变得异常复杂，而人们对于强人工智能的担忧也主要来源于此。

3. 超人工智能

假设计算机程序通过不断发展，可以比世界上最聪明的人类还聪明，那么由此产生的人工智能系统就可以被称为超人工智能。牛津大学哲学家、未来学家尼克·波斯特洛姆（Nick Bostrom）在他的《超级智能》一书中，将超人工智能定义为在科学创造力、智慧和社交能力等每一方面都比最强的人类大脑聪明很多的智能。显然，对于今天的人来说，这是一种只存在于科幻电影中的想象场景。与弱人工智能、强人工智能相比，超人工智能的定义最为模糊。首先，我们不知道强于人类的智慧形式是怎样的一种存在，现在去谈论超人工智能和人类的关系不仅仅为时过早，而是根本不存在可以清晰界定的讨论对象；其次，我们也根本无法准确推断到底计算机程序有没有能力达到超人工智能。

显然，如果人们对人工智能会不会挑战威胁人类有担忧的话，那么人们心目中所担心的那个人工智能，基本上属于强人工智能和超人工智能。

知识点二：图灵测试

1950年，著名的数学家艾伦·麦席森·图灵（图1–1–2）在《心灵（Mind）》杂志上发表了一篇划时代的论文——《计算机器和智能》。在这篇论文中，他第一次提出了“机器思维”的概念，同时他还提出，机器能不能思维的问题应当看机器能否通过一种测试，即著名的“图灵测试”（Turning Test）（图1–1–3），而图灵测试是人工智能最初的概念，它

图1–1–2　艾伦·麦席森·图灵

图1-1-3 图灵测试

甚至早于“人工智能”这个词本身，人工智能一词是在1956年才被提出的。图灵测试的方法很简单，就是让测试者与被测试者（一个人和一台机器）隔开，通过一些装置（如键盘）向被测试者随意提问。进行多次测试后，如果有超过30%的测试者不能确定出被测试者是人还是机器，那么这台机器就通过了测试，并被认为具有人工智能。它的发明者图灵被誉为计算机科学之父、人工智能之父。

到了2014年，为了纪念图灵逝世六十周年，雷丁大学在伦敦进行了一场图灵测试。其中一名叫尤金·古斯特曼（Eugene Goostman）的聊天机器人程序达到了33%的成功率，即在场有33%的评判员误认为尤金·古斯特曼是一个真实的人。这是第一次通过图灵测试的程序，但是，也有人认为这场测试的时长只有5分钟，用短短5分钟来判断一个程序是否为人工智能，实在太草率。但不可否认的是，时至今日，人工智能已经有了质的变化。也许随着人工智能日新月异地发展，在未来的某天，人们进入通用人工智能时代，那时的机器会具备同人类一样的品格和心理，像人一样地去思考和行动，真的像人一样与人沟通；你无法分清在网上和你聊天的是人还是机器；也无法判断警告你别乱发帖子的是网警，还是机器警。

知识点三：人工智能的起源——达特茅斯会议

1956年，麦卡锡、闵斯基、香农、纽厄尔、西蒙等科学家聚在一起，在美国达特茅斯学院召开了一次为期两个月的“人工智能夏季研讨会”，从不同学科角度探讨了人类各种学习和其他智能特征的基础，以及用机器模拟人类智能等问题，并首次提出人工智能的术语，同时决定将像人类那样思考的机器称为“人工智能”。这次会议被人们看作是人工智能正式诞生的标志。就在这次会议后不久，麦卡锡与闵斯基两人共同创建了世界上第一座人工智能实验室——MIT AI LAB实验室，开始从学术角度对AI展开严肃而精专的研究。之后，最早的一批人工智能学者和技术开始涌现，人工智能走上了快速发展的道路。

达特茅斯会议的重要性，并不在于它获得了什么了不起的成果（也许最大的成果就是提出了“人工智能”这个名词），而是这个会议汇聚了一群日后将对人工智能做出重要贡献的学者，由于这些参会者的努力，使人工智能获得了科学界的承认，成为一个独立的、充满着活力的，而且最终得以影响人类发展进程的新兴科学领域（图1–1–4、图1–1–5）。

图1–1–4 达特茅斯会议部分当事人于2006年重聚（左起：莫尔、麦卡锡、闵斯基、塞弗里奇、所罗门诺夫）

图1–1–5 会议原址：达特茅斯楼

任务 1.2 人工智能的发展

【任务描述】

（1）请画出人工智能发展历史的时间坐标轴并标出标志性事件。

（2）请简述三大人工智能学派的认知观及他们各自的代表性研究成果。

【任务成果】

完成并提交学习任务成果1.2。

学习任务成果1.2

一、请画出人工智能发展历史的时间坐标轴并标出标志性事件。

二、请简述三大人工智能学派的认知观及他们各自的代表性研究成果。

学校				成绩
专业		姓名		
班级		学号		

【任务实施】

步骤一：将全班同学进行分组，每组4～6人，每小组推选一名同学为组长，负责与老师的联系。

步骤二：根据任务提出的问题，每位同学通过网络、报刊、图书等方式查阅资料。

步骤三：由小组长根据任务提出的问题组织开展讨论，老师参与讨论，要求每位同学参与发言。

步骤四：各小组收集汇总问题答案并上交文档。

【知识链接】

知识点一：人工智能的发展历程

人工智能是一门“年轻”学科，它的发展始于第二次世界大战期间，与计算机的发明和应用紧密相关。从历史来看，重大科学的研究和进展往往具有呈螺旋形上升的过程，很少一蹴而就，人工智能同样充满未知的探索，道路曲折起伏。我们将人工智能自1956年以来的发展历程划分为以下7个阶段：

第一是起步发展期：1956年～1960年。

人工智能概念提出后，相继取得了一批令人瞩目的研究成果，如机器定理证明、跳棋程序等，掀起人工智能发展的第一个高潮。

第二是反思发展期：1960年～1970年。

人工智能发展初期的突破性进展大大提升了人们对人工智能的期望，人们开始尝试更具挑战性的任务，并提出了一些不切实际的研发目标。然而，接二连三的失败和预期目标的落空（例如，无法用机器证明两个连续函数之和还是连续函数、机器翻译闹出笑话等），使人工智能的发展走入低谷。

第三是应用发展期：1970年～1985年。

20世纪70年代出现的专家系统模拟人类专家的知识和经验解决特定领域的问题，实现了人工智能从理论研究走向实际应用、从一般推理策略探讨转向运用专门知识的重大突破。专家系统在医疗、化学、地质等领域取得成功，推动人工智能走入应用发展的新高潮。

第四是低迷发展期：1985年～1990年。

随着人工智能的应用规模不断扩大，专家系统存在的应用领域狭窄、缺乏常识性知识、知识获取困难、推理方法单一、缺乏分布式功能、难以与现有数据库兼容等问题逐渐暴露出来。

第五是稳步发展期：1990年～2010年。

由于网络技术特别是互联网技术的发展，加速了人工智能的创新研究，促使人工智能技术进一步走向实用化。1997年国际商业机器公司（IBM）深蓝超级计算机战胜了国际象棋世界冠军卡斯帕罗夫，2008年IBM提出“智慧地球”的概念，这些都是这一时期的标志性事件。

第六是蓬勃发展期：2010年～2020年。

随着大数据、云计算、互联网、物联网等信息技术的发展，泛在感知数据和图形处理器等计算平台推动以深度神经网络为代表的人工智能技术飞速发展，大幅跨越了科学与应用之间的“技术鸿沟”，诸如图像分类、语音识别、知识问答、人机对弈、无人驾驶等人工智能技术实现了从“不能用、不好用”到“可以用”的技术突破，迎来爆发式增长的新高潮。

第七是大语言模型时代：2020年至今。

2020年，OpenAI公司发布了包含1750亿参数的GPT-3模型，正式开启了大语言模型时代。关于大语言模型，目前还没有严格的定义，但通常是指使用自监督学习方法训练得到的包含百亿及以上参数量的语言模型。在随后的两年间，以谷歌公司的PaLM模型、Meta的OPT模型、清华大学的GLM模型等为代表的诸多超过千亿参数的大语言模型如雨后春笋般出现。2022年底到2023年初，OpenAI公司相继发布了ChatGPT和多模态大模型GPT-4，不仅能够以人类的方式理解语言并与用户进行对话，还能够在写文案、写代码、回答问题等各类生成式任务上展现出超越大多数人想象的能力。正是因为其出色的聊天和通用能力，大语言模型很快成为社会各界关注的焦点，并被视为通往通用人工智能的可能途径，正在世界范围内掀起一股大语言模型的研究热潮。

知识点二：我国人工智能的发展

自20世纪80年代初，我国人工智能研究开始艰难起步。1981年，中国人工智能学会（CAAI）在成立。1986年，智能计算机系统、智能机器人和智能信息处理等重大项目被列入国家高技术研究发展计划。1989年，首次召开了中国人工智能联合会议。随着改革开放的深入，我国人工智能研究逐渐活跃，特别是在1990年代后，随着计算机技术的快速发展，AI领域的研究和应用逐步扩大。

进入21世纪，我国政府愈发重视人工智能的发展。2009年，中国人工智能学会提出设置“智能科学与技术”学位授权一级学科的建议。2014年，在中国科学院第十七次院士大会、中国工程院第十二次院士大会上，党和国家最高领导人对人工智能和相关智能技术进行高度评价。2015年，十二届全国人大三次会议上，提出：“未来人工智能技术将进一步推动关联技术和新兴科技、新兴产业的深度融合，推动新一轮的信息技术革命，势必将成为我国经济结构转型升级的新支点。”2016年，国家发改委和科技部等4部门印发《“互联网+”人工智能三年行动实施方案》，明确未来3年智能产业的发展重点与具体扶持项目，进一步体现出人工智能已被提升至国家战略高度。2017年，国务院发布《新一代人工智能发展规划》，明确了我国人工智能发展的总体思路、战略目标和重点任务，为AI产业的快速发展提供了政策保障。2022年，科技部等六部门印发《关于加快场景创新以人工智能高水平应用促进经济高质量发展的指导意见》，传递出我国高度重视人工智能发展应用的强烈信号。

在政策的推动下，我国人工智能产业迅速发展，技术创新能力不断提升，应用领域不断拓展。目前，我国已成为全球人工智能发展的重要力量，在智能制造、智慧城市、智慧医疗、智慧金融等多个领域取得了显著成果。未来，随着技术的不断进步和政策的持续支持，我国人工智能将迎来更加广阔的发展前景。

知识点三：人工智能的学派

人工智能从艾伦·麦席森·图灵（Alan Mathison Turing）提出概念，发展至今，已有60余年的时间。人工智能主要分三大学派，分别是：符号主义学派、连接主义学派和行为主义学派。我们在对人工智能进行研究时，会按照某一理论或方法展开探讨分析，但在实地落地的项目或产品可能综合应用了多个学派的知识。比如，像智能客服系统，其中语音识别、语音合成和语义理解技术等属于连接主义的成果，同时也使用了知识库等属于符号主义的成果（图1–2–1）。

图1–2–1　符号主义代表作——知识库

1. 符号主义学派

符号主义学派，又称逻辑主义、心理学派或计算机学派，是一种基于逻辑推理的智能模拟方法，认为人工智能源于数学逻辑，其原理主要为物理符号系统（即符号操作系统）假设和有限合理性原理。

该学派认为人类认知和思维的基本单元是符号，智能是符号的表征和运算过程，计算机同样也是一个物理符号系统，因此，符号主义主张（由人）将智能形式化为符号、知识、规则和算法，并用计算机实现符号、知识、规则和算法的表征和计算，从而实现用计算机来模拟人的智能行为。

其首个代表性成果是启发式程序LT（逻辑理论家），它证明了38条数学定理，表明了可以应用计算机研究人的思维过程，模拟人类智能活动。此后，符号主义学派走过了一条“启发式算法—专家系统—知识工程”的发展道路。

专家系统是一种程序，能够依据一组从专门知识中推演出的逻辑规则，在某一特定领域回答或解决问题。专家系统的能力来自于它们存储的专业知识，知识库系统和知识工程成为20世纪80年代AI研究的主要方向。专家系统仅限于一个专业细分的知识领域，从而避免了常识问题，其简单的设计使它能够较为容易地实现或修改编程。专家系统的成功开发与应用，对人工智能走向实际应用具有特别重要的意义，也是符号主义最辉煌的时候。但凡事有利有弊，专家系统仅仅局限于某些特定情景，且知识采集难度大、费用高、使用难度大，在其他领域如机器翻译、语音识别等领域基本上未取得成果。

20世纪80年代末，符号主义学派开始走向式微，日益衰落，其重要原因是：符号主义追求的是如同数学定理般的算法规则，试图将人的思想、行为活动及其结果抽象化为简洁且又包罗万象的规则定理，就像牛顿将世间万物的运动蕴含于三条定理之中。但是，人的大脑是宇宙中最复杂的东西，人的思想无比复杂而又广阔无垠，人类智能也远非逻辑和推理。所以，用符号主义学派理论解决智能问题难度可想而知，要实现类人乃至超人智能，就不能仅仅依靠计算机。

1997年5月，名为“深蓝”的IBM超级计算机打败了国际象棋世界冠军卡斯帕罗夫，这一事件在当时也曾轰动世界，其实本质上，“深蓝”就是符号主义在博弈领域的成果。

2．连接主义学派

连接主义学派，又称仿生学派或生理学派，是一种基于神经网络和网络间的连接机制与学习算法的智能模拟方法。连接主义学派强调智能活动是由大量简单单元通过复杂连接后，并行运行的结果。其基本思想是，既然生物智能是由神经网络产生的，那就通过人工方式构造神经网络，再训练人工神经网络产生智能（图1–2–2）。

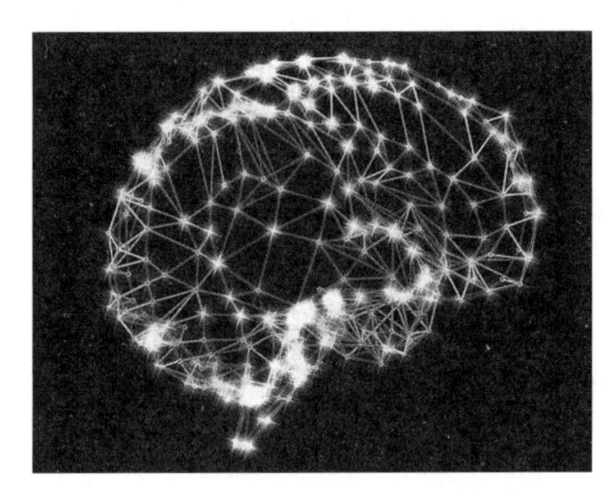

图1–2–2　连接主义代表作——模拟神经网络

1943年形式化神经元模型（M–P模型）被提出，开启了连接主义学派起伏不平的发展之路。1957年感知器被发明。1982年霍普菲尔德神经网络、1985年受限玻尔兹曼机、1986多层感知器陆续发明，1986年反向传播法解决了多层感知器的训练问题，1987年卷积神经网络开始被用于语音识别。此后，连接主义势头大振，从模型到算法，从理论分析到工程实现，为神经网络计算机走向市场打下基础。1989年反向传播和神经网络被用于识别银行手写支票的数字，首次实现了人工神经网络的商业化应用。

与符号主义学派强调对人类逻辑推理的模拟不同，连接主义学派强调对人类大脑的直接模拟。如果说神经网络模型是对大脑结构和机制的模拟，那么连接主义的各种机器学习方法就是对大脑学习和训练机制的模拟。学习和训练是需要有内容的，数据就是机器学习、训练的内容。

连接主义学派可谓是生逢其时，在其深度学习理论取得了系列突破后，人类进入互联网和大数据时代。互联网产生了大量的数据，包括海量行为数据、图像数据、内容文本数据等。这些数据分别为智能推荐、图像处理、自然语言处理技术发展提供了充分保障。当然，仅有数据也不够。2004年后，大数据技术框架的形成和图形处理器（GPU）的发展使得深度学习所需要的算力得到满足。

在人工智能的算法、算力、数据三要素齐备后，连接主义学派就开始大放光彩了。2009年多层神经网络在语音识别方面取得了重大突破，2011年苹果公司将Siri整合到iPhone4中，2012年谷歌研发的无人驾驶汽车开始路测，2016年DeepMind的AlphaGo击败围棋冠军李世石，2018年DeepMind的Alphafold破解了出现了50年之久的蛋白质分子折叠问题，2023年OpenAI发布大型多模式模型GPT–4，能够处理图像和文本的组合，且回复的准确性大大提高，2024年OpenAI发布了“文生视频”的大模型工具Sora，通过简单的语言描述即可直接生成长达60s的一镜到底视频。

近年来，连接主义学派在人工智能领域取得了辉煌成绩，以至于现在业界大佬所谈论的人工智能基本上都是指连接主义学派的技术，相对而言，符号主义被称作传统的人工智能。

虽然连接主义在当下如此强势，但可能阻碍它未来发展的隐患已悄然浮现。连接主义以仿生学为基础，其发展严重受到了脑科学的制约。虽然以连接主义为基础的AI应用规模在不断壮大，但其理论基础依旧是20世纪80年代创立的深度神经网络算法，这主要是由于人类对于大脑的认知依旧停留在神经元这一层次。正因如此，目前也不明确什么样的网络能够产生预期的智能水准，故而大量的探索最终失败。

3．行为主义学派

行为主义学派，又称进化主义或控制论学派，是一种基于“感知–行动”的行为智能模拟方法，思想来源是进化论和控制论，其原理为控制论以及感知——动作型控制系统。

该学派认为，智能取决于感知和行为，取决于对外界复杂环境的适应，而不是表示和推理，不同的行为表现出不同的功能和不同的控制结构。生物智能是自然进化的产物，生物通过与环境及其他生物之间的相互作用，从而发展出越来越强的智能，人工智能也可以沿这个途径发展。

行为主义对传统人工智能进行了批判和否定，提出了无须知识表示和无须推理的智能行为观点。相比于智能是什么，行为主义对如何实现智能行为更感兴趣。在行为主义者眼中，只要机器能够具有和智能生物相同的表现，那它就是智能的。

图1–2–3 行为主义的代表作——波士顿大狗

这一学派的代表作首推六足行走机器人，它被看作是新一代的“控制论动物”，是一个基于感知–动作模式模拟昆虫行为的控制系统。另外，著名的研究成果还有波士顿动力机器人和波士顿大狗（图1–2–3），它们可以完成体操动作，踹都踹不倒，稳定性、移动性、灵活性都极具亮点。它们的智慧并非来源于自上而下的大脑控制中枢，而是来源于自下而上的肢体与环境的互动。

行为主义学派在诞生之初就具有很强的目的性，这也导致它的优劣都很明显。其主要优势在于行为主义重视结果，或者说是重视机器自身的表现，实用性很强。行为主义在攻克一个难点后就能迅速将其投入实际应用。例如，一旦机器学会躲避障碍，就可应用于星际无人探险车和扫地机器人等。不过这也导致行为主义无法在某个重要理论获得突破后，迎来爆发式增长。

我们可以简略地认为符号主义研究抽象思维，连接主义研究形象思维，而行为主义研究感知思维。符号主义注重数学可解释性，连接主义偏向于仿人脑模型，行为主义偏向于应用和身体模拟。

从共同性方面来说，算法、算力和数据是人工智能的三大核心要素，无论哪个学派，这三者都是其创造价值和取得成功的必备条件。行为主义有一个显著不同点是它有一个智能的“载体”，比如上文所说到的“机器狗”的身体，而符号主义和连接主义则无类似“载体”（当然也可以认为其“载体”就是计算机，只不过计算机不能感知环境）。

人类具有智能不仅是因为人有大脑，更是因为人能够保持持续学习。机器要想更“智能”，也需要不断学习。符号主义靠人工赋予机器智能，连接主义是靠机器自行习得智能，行为主义在与环境的作用和反馈中获得智能。三者之间的长处与短板都很明显，意味着彼此之间可以扬长补短，共同合作，创造更强大的人工智能。比如，将连接主义的“大脑”安装在行为主义的“身体”上，使机器人不但能够对环境做出本能的反应，还能够思考和推理。再比如，是否可以用符号主义的方法将人类的智能尽可能地赋予机器，再按连接主义的学习方法进行训练？这也许可以缩短获得更强机器智能的时间。

相信随着人工智能研究的不断深入，这三大学派会融会贯通，可共同为人工智能的实际应用发挥作用，也会为人工智能的理论找到最终答案。

任务 1.3
人工智能的发展趋势及职业变化

【任务描述】

你认为在人工智能的发展趋势下，给自己的就业带来哪些变化？自己可以胜任什么工作？现在要在哪些方面给自己充电？

【任务成果】

完成并提交学习任务成果1.3。

学习任务成果1.3

一、你认为在人工智能的发展趋势下，给自己的就业带来哪些变化？自己可以胜任什么工作？现在要在哪些方面给自己充电？

学校				成绩
专业		姓名		
班级		学号		

【任务实施】

步骤一：将全班同学进行分组，每组4～6人，每小组推选一名同学为组长，负责与老师的联系。

步骤二：根据任务提出的问题，每位同学通过网络、报刊、图书等查阅资料。

步骤三：由小组长根据任务提出的问题组织开展讨论，老师参与讨论，要求每位同学参与发言。

步骤四：每位学生完成问题答案并上交文档。

【知识链接】

1-2
人工智能领域发展趋势
及带来的职业变化

知识点一：人工智能的七大发展趋势

人工智能从诞生以来，已成为人类有史以来最具革命性的技术之一。2020年1月，谷歌公司首席执行官桑达尔·皮查伊在瑞士达沃斯世界经济论坛上接受采访时说："人工智能是我们作为人类正在研究的最重要的技术之一。它对人类文明的影响将比火或电更深刻"。美国《福布斯》网站曾在报道中指出，尽管目前很难想象机器自主决策所产生的影响，但可以肯定的是，人工智能领域新的突破和发展将继续拓宽我们的想象边界，主要将在7大领域"大显身手"。

1. 人类的劳动技能将不断增强

人们一直担心机器或机器人将取代人工，甚至可能使某些工种变得多余。但人们也将越来越多地发现，人类可借助机器来提升自身技能。

比如，营销部门已习惯使用AI工具来帮助确定哪些潜在客户更值得关注；在工程领域，人工智能工具通过提供维护预测，让人们提前知道机器何时需要维修；法律等知识型行业将越来越多地使用人工智能工具，帮助人们在不断增长的可用数据中进行分类，以找到特定任务所需的信息。

总而言之，在几乎每个职业领域，各种智能工具和服务正在涌现，以帮助人们更有效地完成工作。未来，人工智能与人们日常生活的联系将会变得更加紧密。

2. 语言建模逐渐成为热点

语言建模允许机器以人类理解的语言与人类互动，甚至可将人类自然语言转化为可运行的程序及计算机代码。

2020年9月，OpenAI授权微软使用GPT-3模型，微软成为全球首个享用GPT-3能力的公司。2022年，OpenAI发布ChatGPT模型用于生成自然语言文本。2023年3月15日，OpenAI发布了多模态预训练大模型GPT4.0。

2023年2月，谷歌发布会公布了聊天机器人Bard，它由谷歌的大语言模型LaMDA驱动。2023年3月22日，谷歌开放Bard的公测，首先面向美国和英国地区启动，未来逐步在其他地区上线。

2023年2月7日，百度正式宣布将推出文心一言，3月16日正式上线。文心一言的底层技术基础为文心大模型，底层逻辑是通过百度智能云提供服务，吸引企业和机构客户使用API和基础设施，共同搭建AI模型、开发应用，实现产业AI普惠。

2023年4月13日，亚马逊云服务部门在官方博客宣布推出Bedrock生成式人工智能服务，以及自有的大语言模型泰坦（Titan）。

2023年7月7日，在2023华为开发者大会上，面向行业的盘古大模型3.0发布，是中国首个全栈自主的AI大模型，包括“5+N+X”三层架构，分别对应L0层的5个基础大模型、L1层的N个行业通用大模型，以及L2层的可以让用户自主训练的更多细化场景模型。其采用完全的分层解耦设计，企业用户可以基于自己的业务需要选择适合的大模型开发、升级或精调，从而适配千行百业多变的需求。

大语言模型及其在人工智能领域的应用已成为全球科技研究的热点，其在规模上的增长尤为引人注目，参数量已从最初的十几亿跃升到如今的一万亿。参数量的提升使得模型能够更加精细地捕捉人类语言微妙之处，更加深入地理解人类语言的复杂性。在过去的几年里，大语言模型在吸纳新知识、分解复杂任务以及图文对齐等多方面都有显著提升。随着技术的不断成熟，它将不断拓展其应用范围，为人类提供更加智能化和个性化的服务，进一步改善人们的生活和生产方式。如图1-3-1所示。

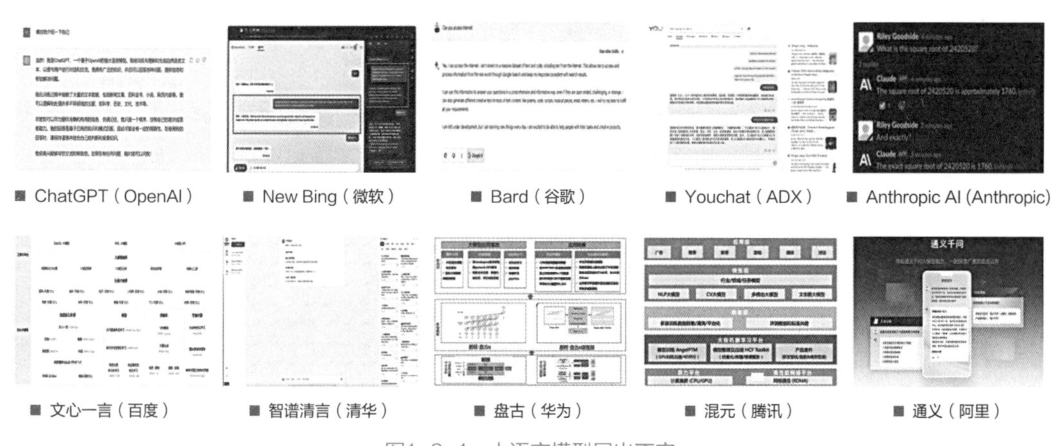

图1-3-1　大语言模型层出不穷

3．网络安全面临重大风险

世界经济论坛发布《2023年全球风险报告》认为，网络安全风险是全世界今后将面临的一项重大风险。

随着机器越来越多地占据人们的生活，黑客和网络犯罪不可避免地成为一个更大的问题，这正是人工智能可“大展拳脚”的地方。

人工智能正在改变网络安全的游戏规则。通过分析网络流量、识别恶意应用，智能算法将在保护人类免受网络安全威胁方面发挥越来越大的作用。未来几年，人工智能的最主要应用可能会出现在这一领域。人工智能或能从数百万份研究报告、博客和新闻报道中分析并整理出威胁情报，即时洞察信息，从而大幅加快响应速度。

4．人工智能促进元宇宙发展

元宇宙是一个虚拟世界，就像互联网一样，重点在于实现沉浸式体验，自从马克·扎克伯格将Facebook（脸书）改名为“Meta”（元宇宙的英文前缀）以来，元宇宙话题更为火热。

人工智能无疑将是元宇宙的关键。人工智能将有助于创造在线环境，让人们在元宇宙中体会宾至如归的感觉，培养他们的创作冲动。人们或许很快就会习惯与人工智能生物共享元宇宙环境，比如想要放松时，就可与人工智能打网球或玩国际象棋游戏。

5．低代码/无代码人工智能工具适行

2020年，低代码/无代码人工智能工具异军突起并风靡全球，从构建应用程序到面向企业的垂直人工智能解决方案等应用不一而足。数据显示，低代码/无代码工具将成为科技巨头们的下一个战斗前线，预计到2025年其总值将进一步提升至455亿美元。

美国亚马逊公司于2020年6月发布的Honeycode平台就是最好的证明，该平台是一种类似于电子表格界面的无代码开发环境，被称为产品经理们的“福音”。

6．自动驾驶交通工具的普及

数据显示，每年有130万人死于交通事故，其中90%是人为失误造成的。人工智能将成为自动驾驶汽车、船舶和飞机的“大脑”，改变这些行业。

在自动驾驶技术方面，以比亚迪为例，其已取得了令人瞩目的进展，通过深度学习和算法优化，公司的自动驾驶系统能够在一些复杂路况下实现精准感知、决策和控制，为用户带来更加安全、舒适的驾驶体验。此外，比亚迪、特斯拉、谷歌、苹果、通用和福特等公司还在积极探索更高级别的自动驾驶技术，以期在未来实现更加智能、高效的出行方式。

此外，由非营利的海洋研究组织ProMare及IBM共同打造的“五月花”号自动驾驶船舶（Mayflower Autonomous Ship，简称MAS）已于2020年正式起航。人工智能船长让MAS具备侦测、思考与决策的能力，能够扫描地平线以发现潜在危险，并根据各种即时数据来变更路线。

7．人工智能善于展现创造力

在GPT-4、谷歌大脑等新模型的加持下，人们可以期待人工智能提供更加精致、看似“自然”的创意输出。谷歌“大脑”是Google X实验室的一个主要研究项目，是谷歌在人工智能领域开发出的一款模拟人脑，具备自我学习功能的软件。目前，这些创意性输出通常不是为了展示人工智能的潜力，而是为了应用于日常创作任务，如为文章和时事通信撰写标题、设计徽标和信息图表等。创造力通常被视为一种非常人性化的技能，但人们将越来越多地看到这些能力出现在机器上。

知识点二：人工智能发展带来的职业变化

人工智能正以前所未有的速度高速发展。它已经深入我们的日常生活，改变了我们的生活方式和行为方法。而这种变革也将会对我们的职业和就业带来很多影响。不管是初入职场的新人，还是经验丰富的老手，我们都需要对职业市场的现状有清晰的认识，以便选择适合自己的职业方向和目标。

1. 人工智能的发展对工作的影响

在未来，人工智能技术将在许多领域产生重大的影响。

（1）自动化取代部分岗位

智能机器人和自动化技术将替代一些烦琐、重复和危险的工作，使人们从单调的工作中解放出来。目前正在或未来可能被人工智能替代的职位包括传统流水线工人、接线员、客服人员、打字员、电销人员、快递拣货员等。例如：人工智能技术的发展，使物流行业的拣货、打包、快递分配等工作未来可以全部实现自动化。

除了以上这些岗位，像银行柜员（被可视化或机器人办理替代）、超市收银员（被自动结账机替代）、售货员（被自助购物替代）、迎宾接待员（被机器人迎宾替代）、餐饮柜员（被自助扫码点餐替代）等岗位都在逐步减少，这正是人工智能的发展影响人类职业发展的缩影之一。

（2）智能化影响知识密集型岗位

人工智能在某些领域的表现已经可以与专业人士相媲美，甚至超越了人类的能力。这对某些知识密集型岗位带来了竞争压力，如律师、医生、教师等。

（3）创造新的就业机会

人工智能的发展也带来了新的就业机会。AI技术的应用需要大量的研发、设计、编程、维护等人才，如AI工程师、数据专家、机器人维护师等。同时，AI也催生了许多新兴产业，如智能家居、虚拟现实、无人驾驶等，为求职者提供了更多的选择。

2. 人工智能的发展带来的职业机会

人工智能技术的发展将会带来许多新的职业机会。以下是一些相关的职业：

（1）机器学习工程师

机器学习工程师是目前最热门的职业之一。他们负责开发和实现机器学习算法和模型，帮助机器从数据中学习和发现规律。机器学习工程师通常需要具备计算机科学、数学和统计学等相关学科的知识。

（2）数据科学家

数据科学家是负责收集、处理和分析大量数据的专业人员。他们使用各种数据分析工具和算法，从数据中挖掘出有用的信息和模式，帮助企业做出更好的决策。数据科学家通常需要具备数学、统计学、计算机科学和数据可视化等相关学科的知识。

（3）AI产品经理

AI产品经理是负责开发和推广人工智能产品的专业人员。他们需要了解人工智能的技术和市场需求，制定产品开发计划和推广策略，同时与开发团队和客户进行沟通，确保产品的成功上市。AI产品经理通常需要具备市场营销、计算机科学和数据分析等相关学科的知识。

（4）人工智能伦理师

人工智能伦理师是负责研究人工智能伦理和社会影响的专业人员。他们需要了解人工智能的技术和应用，同时考虑人工智能对社会、文化、经济和道德等方面的影响，为政府和企业提供相关建议和指导。人工智能伦理师通常需要具备哲学、法律和社会科学等相关学科的知识。

（5）机器人工程师

机器人工程师是负责设计、制造和维护机器人的专业人员。他们需要了解机械、电子、计算机和控制系统等相关知识，以便能够开发出高效、智能和安全的机器人，应用于工业、医疗、服务和家庭等领域。

（6）人工智能建筑工程安全员

人工智能建筑工程安全员主要负责在建筑工程施工阶段，借助影像辨识系统及时发现潜在的危险源，同时利用无人机和探勘机器人代替工人进入工地危险区域扫描、监管可视化施工现场，确保施工现场的安全，提高施工效率。

（7）人工智能建筑工程项目经理

人工智能建筑工程项目经理负责领导和管理人工智能建筑工程项目的规划、执行和交付，协调跨部门合作，确保建筑工程项目按时、按质完成。

除了以上几个职业，人工智能时代还会涌现出许多新的职业，例如：智能家居设计师、虚拟现实工程师、智能交通工程师、智能医疗师等。这些职业不仅需要具备相关的技术知识和技能，还需要具备跨学科的综合能力，能够在人工智能时代的复杂环境中独立思考和解决问题。

3. 人工智能的发展对职业方向选择的影响

（1）了解未来的职业趋势

了解未来的职业趋势是非常重要的。我们可以通过各种方式来了解未来的职业趋势，比如阅读行业报告和分析、查看招聘网站上的职位需求等。这些信息可以让我们更好地了解未来哪些职业将会有较高的需求和薪资水平，从而帮助我们做出更明智的职业决策。

（2）提高数字化和技术化的技能

未来的工作将会更加技术化和数字化，因此，我们需要提高数字化和技术化的技能，以适应未来的职场。比如，可以学习编程、掌握一些数据分析工具和软件、了解一些云计算和物联网技术等。这些技能可以让我们在未来的工作中更有竞争力，也能够帮助我们更好地适应未来的工作环境。

（3）关注人工智能的发展趋势

人工智能的发展将会对很多行业产生影响，因此我们需要关注人工智能的发展趋势，了解人工智能的应用领域和技术进展，以及未来可能产生的职业机会。这样就可以更好地规划自己的职业发展方向。

（4）不断学习和提升自己的能力

无论你选择了什么职业方向，都需要不断学习和提升自己的能力。随着技术的不断发展，职业需求也在不断变化。因此，我们需要保持敏锐的洞察力和学习能力，不断更新自己的知识和技能，以适应职业市场的变化。

4．人工智能的发展对专业人才的能力要求

在人工智能时代，想要成为一名优秀的专业人才，需要具备以下几点能力：

（1）专业知识和技能

作为人工智能领域的专业人才，需要掌握相关的专业知识和技能。这包括计算机科学、数学、统计学、数据分析、机器学习、深度学习、自然语言处理等多个方面的知识和技能。需要不断学习和掌握新的技术和算法，以适应技术的不断发展和变化。

（2）跨学科综合能力

人工智能是一门跨学科的综合科学，需要跨越计算机科学、数学、哲学、法律、社会科学等多个领域。因此，成为一名优秀的人工智能专业人才需要具备跨学科的综合能力，能够在不同的领域中独立思考和解决问题。

（3）团队协作能力

在人工智能项目中，需要与不同的人员合作，包括软件工程师、数据科学家、产品经理等。因此，成为一名优秀的人工智能专业人才需要具备良好的团队协作能力，能够与不同领域的人员有效沟通和协作，实现项目的共同目标。

（4）创新思维和问题解决能力

人工智能是一门不断创新的科学，需要有创新思维和问题解决能力。在面对复杂的问题时，需要能够分析问题、提出解决方案，并在实践中不断迭代和改进。同时，需要具备持续学习和探索的精神，跟随技术的发展和变化，不断创新和进步。

任务 1.4 人工智能面临的问题

【任务描述】

随着人工智能面临问题的不断破解，你觉得人工智能在未来有可能超越人类智能吗？

【任务成果】

完成并提交学习任务成果1.4。

学习任务成果1.4

随着人工智能面临问题的不断破解，你觉得人工智能在未来有可能超越人类智能吗？

学校				成绩
专业		姓名		
班级		学号		

【任务实施】

步骤一：将全班同学进行分组，每组4～6人，每小组推选一名同学为组长，负责与老师的联系。

步骤二：根据任务提出的问题，每位同学通过网络、报刊、图书等方式查阅资料。

步骤三：由小组长根据任务提出的问题组织开展讨论，老师参与讨论，要求每位同学参与发言。

步骤四：每位学生完成问题答案并上交文档。

1-3
人工智能面临的问题

【知识链接】

当前，人们对人工智能发展的看法存在着许多争议，很多知名IT人士对其保持乐观态度，如“并不担心机器人会像人一样思考，却担心人像机器一样思考”“人类有灵魂、有信仰、有自信，可以控制机器”，但也有不少人提出警告，如“人工智能就是人类正在召唤的恶魔”“人类需要敬畏人工智能的崛起”等。但不管是哪一派，都有一个相同的结论，就是人工智能正在影响几乎每个行业和每个人。人工智能已成为大数据、机器人技术和物联网等新兴技术的主要驱动力，并且在可预见的未来它将继续充当技术创新引擎。

人工智能自诞生至今，以其模仿人类智慧的能力，被认为是有最具发展潜力的科技革命之一。但其在目前的发展过程中也遇到了一些来自自身及社会等方面的困境。

1．理论困境

目前，人工智能的理论基础还相对薄弱，理论的发展需要一个漫长的过程，有赖于与数学、脑科学等结合，实现底层理论的突破。

2．发展惯性问题

目前，流行的计算机都是基于图灵机模型的冯·诺伊曼结构理论设计制造的。而从第一台电子计算机开始，使用计算机实现1–2智能的方式与人脑的思维机制就差异较大。现在，集成电路与软件发展成熟已积累难以估量的物质财富，形成巨大的产业惯性。发展人工智能既要考虑计算机产业的巨大惯性，又要试图突破图灵机模型的局限，这是发展人工智能所面对的困境。

3．创造力难题

计算机是机械的、可重复的智能机，本质上没有创造性。计算机的运行可以归结为已有符号的形式变换，结论已经蕴含在前提中，本质上不产生新知识，不会增进人类对客观世界的认识。“机器学习到的知识都已事先存储在运算前的软件中了吗？机械的、可重复的计算究竟如何产生出新知识？这些知识都只能局限在“知其然不知其所以然”的水平吗？”这些都是人工智能在发展中遇到的创造性难题与困境。

4．不可解释性的问题

许多企业都希望能在生产经营中应用人工智能，但深度学习的成功使得目前人工智能的一些最成功实际应用，都陷入了解释差的"黑箱"问题中。如果不清楚人工智能如何观察结果和做出判断，那么人们对人工智能自然会缺乏信任。例如，在从事金融服务等行业的公司中，人工智能系统可以帮助人类做出一些判断，但却无法给出人类能够理解的相关合理解释。在诸如信贷决策之类的工作里，人工智能实际上受到了很多监管的限制，很多问题有待解决。很多事情都必须进行完整的回溯测试，以确保没有引入不恰当的偏见，避免使用人工智能导致的"黑箱"问题。

5. 通用人工智能难以到来

人工智能在工业机器人、医疗机器人、智能问答、自动驾驶、疾病诊断、自动交易等领域的应用，提高了社会的整体生产效率。但这种为专一领域研发和应用的人工智能，无法像人类一样靠理性或感性进行推理，更没有解决复杂的综合性的问题，机器只不过看起来像是智能的，只是既定程序的执行而已，只能解决某一方面的问题，不会有自主意识，也不会有创造性，这种人工智能属于弱人工智能。通用人工智能的定位是在各方面具备相当于人类或者超过人类的能力。但现阶段的人工智能研究和应用还是主要聚焦在弱人工智能，对通用人工智能的研究还处于艰难的探索中。

例如，AlphaGo虽然在下围棋方面已经远远超过人类顶尖的水平，但却无法应对比围棋简单得多的象棋或纸牌类游戏。因此，具备人类情感、能够独立解决问题的通用人工智能还离我们很远。

6. 人类失业担忧

随着密集型技术的发展，某些行业中对人力密集型的需求渐渐降低。如果将来的人不增加自己的技能，那么很有可能会被机器所取代。特别是重复性强的工作，更有可能让位于人工智能。当人工智能有能力取代类似的工作时，可能会引发一系列社会问题，这也是人工智能发展中要面对的问题。

7. 隐私泄露风险

已经有很多事实表明，人工智能对数据资源的依赖已经在很大程度上影响了人们的隐私权。例如，剑桥分析（Cambridge Analytica）曾在美国总统选举期间，在未经允许的情况下，就从某知名社交平台的数千万用户那里收集数据并将它们用到政治广告中。有人就曾表示："人工智能正在吞噬他们所能学到的一切，并试图从中获利。""通过收集庞大的个人资料来推进人工智能是懒惰，而不是效率。要使人工智能真正成为智能，它必须尊重人类价值，包括隐私。如果我们轻视了这一点，则危险是巨大的。"

8. 安全争议

人工智能技术创新应用的飞速迭代，在带来巨大发展机遇的同时，技术发展的不可知性和风险的不确定性也将带来诸多安全挑战。人工智能技术在国家安全领域，特别是在军事安全、公共安全、网络安全以及社会安全等方面的最新成果应用和潜在风险，我们应当树牢国家总体安全观，确立科技兴国理念，发展安全、可靠、可控的人工智能技术，切实维护人民和国家安全。

9. 道德与伦理问题

人工智能技术的发展与应用会产生一些与道德、伦理相关的严肃问题，像无人驾驶汽车这样的智能设备可能会做出关乎人身安全的决定。目前，人工智能还无法进行有关道德的判断，也无法理解伦理概念，因此其还陷于缺乏伦理和道德制约的困境中。

例如，无人驾驶汽车在正常行驶的路上，突然前方出现了人和动物，由于无法制动，只能选择撞向一方，无人驾驶汽车该如何做出选择呢?

案例拓展

中国正向人工智能强国不断迈进

近日，意大利知名经济学家、国际问题专家姜·埃·瓦洛里在欧洲媒体《现代外交》连续刊文称，中国人工智能发展独具优势，进步迅猛。瓦洛里认为，中国人工智能产业逐渐走上了一条广阔的发展道路，已经迎来了发展的春天，正在准备进行重大变革和创新，这必将为中国的现代化建设带来历史性的贡献。

1. 面临前所未有的发展机遇

在中国，大数据、云计算、互联网等与人工智能密切相关的技术环境氛围良好，技术水平发展迅猛。纵观国际社会，科技发展是大势所趋。

回顾中国人工智能发展的历程，人们可看到，公众对人工智能的认识、产业发展、政府对人工智能的重视程度都发生了重大变化。中国政府鼓励人工智能发展，给予大力支持，同时设立了明确目标，这为中国人工智能取得长足发展带来原动力。

中国经济增长的产业转型、升级和重建也为人工智能技术和产业的发展提供了“用武之地”。智能化产业和经济的发展需要人工智能的不断创新。

中国在智力资源方面具有得天独厚的优势。中国不仅吸引了众多优秀的人工智能技术人才，还拥有数量庞大的互联网用户，这些都是中国人工智能技术和产业处于最好发展机遇期的条件。

此外，中国在人工智能文化和技术的发展中，特别重视各级学术团体的作用，能使其在人工智能知识传播和人工智能文化发展中充分发挥作用。

2. 向人工智能强国目标迈进

人工智能作为网络时代的关键技术，将日益成为新一轮产业革命周期的引擎，将深刻影响国际竞争模式。中国已抓住了信息化的历史机遇，大力发展人工智能技术和产业，为经济新常态注入动力。

瓦洛里在文中写道，为了发展人工智能技术和产业，无论是在过去、现在，还是在未来，中国专家一贯树立信心、开放思想、锻炼毅力、培养耐心、精益求精、不忘初心，从而让民众放心大胆地把人工智能作为增长的主要基础。

中国根据国内社会发展的实际需要，系统地规划了人工智能的发展路线；协调整合国家相关资源，科学制定发展目标。中国尊重并探索人工智能发展规律，认清形势，找准差距，明确方向，赶超国际先进水平，为国际人工智能发展做出积极贡献。

相信中国一定能够抓住人工智能发展的机遇，创造新辉煌，迎接新时代。

评价反馈

1．学生以小组为单位，对以上学习情境的学习过程及成果进行互评。

生生互评表

班级：	姓名：	学号：	
评价项目	项目1　人工智能的发展历程		
评价任务	评价对象标准	分值	得分
了解人工智能的起源	能说出将达特茅斯会议作为人工智能起源的原因；能列举至少3项人工智能的例子并分清级别；能说出人工智能给生活带来的变化。	15	
了解人工智能的发展	能准确画出人工智能发展历史的时间坐标轴并标出标志性事件；能说出三大人工智能学派的认知观及他们各自的代表性研究成果。	15	
了解人工智能领域发展的趋势及带来的职业变化	能说出在人工智能领域发展的趋势下，对自己的就业带来的变化；能对未来的工作及学习做出规划。	15	
了解人工智能面临的问题	就人工智能在未来是否有可能超越人类智能，能阐述自己的观点。	15	
学习纪律	态度端正、认真，无缺勤、迟到、早退现象。	10	
学习态度	能够按计划完成任务。	10	
成果质量	任务完成质量。	10	
协调能力	是否能合作完成任务。	5	
表达能力	是否能在发言中清晰表达观点。	5	
合计		100	

2. 教师对学生学习过程与成果进行评价。

<table>
<tr><th colspan="4">教师综合评价表</th></tr>
<tr><td colspan="4">班级：　　　　　　　　姓名：　　　　　　　　学号：</td></tr>
<tr><td>评价项目</td><td colspan="3">项目1　人工智能的发展历程</td></tr>
<tr><td>评价任务</td><td>评价对象标准</td><td>分值</td><td>得分</td></tr>
<tr><td>了解人工智能的起源</td><td>能说出将达特茅斯会议作为人工智能起源的原因；能列举至少3项人工智能的例子并分清级别；能说出人工智能给生活带来的变化。</td><td>15</td><td></td></tr>
<tr><td>了解人工智能的发展</td><td>能准确画出人工智能发展历史的时间坐标轴并标出标志性事件；能说出三大人工智能学派的认知观及他们各自的代表性研究成果。</td><td>15</td><td></td></tr>
<tr><td>了解人工智能领域发展的趋势及带来的职业变化</td><td>能说出在人工智能领域发展的趋势下，对自己的就业带来的变化；能对未来的工作及学习做出规划。</td><td>15</td><td></td></tr>
<tr><td>了解人工智能面临的问题</td><td>就人工智能在未来是否有可能超越人类智能，能阐述自己的观点。</td><td>15</td><td></td></tr>
<tr><td>学习纪律</td><td>态度端正、认真，无缺勤、迟到、早退现象。</td><td>10</td><td></td></tr>
<tr><td>学习态度</td><td>能够按计划完成任务。</td><td>10</td><td></td></tr>
<tr><td>成果质量</td><td>任务完成质量。</td><td>10</td><td></td></tr>
<tr><td>协调能力</td><td>是否能合作完成任务。</td><td>5</td><td></td></tr>
<tr><td>表达能力</td><td>是否能在发言中清晰表达观点。</td><td>5</td><td></td></tr>
<tr><td colspan="2">合计</td><td>100</td><td></td></tr>
<tr><td rowspan="2">综合评价</td><td>小组互评（40%）</td><td>教师评价（60%）</td><td>综合得分</td></tr>
<tr><td></td><td></td><td></td></tr>
</table>

项目 2
人工智能的基础知识

学习情景

人工智能发展至今，已经成为新一轮科技革命和产业变革的核心驱动力，正在对世界经济、社会进步和人民生活产生极其深刻的影响，人工智能是引领未来的战略性技术，全球主要国家及地区都把发展人工智能作为提升国家竞争力、推动国家经济增长的重大战略。因此，掌握人工智能的基本概念、三要素及相关工作原理，了解人工智能在各行业内具体的应用等内容，是我们必须学习的人工智能基础知识。

学习目标

1．素质目标

随着人工智能技术的不断进步，世界已经进入新的“智能化”阶段，中国各行各业的优秀企业在经过了几年乃至十几年时间的“数字化”转型后，已经为智能化升级打下了一定基础。人工智能发展至今，已经成为新一轮科技革命和产业变革的核心驱动力，通过对人工智能通识知识的学习，培养学生积极探索人工智能新技术的精神，为促进我国人工智能产业的长期健康发展而作出贡献。

2．知识目标

（1）掌握人工智能的基本概念。

（2）掌握人工智能三要素及三要素之间的关系。

（3）了解数据在人工智能中的重要地位。

3．能力目标

（1）能够简述人工智能的研究领域及工作原理。

（2）能够简述人工智能三要素的定义及关系。

（3）能够阐述人工智能与数据的关系。

思维导图

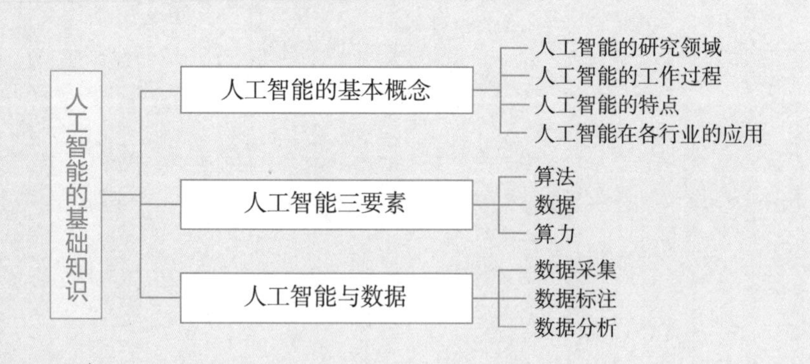

任务 2.1 人工智能的基本概念

【任务描述】

结合人工智能的研究领域及工作原理，举例说明人工智能在各行各业的应用。

【任务成果】

完成并提交学习任务成果2.1。

学习任务成果2.1

一、简述人工智能的研究领域。

二、人工智能的特点有哪些？

学校				成绩
专业		姓名		
班级		学号		

【任务实施】

步骤一：将全班同学进行分组，每组4～6人，每小组推选一名同学为组长，负责与老师的联系。

步骤二：根据提出的任务，每位同学通过网络、报刊、图书等方式查阅资料或者到企业进行调研。

步骤三：由小组长根据任务提出的问题组织开展讨论，老师参与讨论，要求每位同学参与发言。

步骤四：每位学生完成任务并上交文档。

【知识链接】

2-1
人工智能的基本概念

知识点一：人工智能的研究领域

人工智能是计算机科学的一个分支，是智能学科重要的组成部分，它企图了解智能的实质，并生产出一种新的能以与人类智能相似的方式做出反应的智能机器（图2–1–1）。

图2–1–1 人工智能学科学习

人工智能可以将大量数据与快速迭代的处理和智能算法结合在一起，从而使软件可以自动从数据的模式或特征中学习。人工智能是十分广泛的科学，包括机器人、语言识别、图像识别、专家系统、机器学习、计算机视觉、自然语言处理等。如图2–1–2所示。

1. 机器学习

使分析模型构建自动化。它使用来自神经网络、统计学、运筹学和物理学的方法来查找数据中隐藏的见解，而无需明确地为在哪里寻找或得出的结论进行编程。

2. 神经网络

一种由相互连接的单元（如神经元）组成的机器学习，该单元通过响应外部输入，在每个单元之间中继信息来处理信息。

3. 深度学习

使用具有多层处理单元的巨大神经网络，利用计算能力的进步和改进的训练技术来学习大量数据中的复杂模式。常见的应用包括图像和语音识别。

4. 认知计算

致力于与机器进行自然的、类似于人的交互。使用人工智能和认知计算，最终目的是使机器能够通过解释图像和语言的能力来模拟人类过程，然后做出连贯的回应。

5. 计算机视觉

依赖于模式识别和深度学习来识别图片或视频中的内容。当机器可以处理、分析和理解图像时，它们可以实时捕获图像或视频并解释其周围环境。

6. 自然语言处理

计算机分析、理解和生成人类语言（包括语音）的能力。下一个阶段是自然语言交互，它允许人类使用日常的日常语言与计算机进行通信以执行任务。

图2–1–2 人工智能研究领域

知识点二：人工智能的工作过程

机器学习和深度学习的突破推动了人工智能的发展。有科学家指出：人工智能是试图模仿人类智能的一组算法和智能，机器学习就是其中之一，而深度学习是机器学习技术之一。

简而言之，机器学习会读入计算机数据并使用统计技术来帮助它“学习”如何逐步提高一项任务的质量，从而消除了数百万行代码的需要。机器学习包括有监督的学习（使用标记的数据集）和无监督的学习（使用无标记的数据集）。

深度学习是一种机器学习，它通过受生物启发的神经网络架构来运行。神经网络包含许多隐藏层，通过它们可以处理数据，从而使机器“深入”学习，建立连接并加权输入，以获得最佳结果（图2-1-3）。

图2-1-3　机器学习、深度学习与人工智能的关系

知识点三：人工智能的特点

1. 应用广泛

人工智能为现有产品增加“智能”。通过人工智能可以对现有的产品功能进行改进，就像将语音机器人“小艺”作为华为产品的功能一样。自动化、对话平台和智能机器可以与大数据结合使用，以改进从安全智能到投资分析的各种家庭和工作场所技术。

2. 自主学习

人工智能通过渐进式学习算法进行调整，并以使用数据驱动的方式进行编程，可以发现数据的结构和规律性，从而使该算法获得“技能”。因此，就像该算法可以教自己如何下棋一样，它也可以教自己下一步推荐什么产品。当给定新数据时，模型会适应。反向传播则是一种人工智能技术，允许在第一个答案不太正确时，通过训练和添加数据来调整模型。

3．数据驱动

人工智能需要大量数据来训练深度学习模型，它们直接从数据中学习，用户可以提供的数据越多，它们就越准确。智能搜索和网络相册的交互功能都基于深度学习，并且随着使用量的不断增加，它们将变得越来越准确。人工智能可以充分利用数据，数据的作用现在比以往任何时候都重要，可以创造竞争优势，即“答案”在数据中。即如果在竞争激烈的行业中拥有最好的数据，那么即使每个人都在使用类似的技术，其中拥有最好数据的一方也将赢得最终的胜利。

知识点四：人工智能在各行业的应用

人工智能善于完成一些重复性强的工作，这一特点让人工智能与各行各业都碰撞出激烈的火花。除了游戏中的智能对手、准确的医疗诊断、手机上的语音命令以及电子邮件垃圾邮件分类器这些应用外，人工智能还在很多行业被广泛应用（图2–1–4）。

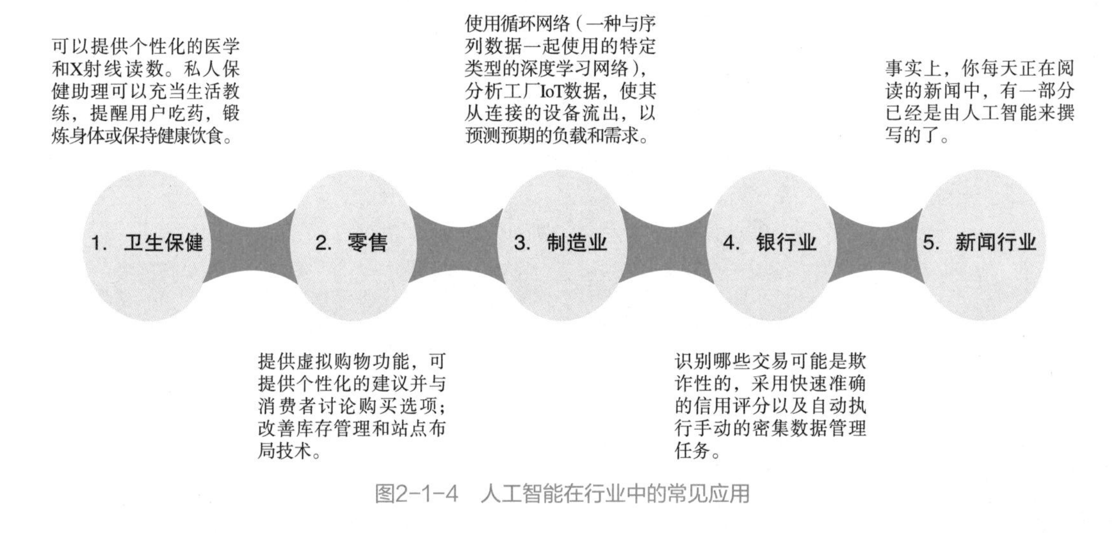

图2–1–4　人工智能在行业中的常见应用

人工智能还可被应用于以下更为广泛的情景中（图2–1–5）：

1）聪明地推测某人可能想要购买的产品。

2）统计显微镜图片中的细胞数量。

3）找到城市所需的最佳出租车数量。

4）识别视频中的汽车牌照。

5）预测餐厅需要订购的食材数量以减少浪费。

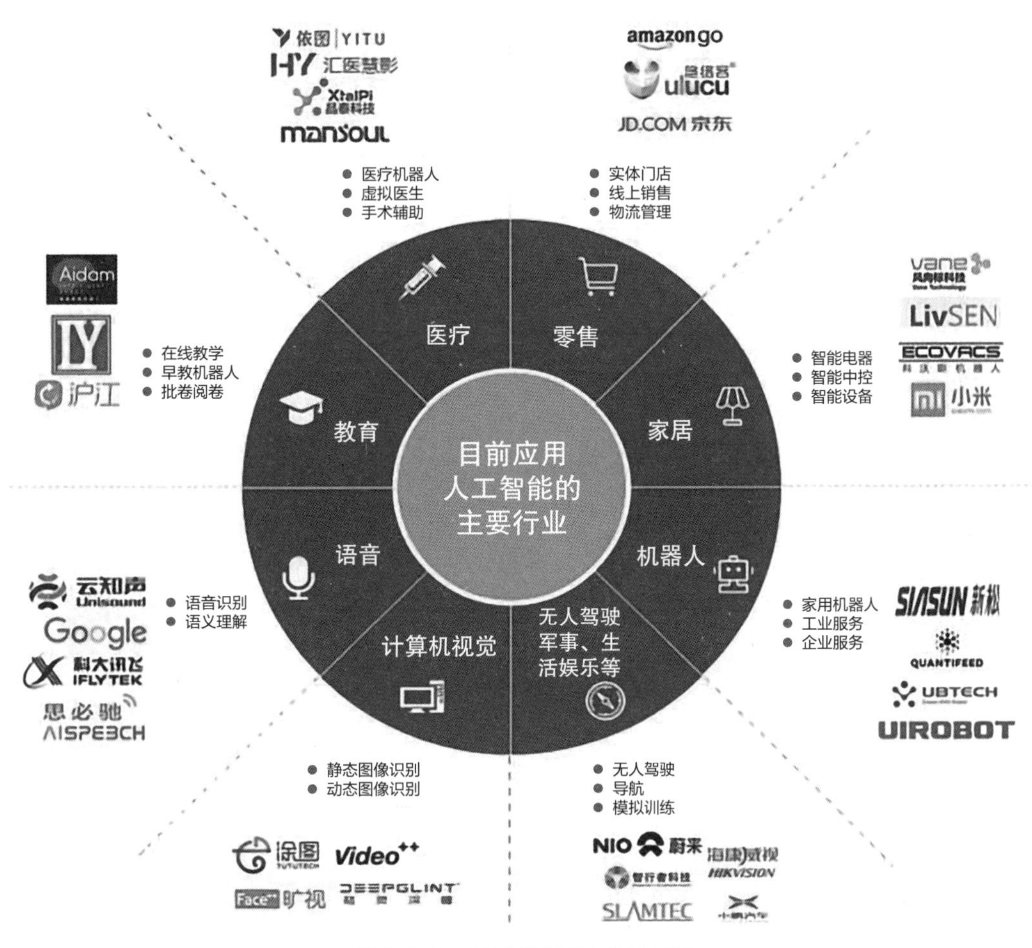

图2-1-5　人工智能的更多行业应用

任务 2.2
人工智能三要素

【任务描述】

请结合生活实例简述对人工智能三要素的理解。

【任务成果】

完成并提交学习任务成果2.2。

学习任务成果2.2

简述人工智能的三要素分别指什么。

学校				成绩
专业		姓名		
班级		学号		

【任务实施】

步骤一：将全班同学进行分组，每组4～6人，每小组推选一名同学为组长，负责与老师的联系。

步骤二：根据提出的任务，每位同学通过网络、报刊、图书等方式查阅资料或者到企业进行调研。

步骤三：由小组长根据任务提出的问题组织开展讨论，老师参与讨论，要求每位同学参与发言。

步骤四：每位学生完成任务并上交文档。

2-2
人工智能三要素

【知识链接】

人工智能（AI）三要素包括数据、算法和算力。它们好比人工智能时代前进的三大马车，也是人工智能技术的核心驱动力和生产力。其中，数据是人工智能持续发展的基石，算法为人工智能应用落地提供了可靠的理论保障，算力是人工智能技术实现的保障。三要素缺一不可。

1．算法

算法借鉴了人类的思考方式，一般是通过多层次的神经网络算法来实现。这个要素应该是三个核心要素中最重要的，没有算法的突破，AI是不可能发展到今天的，算法的突破主要是归根于深度学习相关的算法突破。现在几乎所有的AI算法都是基于深度学习算法或者变种实现的（图2–2–1）。

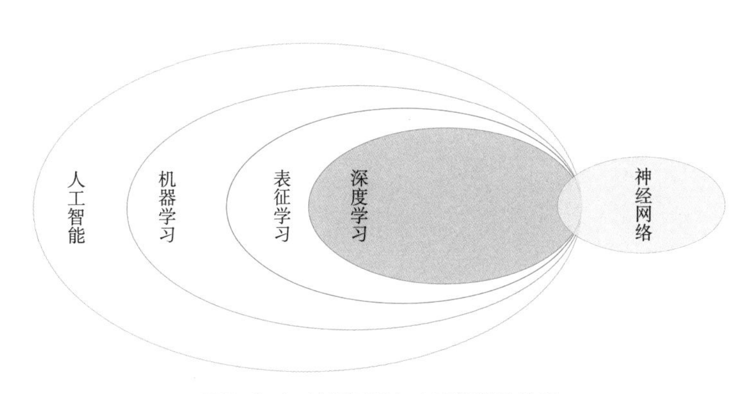

图2–2–1 神经网络与人工智能的关系

2．数据

数据是用于训练AI的，也就是AI算法通过大量的数据去学习算法的参数与配置，使得AI的预测结果与实际的情况越吻合。“喂给”AI的数据越多，AI的算法能力越强。这里说的数据是指经过标注的数据，不是杂乱的数据。所谓经过标注的数据是指有准确答案的数据。比如要训练AI的识别手写数字的能力，必须要有很多写了数字的图片，同时每张图片上的数字是有准确标准答案的。AI训练的过程就是让计算机去识别图中的数字并与标准答案去比较。经过反复的调整，AI就可以非常准确地识别出其中的数字（图2-2-2）。

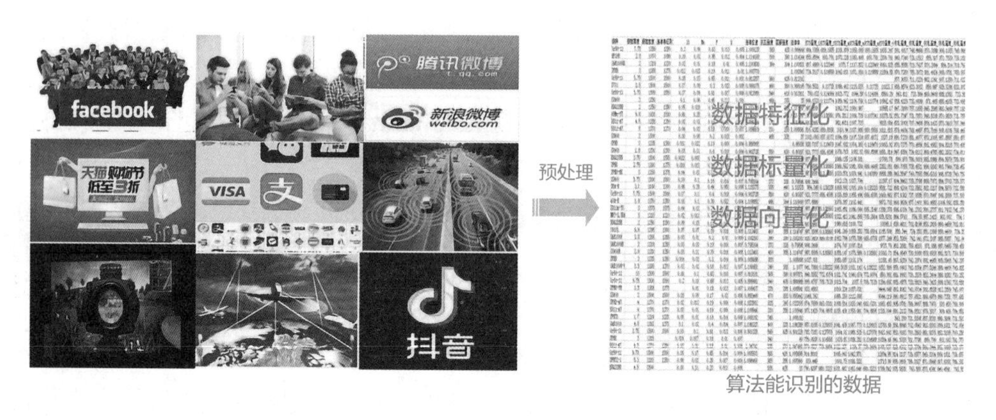

图2-2-2 大数据预处理

3. 算力

算力是指计算机或计算系统执行计算任务的能力，由于深度学习的算法，涉及非常多的参数（不同功能的AI算法，其参数个数是不同的），有的AI算法的参数达到上千亿。由于需要通过训练去调整AI的各个参数，因此计算量是很大的，需要高性能的计算机去实现。

以上三个要素缺一不可，如果没有合适的算法，则理论上就不能解决问题；而如果没有大量的数据，就无法训练这个神经网络；如果没有高性能的计算机（算力），则这个训练过程将会极度缓慢，无法忍受。

任务 2.3 人工智能与数据

【任务描述】

请结合生活实例简述对人工智能与数据应用的理解。

【任务成果】

完成并提交学习任务成果2.3。

学习任务成果2.3

请结合生活实例简述对人工智能与数据应用的理解。

学校				成绩
专业		姓名		
班级		学号		

【任务实施】

步骤一：将全班同学进行分组，每组4~6人，每小组推选一名同学为组长，负责与老师的联系。

步骤二：根据提出的任务，每位同学通过网络、报刊、图书等方式查阅资料或者到企业进行调研。

步骤三：由小组长根据任务提出的问题组织开展讨论，老师参与讨论，要求每位同学参与发言。

步骤四：每位学生完成任务并上交文档。

【知识链接】

1．数据采集

数据采集是指从传感器和其他待测设备等中自动采集非电量或者电量信号，送到上位机中进行分析、处理的过程。数据采集是进行一项人工智能相关研究的第一步。处在当今数据爆炸式增长的时代，数据来源也呈现出多样化。例如，进行一项医学图像检测人工智能项目，其数据来源可以来自医院影像科的原始病历，也可以来自于网络中公开的数据集。因此，学会如何收集研究工作所需要的数据是进行人工智能相关任务的首要前提。

2．数据标注

通常数据标注的类型包括语音标注、图像标注、视频标注、文本标注等。标注的基本形式有标注画框、3D画框、文本转录、图像打点、目标物体轮廓线等。

（1）语音标注

常见的聊天软件中，通常都会有一个语音转文本的功能，大多数人都会知道这种功能是由智能算法实现的，但是很少有人会想到，“算法为什么能够识别这些语音呢？算法是如何变得如此智能的？”

其实智能算法就像人的大脑一样，它需要进行学习，通过学习后它才能够对特定数据进行处理并反馈。正如对语音的识别，模型算法最初是无法直接识别语音内容的，而是经过人工对语音内容进行文本转录，将算法无法理解的语音内容转化成容易识别的文本内容，然后算法模型通过被转录后的文本内容进行识别并与相应的音频进行逻辑关联匹配。

语音标注主要包括以下几种类型：

1）语音转写（ASR）：将语音数据转换成文本数据，是数据标注领域中常见的一种标注形式。

2）语音切割：识别自然语言中的单词、音节或音素之间的边界，是语音识别技术领域中的一个重要问题。

3）情绪判定：分析语音中的情绪信息，是实现自然人机交互的重要一环。

4）声纹识别：通过对一种或多种语音信号的特征分析来达到对未知声音辨别的目的，是一种生物识别技术。

图2–3–1所示就是一个简单的语音标注的例子。

图2–3–1　语音标注

（2）图像标注和视频标注

众所周知，1秒钟的视频可以包含25帧图像，每1帧都是1张图像。图像标注和视频标注都是按照数据标注的工作内容来分类，其实可以统一称为图像标注，因为视频也是由图像连续播放组成的。

现实应用场景中，常常应用到图像数据标注的有人脸识别以及自动驾驶车辆识别等。以自动驾驶为例，汽车在自动行驶的时候如何识别车辆、行人、障碍物、绿化带，甚至是天空呢？图像标注不同于语音标注，因为图像包括形态、目标点、结构划分，仅凭文字进行标记是无法满足数据需求的。

因此，图形的数据标注需要相对复杂的过程，数据标注人员需要对不同的目标标记物用不同的颜色进行轮廓标记，然后对相应的轮廓打标签，用标签来概述轮廓内的内容（图2–3–2）。

图2–3–2　图像标注

（3）文本标注

与文本标注相关的现实应用场景包括名片自动识别、证照识别等。文本标注和语音标注有些相似，都需要通过人工识别转录成文本的方式。图2–3–3所示为一个医学文本标注示例。

腰痛2年，伴左下肢放射痛10日余		
分词	属性	位置
腰	器官	主
痛	症状	谓
2	时间	宾
年	时间	宾
，	—	—
伴	—	—
左	方位	主
下	方位	主
肢	器官	主
放射	修饰属性	谓
痛	症状	谓
10	时间	宾
日	时间	宾
余	时间	宾

图2-3-3 医学文本标注示例

通过标注可以让模型知道如何去识别病例的每一个单词，并在数据的训练基础上，学习到一个词有哪些属性，有什么样的语境，从而推断该语句所表达的意思。

3. 数据分析

（1）数据分析概述

数据分析是指用适当的统计分析方法对收集来的大量数据进行分析，提取有用信息和形成结论，并对数据加以详细研究和概括总结的过程。在实际应用中，数据分析可帮助人们作出判断，以便采取适当行动。

（2）数据分析的历史发展

数据分析的数学基础在20世纪早期就已确立，但直到计算机的出现才使得实际操作成为可能，并使得数据分析得以推广。数据分析是数学与计算机科学相结合的产物。数据分析展示如图2-3-4所示。

在统计学领域，有些人将数据分析划分为描述性统计分析、探索性数据分析以及验证性数据分析；其中，探索性数据分析侧重于在数据之中发现新的特征，而验证性数据分析则侧重于已有假设的证实或证伪。

探索性数据分析是指为了形成值得假设的检验而对数据进行分析的一种方法，是对传统统计学假设检验手段的补充。该方法由美国著名统计学巨匠约翰·图基（John Tukey）命名。

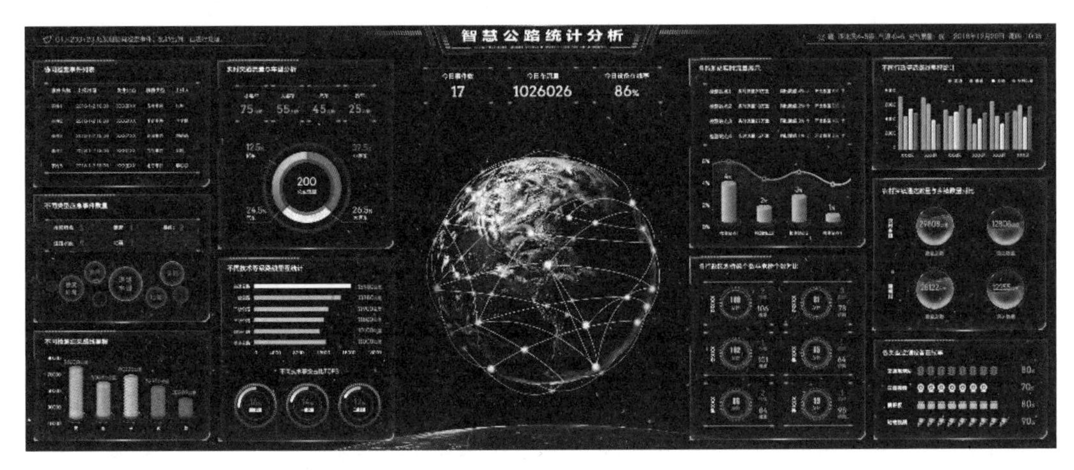

图2-3-4　数据分析

（3）数据分析的步骤

1）探索性数据分析：当数据刚取得时，可能杂乱无章，看不出规律，通过作图、造表或用各种形式的方程拟合，计算某些特征量等手段探索规律性的可能形式，即往什么方向和用何种方式去寻找和揭示隐含在数据中的规律。

2）模型选定分析：在探索性分析的基础上提出一类或几类可能的模型，然后通过进一步的分析从中挑选一定的模型。

3）推断分析：通常使用数理统计方法对所定模型或估计的可靠程度和精确程度作出推断。

案例拓展

发挥好人工智能“头雁效应”

2023年以来，多地在人工智能领域谋篇布局，推动新一代人工智能健康发展和广泛应用，重塑产业经济结构。

2023年，在世界人工智能大会闭幕式上，上海市表示即将发布“人工智能大模型创新发展若干措施”，实施大模型扶持计划，鼓励创新主体研发具有前沿竞争力的大模型，提高大模型智能算力；北京市发布加快建设具有全球影响力的人工智能创新策源地实施方案，将布局一批前沿项目，推动人工智能自主技术体系及产业生态建设；深圳市印发加快推动人工智能高质量发展高水平应用的行动方案，提出18项举措，涵盖增强关键核心技术与产品创新能力、强化要素供给等多个层面；成都市对符合条件的企业给予最高1000万元经费支持，以直接提供资金补助的方式激励人工智能发展；山东省明确提出建设人工智能创新发展试验区，旨在放大人工智能技术的“赋能”效应。人工智能已成为各地发展经济的重要抓手。

作为引领新一轮科技革命和产业变革的战略性技术，人工智能具有很强的“头雁效应”。发挥好这一效应，要聚焦人工智能大模型和强化智能算力、产业能级跃升、人工智能领域的立法工作和社会领域治理工作等层面，助力新一轮科技革命，为推动经济高质量发展提供强劲动力。

（1）要聚焦AI大模型，构建智能算力承载网。科技部新一代人工智能发展研究中心近期发布的《中国人工智能大模型地图研究报告》显示，“大数据+大算力+强算法”相结合的人工智能大模型在我国蓬勃发展，涌现出各种大模型技术群。AI大模型不仅综合运用各种计算系统技术、算法理论，更需要AI芯片、传感器等强大硬件为其提供数据存储和算力支撑。通过政策引导人工智能创新投入，构建大规模智能算力承载网，为人工智能大模型研究和应用赋能。

（2）应拓展现实场景应用，促进产业能级跃升。应持续研发商业通用模型和行业专用模型，关注现实场景应用。围绕经济社会发展及民生重大需求，逐渐将人工智能大模型拓展到多个行业，形成人工智能产业集群，引领产业高端化能级跃升，不断提升人工智能应用深度和广度。

（3）保证安全可控，加快人工智能领域立法工作。人工智能技术为经济社会发展带来重大机遇，要在保证安全、可控和可靠发展的基础上收获科技革命的红利。

（4）以技术发展为契机，引领人工智能社会领域治理。人工智能技术正迅速渗透到社会、经济等各个领域，对社会治理思维的转型提出迫切要求。可借助人工智能的高效、安全优势，充分利用算力集群资源，不断AI驱动社会治理效能提升。

评价反馈

1. 学生以小组为单位，对以上学习情境的学习过程及成果进行互评。

生生互评表			
班级：	姓名：	学号：	
评价项目	项目2　人工智能的基础知识		
评价任务	评价对象标准	分值	得分
了解人工智能的基本概念	能结合人工智能的研究领域及工作原理，举例说明人工智能在各行各业的应用。	20	
掌握人工智能三要素	能够结合生活实例简述对人工智能三要素的理解。	20	
了解大数据在人工智能的应用	能够结合生活实例简述对人工智能大数据应用的理解。	20	
学习纪律	态度端正、认真，无缺勤、迟到、早退现象。	10	
学习态度	能够按计划完成任务。	10	
成果质量	任务完成质量。	10	
协调能力	是否能合作完成任务。	5	
表达能力	是否能在发言中清晰表达观点。	5	
合计		100	

2. 教师对学生学习过程与成果进行评价。

教师综合评价表			
班级：	姓名：	学号：	
评价项目	项目2　人工智能的基础知识		
评价任务	评价对象标准	分值	得分
了解人工智能的基本概念	能结合人工智能的研究领域及工作原理，举例说明人工智能在各行各业的应用。	20	
掌握人工智能三要素	能够结合生活实例简述对人工智能三要素的理解。	20	
了解大数据在人工智能的应用	能够结合生活实例简述对人工智能大数据应用的理解。	20	
学习纪律	态度端正、认真，无缺勤、迟到、早退现象。	10	
学习态度	能够按计划完成任务。	10	
成果质量	任务完成质量。	10	
协调能力	是否能合作完成任务。	5	
表达能力	是否能在发言中清晰表达观点。	5	
合计		100	

综合评价	小组互评（40%）	教师评价（60%）	综合得分

项目 3

人工智能的硬件技术

任务3.1 AI芯片与服务器

任务3.2 传感器与5G通信

学习情景

硬件是软件赖以工作的物质基础，身处人工智能的变革时期，实现人工智能的硬件及设备都在各自的领域中得到应用。AI芯片、服务器、传感器和5G通信技术是常见的支持人工智能的底层硬件技术，我们通过学习本项目对人工智能的硬件技术进行初步认识。

学习目标

1. 素质目标

通过AI芯片背后的研发故事，养成自主研发、创新的精神；通过学习5G通信的技术特点，激发民族自豪感。

2. 知识目标

（1）了解AI芯片的分类；

（2）掌握各类AI芯片的特点；

（3）掌握5G通信的技术特点。

3. 能力目标

（1）能区分各类AI芯片的适用范围；

（2）能说明5G通信的应用场景。

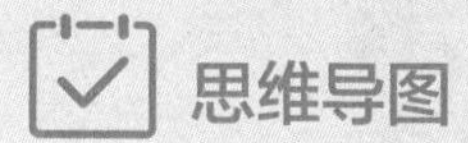

思维导图

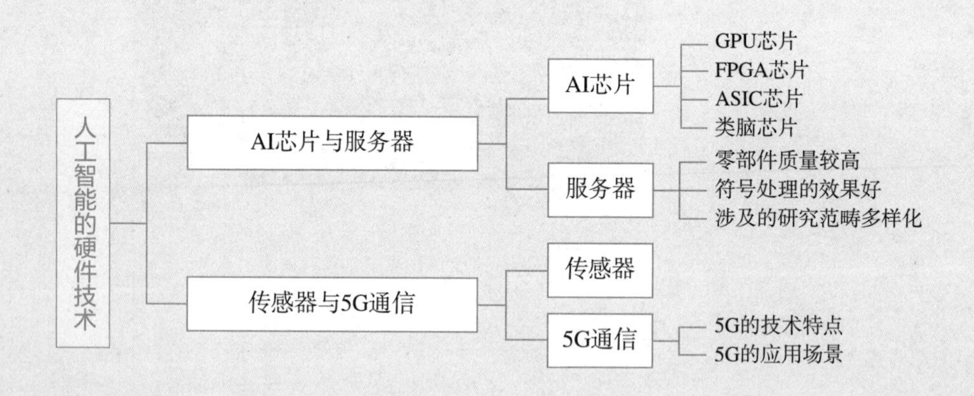

任务 3.1
AI芯片与服务器

【任务描述】

（1）请分组讨论各类AI芯片的优缺点及适用范围，并记录讨论结果。

（2）请分组讨论服务器有哪些特点，并记录讨论结果。

【任务成果】

完成并提交学习任务成果3.1。

学习任务成果3.1

一、简述各类AI芯片的优缺点及适用范围。

二、讨论服务器有哪些特点。

<table>
<tr><td>学校</td><td colspan="3"></td><td>成绩</td></tr>
<tr><td>专业</td><td></td><td>姓名</td><td></td><td rowspan="2"></td></tr>
<tr><td>班级</td><td></td><td>学号</td><td></td></tr>
</table>

【任务实施】

步骤一：将全班同学进行分组，每组4~6人，每小组推选一名同学为组长，负责与老师的联系。

步骤二：根据任务提出的问题，每组同学通过网络、报刊、图书等方式查阅资料。

步骤三：由小组长根据任务提出的问题组织开展讨论，老师参与讨论，要求每位同学参与发言。

步骤四：请各小组收集汇总问题答案并上交文档。

【知识链接】

知识点一：AI芯片——GPU芯片、FPGA芯片、ASIC芯片、类脑芯片

AI芯片也被称为AI加速器或计算卡，即专门用于处理人工智能应用中的大量计算任务的模块。目前，AI芯片的研发方向主要分两种：一是基于传统冯·诺依曼架构的现场可编程门阵列（Field Programmable Gate Array，FPGA）和专用集成电路（Application Specific Integrated Circuit，ASIC）芯片；二是模仿人脑神经元结构设计的类脑芯片。其中，FPGA和ASIC芯片不管是研发还是应用，都已经形成一定规模；而类脑芯片虽然还处于研发初期，但具备很大潜力，可能在未来成为行业内的主流。

1．GPU芯片

2007年以前，受限于当时算法和数据等因素，人工智能对芯片还没有特别强烈的需求，通用的CPU芯片即可提供足够的计算能力。之后由于高清视频和游戏产业的快速发展，图形处理器（GPU）芯片取得迅速的发展。因为GPU芯片有更多的逻辑运算单元用于处理数据，属于高并行结构，在处理图形数据和复杂算法方面比CPU芯片更有优势，又因为深度学习的模型参数多、数据规模大、计算量大，此后一段时间内GPU芯片代替了CPU芯片，成为当时主流的AI芯片，如图3-1-1所示。

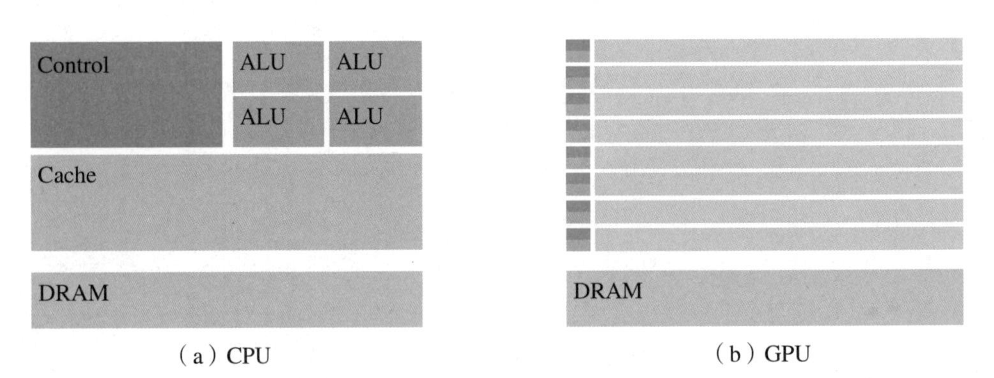

（a）CPU　　（b）GPU

图3-1-1　GPU芯片比CPU芯片有更多的逻辑运算单元（ALU）

然而GPU芯片毕竟只是图形处理器，不是专门用于深度学习的芯片，自然存在不足，例如在执行人工智能应用时，其并行结构的性能无法充分发挥，导致能耗高。同时，人工智能技术的应用日益增长，在教育、医疗、无人驾驶等领域都能看到人工智能的身影，然而GPU芯片过高的能耗难以满足产业的需求。

2．FPGA芯片

FPGA芯片是在PAL、GAL、CPLD等可编程器件的基础上进一步发展的产物，可以将FPGA芯片理解为“万能芯片”。用户通过烧录FPGA芯片配置文件来定义这些门电路以及存储器之间的连线，用硬件描述语言（HDL）对FPGA芯片的硬件电路进行设计。每完成一次烧录，FPGA芯片内部的硬件电路就有了确定的连接方式，具有了一定的功能，输入的数据只需要依次经过各个门电路，就可以得到输出结果。

虽然FPGA芯片的结构具有较高灵活性，但它的性能比不上ASIC芯片，量产中单块芯片的成本也比ASIC芯片高。在芯片需求还未成规模、深度学习算法需要不断迭代改进的情况下，具备可重构特性的FPGA芯片适应性更强。因此用FPGA来实现半定制人工智能芯片，毫无疑问是保险的选择。

目前，FPGA芯片市场的最主要厂商为Xilinx和Altera。有相关媒体统计，前者约占全球市场份额50%、后者约占35%，两家申请的专利达6000多项。1）Xilinx的FPGA芯片，如图3–1–2所示，从低端到高端可分为4个系列，分别是Spartan、Artix、Kintex、Vertex，芯片工艺也从45～16nm不等。芯片工艺水平越高，芯片越小。其中Spartan和Artix主要针对民用市场，其应用包括无人驾驶、智能家居等；Kintex和Vertex主要针对军用市场，应用包括国防、航空航天等。2）Altera的主流FPGA芯片分为两大类，一种侧重低成本应用，容量中等，性能可以满足一般的应用需求，如Cyclone和MAX系列；还有一种侧重于高性能应用，容量大，性能能满足各类高端应用需求，如Startix和Arria系列。Altera的FPGA芯片主要应用在消费电子、无线通信、军事航空等领域。

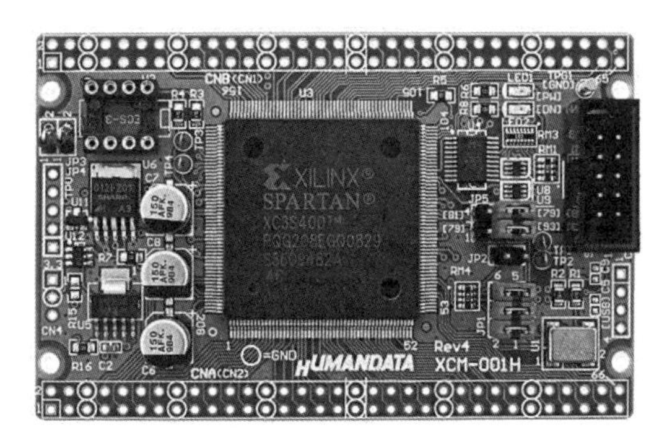

图3–1–2 Xilinx的Spartan系列FPGA芯片

3．ASIC芯片

2016年，英伟达（NVIDIA）发布了专门用于加速人工智能计算的Tesla P100芯片，并且在2017年升级为Tesla V100，如图3–1–3所示。在训练超大型神经网络模型时，Tesla V100可以为深度学习相关的模型训练和推断应用提供高达125万亿次每秒的张量计算（张量计算是深度学习中最经常用到的计算）。然而在最高性能模式下，Tesla V100的功耗达到了300W，虽然性能强劲，但也毫无疑问是颗费电的“核弹”。

加速深度学习的TPU（Tensor Processing Unit）发布于2016年，如图3–1–4所示，并

图3-1-3 英伟达Tesla V100芯片

图3-1-4 TPU芯片

且之后升级为TPU 2.0和TPU 3.0。与英伟达的芯片不同，谷歌的TPU设置在云端，算力达到180万亿次每秒，功耗却只有200W。

另外，初创企业也在激烈竞争ASIC芯片市场。2017年，NovuMind推出了第一款自主设计的AI芯片：NovuTensor，如图3-1-5所示。这款芯片使用原生张量处理器（Native Tensor Processor）作为内核构架，并采用不同的异构计算模式来应对不同AI应用领域的三维张量计算。2018年，NovuMind又推出了新一代NovuTensor芯片，这款芯片在做到15万亿次每秒的计算同时，全芯片功耗控制在15W左右，效率极高。根据相关报道，在运行ResNet-18、ResNet-34、ResNet70、VGG16等业界标准神经网络推理时，NovuTensor芯片的吞吐量和延迟都要优于英伟达的另一款高端芯片Xavier，适合边缘端人工智能计算，也就是服务于物联网。

图3-1-5 Novumind的NovuTensor芯片

4. 类脑芯片

研制人工智能芯片的另一种思路是模仿人脑的结构。人脑内有上千亿个神经元，如图3-1-6所示，每个神经元都通过成千上万个突触与其他神经元相连，形成超级庞大的神经元回路，以分布式和并发式的方式传导信号，相当于超大规模的并行计算，因此算力极强。人脑的另一个特点，即并不是大脑的每个部分都一直在工作，从而整体能耗很低。这种类脑芯片跟传统的冯·诺依曼架构不同，它的内存、CPU和通信部件是完全集成在一起，把数字处理器当作神经元，把内存作为突触。除此之外，在类脑芯片上，信息的处理完全在本地进行，由于本地处理的数据量并不大，传统计算机内存与CPU之间的瓶颈不复存在。同时，神经元只要接收到其他神经元发过来的脉冲，这些神经元就会同时做动作，因此神经元之间可以方便快捷地相互沟通。

2014年IBM发布了TrueNorth类脑芯片，这款芯片在直径只有几厘米的空间里，集成了4096个内核、100万个“神经元”和2.56亿个“突触”，能耗只有不到70mW，是高

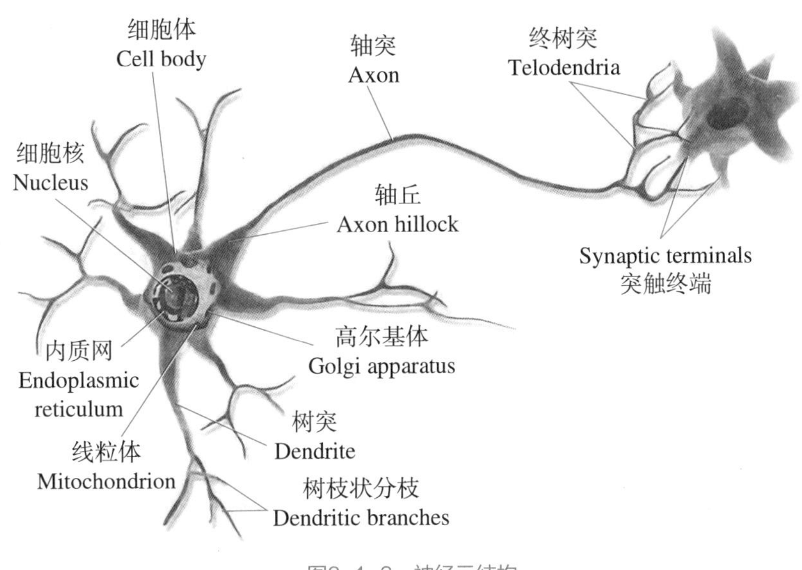

图3-1-6　神经元结构

集成、低功耗的。IBM研究小组曾经利用做过DARPA的eoVision2Tower数据集做过演示：TrueNorth芯片能以每秒30帧的速度，实时识别出街景视频中的人、自行车、公交车、卡车等，准确率达到了80%。相比之下，一台便携式计算机编程完成同样的任务用时要慢100倍，能耗却是类脑芯片的1万倍。

目前类脑芯片研制的挑战之一，是在硬件层面上模仿人脑中的神经突触，换而言之就是设计完美的人造突触。在现有的类脑芯片中，通常用施加电压的方式来模拟神经元中的信息传输。但问题是由于大多数由非晶材料制成的人造突触中，离子通过的路径有无限种可能，难以预测离子究竟走哪一条路，造成不同神经元电流输出的差异。针对这个问题，MIT的研究团队制造了一种类脑芯片，其中的人造突触由硅锗制成，每个突触约25nm。对每个突触施加电压时，所有突触都表现出几乎相同的离子流，突触之间的差异约为4%。虽然这类芯片的研究，离成为市场上可以大规模广泛使用的成熟技术，还有很长的路要走，但是长期来看类脑芯片有可能会带来计算体系的革命。

知识点二：服务器

服务器在网络中为其他客户机提供计算或者应用服务。它具有高速的CPU运算、长时间的可靠运行、强大的外部数据I/O吞吐能力以及更好的扩展性。然而传统单纯以CPU为计算部件的服务器架构难以满足人工智能的需求，因此“CPU+”架构成为人工智能服务器的核心思路。其具有以下几个特点：

1. 零部件质量较高

鉴于人工智能服务器本身就需要依靠复杂的内部系统才可以运作起来，所以好的服务器往往会在零部件的选择方面以高质量为基础，高性能的插槽、专业的显卡以及加速卡等零部件都可以满足高频度、高密度的计算机数据处理以及运作，这些零部件组合在一起就能够保证服务器的质量。

2. 符号处理的效果好

人工智能服务器之所以在逻辑运算方面会有较强的能力，主要是因为其符号处理的效果较好且能够在数据的处理中不断地积累下处理方法，这样就可以通过人工智能的思考而模拟出更加高级的逻辑，在面对大容量内存的计算机时可以既吸收知识又输出知识，将固定的内容转化成可识别的符号。

3. 涉及的研究范畴多样化

人工智能已经能够与多种行业契合，人工智能服务器也可以帮助到多个研究领域进行数据处理或是计算机的运作，数据科学、流体力学、结构力学以及生物信息学等跨领域的学科均能够用得上人工智能型的服务器。

任务 3.2 传感器与5G通信

【任务描述】

（1）请分组讨论传感器的发展方向，并记录讨论结果。

（2）请分组讨论5G通信的技术特点、应用场景，并记录讨论结果。

【任务成果】

完成并提交学习任务成果3.2。

学习任务成果3.2

一、传感器是所有行业智能未来的起点，结合人工智能发展趋势，谈论传感器的发展方向。

二、简述5G通信的技术特点、应用场景。

学校				成绩
专业		姓名		
班级		学号		

【任务实施】

步骤一：将全班同学进行分组，每组4～6人，每小组推选一名同学为组长，负责与老师的联系。

步骤二：根据任务提出的问题，每组同学通过网络、报刊、图书等方式查阅资料。

步骤三：由小组长根据任务提出的问题组织开展讨论，老师参与讨论，要求每位同学参与发言。

步骤四：请各小组收集汇总问题答案并上交文档。

【知识链接】

知识点一：传感器

传感器发展自20世纪50年代，共经历了3个主要发展阶段，从最原始的结构型传感器演变为固体传感器，直到最新的智能传感器，传感器技术也发生了翻天覆地的变化。与传感器技术共同发展的还有我国的传感器产业，近年来，受益物联网、智慧城市等热点的带动，我国传感器产业走上了发展的快车道。事实上，大多数的人工智能动作和应用场景都需要依靠合适的传感器来达成，可以说，传感器就是人工智能技术发展的硬件基础，是人工智能与万物建立联系的必备条件。以自动驾驶为例，其核心是让车绕过人类感官与交通环境实现交互，这就极大程度依赖雷达、视觉摄像头以及多种多样的传感器装置；又如，可以“唇语识别”的搜狗中文机器人“汪仔”，就是打破了思维定式，将语义识别的传感器改成了光学传感，用图像捕捉的信息判断语言的沟通，取得了非常好的效果。

2017年，工业和信息化部印发《促进新一代人工智能产业发展三年行动计划（2018—2020年）》，其中的重点内容就是培育八项智能产品和四项核心基础，而智能传感器排在核心基础的第一位，处于最重要的地位。目前，我国已经拥有了一批具备一定规模和技术实力的企业，也有了一定的自主研发的创新成果，但核心制造技术相对滞后，创新产品少、结构不合理；产业链关键环节缺失，当前本土传感厂商还大多采用国外仿真工具，核心制造装备仍部分依赖进口；科研成果转化率及产业发展后劲不足，综合实力较弱。针对这些问题，发展智能传感器的四大主要任务：一是补齐设计、制造关键环节短板，推进智能传感器向中高端升级；二是面向消费电子、汽车电子、工业控制、健康医疗等重点行业领域，开展智能传感器应用示范；三是建设智能传感器创新中心，进一步完善技术研发、标准、知识产权、检测及公共服务能力，助力产业创新发展；四是合理规划布局，进一步完善产业链，促进产业集聚发展。

随着全球开始进入信息时代，要获取大量人类感官无法直接获取的信息，就需要大量相适应的传感器。物联网中的传感器，为感知物质世界提供了更多有意义的途径，从而让人工智能“活了起来”。传感器给人工智能以“眼”去看世界，给他们一个“好耳朵”，赋予人工智能“对事物的敏锐触觉”。在很多方面，传感器都在赋予人工智能以“超人”的能力。

知识点二：5G通信

1. 5G与AI

5G是万物互联的基石，AI是万物互联网的助推器。随着5G通信的普及，其大带宽、低时延的特点使AI技术得以推广到更多的行业，产生更丰富的应用场景。

（1）在数字化生活方面，“高速连接+感官智能”将催生人机交互新应用，视觉、听觉、触觉智能会在个人穿戴、家居设备中快速渗透，展现丰富多彩的智慧生活。

（2）在数字化生产方面，“可靠连接+专用智能”将催生智能制造新业态。凭借高可靠、低时延特征，5G将整合工业生产各领域离散网络，推动AI深度融入制造业全流程、全环节，大幅提升传统产业的生产效率。

（3）在数字化治理方面，“广域连接+通用智能”将催生智慧治理新模式。5G的超大规模连接特性，将促进教育、医疗、交通等各领域线上互通，加速数据要素的充分流通和高效运用，支撑AI深度学习，推动社会治理向协同化、精准化、高效化方向转变。

2. 5G的技术特点

5G通过电磁波的方式通信，而电磁波有一个特点，即频率越高，波长越短；速率越快，传输能力越差，也就是传输速率和传播能力呈相互制约的关系。如果纯粹追求速率的提升，那么理论上把电磁波的频率提高就可以了，但是会出现这么一种情况：之前4G网络覆盖只需要一个基站，但是换成5G信号之后，就可能需要4个或者以上的基站，如图3-2-1所示。

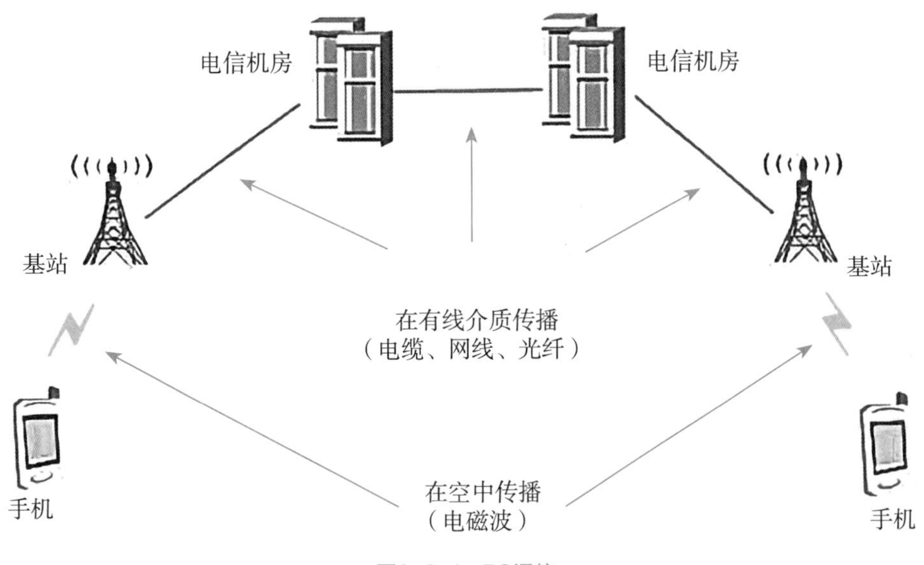

图3-2-1 5G通信

（1）高速率

相对于4G，5G要解决的第一个问题就是高速率。网络传输速率提升，用户体验与感受才会有较大提高，网络面对VR或超高清业务时不受限制，对网络传输速率要求很高的业务才能被广泛推广和使用。和每一代通信技术一样，确切说清5G的传输速率到底是多少是很难的，一方面峰值速率和用户的实际体验速率不一样，不同的技术在不同的时期速率也会不同。对于5G的基站峰值要求不低于20Gbit/s，并不是每一个用户的体验速率。随着新技术使用，这个速率还有提升的空间，意味着用户甚至可以每秒钟就下载一部高清电影。这样的高速率给未来对速率有很高要求的业务提供了机会和可能。

（2）泛在网

随着技术的不断发展，网络业务需要无所不包、广泛存在。泛在网有两个层面的含义：一是广泛覆盖，二是纵深覆盖。1）广泛是指在社会生活的各个地方，需要广覆盖，以前高山峡谷就不一定需要网络覆盖，因为生活的人很少，但是如果能覆盖5G，可以大量部署传感器，进行环境、空气质量甚至地貌变化、地震的监测，这就非常有价值。2）纵深是指在人们的生活中，虽然已经有网络部署，但是需要进入更高品质的深度覆盖。今天的家庭中已经有了4G网络，但是卫生间可能网络质量不是太好，很多地下车库则基本没信号，5G网络可以广泛覆盖这些地区。一定程度上，泛在网比高速率还重要，只建一个少数地方覆盖、速率很高的网络，并不能保证5G的服务与体验，而泛在网才是5G体验的一个根本保证。

（3）低功耗

5G要支持大规模物联网应用，就必须要有功耗的要求。近年来，可穿戴产品有了一定发展，但遇到很多瓶颈，最大的瓶颈是体验较差。以智能手表为例，大部分产品需要每天充电，甚至一天就需要充好几次电。所有物联网产品都需要通信与能源，虽然今天通信可以通过多种手段实现，但是能源的供应只能靠电池。如果能把功耗降下来，让大部分物联网产品一周充一次电，甚至一个月充一次电，就能大大改善用户体验，促进物联网产品的快速普及。

eMTC全称是LTE enhanced MTO，是基于LTE（Long Term Evolution，长期演进）发展而成的物联网技术，为了更加适合物与物之间的通信，也为了更低的成本，对LTE协议进行了裁剪和优化。eMTC基于蜂窝网络进行部署，其用户设备通过支持1.4MHz的射频和基带带宽，可以直接接入现有的LTE网络。eMTC支持上下行最大1Mbit/s的峰值速率。而NB-IoT（窄带物联网）构建于蜂窝网络，只消耗大约180kHz的带宽，可直接部署于GSM（全球移动通信系统，即2G）网络、UMTS（通用移动通信系统，即3G）网络或LTE网络，以降低部署成本、实现平滑升级，和eMTC一样，是5G网络体系的一个组成部分。

（4）低时延

5G的一个新场景是无人驾驶、工业自动化等领域的高可靠连接。人与人之间进行信息交流，140ms的时延是可以接受的，但是如果这个时延应用于无人驾驶、工业自动化等领域则无法被接受，这些领域将速率的需求诉诸5G。

1）无人驾驶汽车需要中央控制中心和汽车进行互联，车与车之间也应进行互联。在高速度行动中，一个制动操作就需要瞬间把信息送到车上做出反应，100ms左右的时间车就会冲出几米，因此需要在最短的时延中把信息送到车上，进行制动与车控反应。2）无人驾驶飞机更是如此。如数百架无人驾驶编队飞行，一个极小的偏差就会导致碰撞和事故，这就需要在极小的时延中把信息传递给飞行中的无人驾驶飞机。3）工业自动化过程中，一个机械臂的操作，如果要做到极精细化，保证工作的高品质与精准性，也需要极小的时延让机器最及时地做出反应。这些特征，在传统的人与人通信甚至人与机器通信时，要求都没有那么高，因为人的反应相较于人工智能是慢的，也不需要机器那么高的效率与精细化。

无论是无人驾驶飞机、无人驾驶汽车还是工业自动化，都是高速度运行，且需要在高速中保证及时信息传递和及时反应，这就对时延提出了极高要求。要满足低时延的要求，需要在5G网络建构中找到各种办法，以减少时延，边缘计算等技术也会被采用到5G的网络架构中。

3．5G的应用场景

负责制定5G标准的是“第三代合作伙伴计划”组织，简称3GPP。它是一个标准化机构，目前有我国的CCSA、欧洲的ETSI、美国的ATIS、日本的TTC和ARIB、韩国的TTA以及印度的TSDSI作为其7个组织伙伴（OP）。5G的好处体现在它有三大应用场景：增强型移动宽带、超可靠低时延和海量机器类通信，也就是说5G可以给用户带来更高的带宽速率、更低更可靠的时延和更大容量的网络连接。

（1）增强型移动宽带：5G增强型移动宽带主要体现在以下领域：3D超高清视频远程呈现、可感知的互联网、超高清视频流传输、宽带光纤用户以及虚拟现实领域等。

（2）超可靠低时延：目前最常见的应用概念是自动驾驶。设想一下，如果没有5G网络的保证，谁敢使用自动驾驶？万一网络卡顿，车子就有可能开到沟里去了。

（3）海量机器类通信：之所以说这是一个互联网的时代，主要就是基于人和人、人和物之间的通信，如上网购物、微信聊天等。在未来，5G通信将能更好地服务于物联网时代。

案例拓展

华为麒麟芯片回归意味着什么？

2023年8月，华为Mate 60 Pro正式上线，成为全球首款支持卫星通话的大众智能手机。公众更关注本代新机是否真的突破了“卡脖子”技术，用一个“中国芯”

跑出了5G速度？

从多方测试结果来看，本代机型装载的是中国自主研发、生产的麒麟9000S芯片，上行峰值网速可以达到5G标准。相比于产品性能，这一技术突破所带来的意义更为重大。这意味着中国科技产业成功构建了完整的芯片产业链，在高端手机等半导体领域实现了自主可控。同时，这股自主研发的浪潮将覆盖消费电子领域、新能源领域，直至渗透进所有科技产业。

我国半导体产业起步较晚，长期以来，半导体产业链上游的设备和材料等高端领域被美、欧、日垄断，对于我国来说“卡脖子”问题突出。近年来，我国出台多项政策措施助力企业科技创新，组织更多企业牵头和参与关键核心技术攻关，推动创新链产业链资金链人才链深度融合。延续实施优化企业创业投资环境、支持突破“卡脖子”问题等阶段性政策。同时，在进一步增强企业科技创新能力、提升产业链供应链韧性和安全水平等方面加强政策储备，不断夯实产业发展基础。牢牢抓住科技创新的“牛鼻子”，中国经济的巨轮必将驶向更广阔的海域。

评价反馈

1．学生以小组为单位，对以上学习情境的学习过程及成果进行互评。

生生互评表			
班级：	姓名：	学号：	
评价项目	项目3　人工智能的硬件技术		
评价项目	评价对象标准	分值	得分
AI芯片相关知识	能正确理解各类AI芯片的优缺点及适用范围。	20	
服务器相关知识	能准确说出服务器的特点。	10	
传感器的发展方向	能简述传感器的发展方向。	10	
5G通信相关知识	能简述5G的技术特点并举例说明其应用场景。	20	
学习纪律	态度端正、认真，无缺勤、迟到、早退现象。	10	
学习态度	能够按计划完成工作任务。	10	
学习质量	任务完成质量。	10	
协调能力	是否能合作完成任务。	5	
表达能力	是否能在发言中清晰表达观点。	5	
合计		100	

2．教师对学生学习过程与结果进行评价。

教师综合评价表				
班级：	姓名：		学号：	
评价项目	项目3　人工智能的硬件技术			
评价任务	评价对象标准		分值	得分
AI芯片相关知识	能正确理解各类AI芯片的优缺点及适用范围。		20	
服务器相关知识	能准确说出服务器的特点。		10	
传感器的发展方向	能简述传感器的发展方向。		10	
5G通信技术相关知识	能简述5G通信技术的特点并举例说明其应用场景。		20	
学习纪律	态度端正、认真，无缺勤、迟到、早退现象。		10	
学习态度	能够按计划完成工作任务。		10	
学习质量	任务完成质量。		10	
协调能力	是否能合作完成任务。		5	
表达能力	是否能在发言中清晰表达观点。		5	
合计			100	
综合评价	小组互评（40%）	教师评价（60%）	综合得分	

项目 4

人工智能的软件技术

学习情景

随着人工智能技术的不断发展，人工智能软件呈现出了多种类型和应用场景，既可以实现人机交互模拟人的思考方式和学习能力来完成任务，又可以实现理解、思考、推理、解决问题等高级行为。本项目从人工智能核心算法及应用、机器学习与深度学习、Python编程语言、AI-Training实训平台和ChatGPT五个方面了解人工智能的软件技术，以便更深入地探索人工智能应用。

学习目标

1. 素质目标

随着信息技术的发展，人工智能软件技术也在飞速发展，正大幅跨越科学与应用之间的技术鸿沟，迎来人工智能应用爆发式增长的新高潮。因此，应培养学生将专业知识和人工智能技术结合起来，服务于行业应用的意识。

2. 知识目标

（1）熟悉人工智能核心算法及应用；

（2）了解机器学习与深度学习；

（3）了解Python编程语言；

（4）了解AI-Training实训平台；

（5）了解ChatGPT。

3. 能力目标

（1）能区分常用经典算法及其应用；

（2）能说明机器学习与深度学习的不同点；

（3）能灵活使用Python编程语言的常用命令；

（4）能简单操作AI-Training实训平台；

（5）能说明ChatGPT的特点和局限。

思维导图

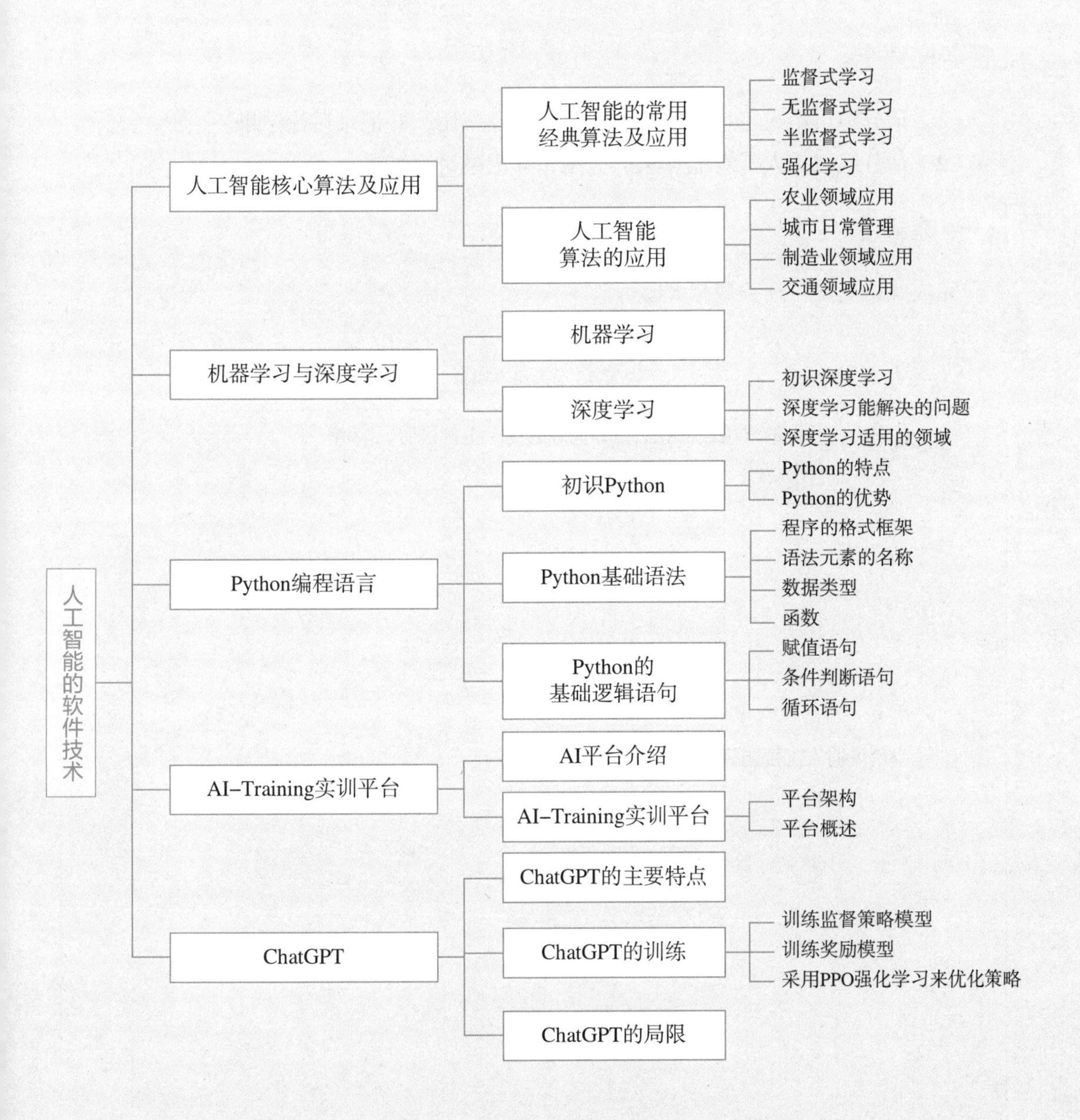
人工智能的软件技术
人工智能核心算法及应用
人工智能的常用经典算法及应用
监督式学习
无监督式学习
半监督式学习
强化学习
人工智能算法的应用
农业领域应用
城市日常管理
制造业领域应用
交通领域应用
机器学习与深度学习
机器学习
深度学习
初识深度学习
深度学习能解决的问题
深度学习适用的领域
Python编程语言
初识Python
Python的特点
Python的优势
Python基础语法
程序的格式框架
语法元素的名称
数据类型
函数
Python的基础逻辑语句
赋值语句
条件判断语句
循环语句
AI-Training实训平台
AI平台介绍
AI-Training实训平台
平台架构
平台概述
ChatGPT
ChatGPT的主要特点
ChatGPT的训练
训练监督策略模型
训练奖励模型
采用PPO强化学习来优化策略
ChatGPT的局限

任务 4.1
人工智能核心算法及应用

【任务描述】

（1）请分组讨论人工智能的常用经典算法及应用，并记录讨论结果。

（2）请分组讨论人工智能算法的应用，并记录讨论结果。

【任务成果】

完成并提交学习任务成果4.1。

学习任务成果4.1

一、你对人工智能的常用经典算法是如何理解的？举例说明。

二、举例说明人工智能算法的应用场景。

学校				成绩
专业		姓名		
班级		学号		

【任务实施】

步骤一：将全班同学进行分组，每组4～6人，每小组推选一名同学为组长，负责与老师的联系。

步骤二：根据任务提出的问题，每组同学通过网络、报刊、图书等方式查阅资料。

步骤三：由小组长根据任务提出的问题组织开展讨论，老师参与讨论，要求每位同学参与发言。

步骤四：请各小组收集汇总问题答案并上交文档。

【知识链接】

知识点一：人工智能的常用经典算法及应用

算法是计算机的“灵魂”，起源于20世纪50年代的智能算法，经过70多年的发展逐渐实现机器学习以及深度学习两大算法技术。在机器学习中，主要学习方式可以分为监督式学习、无监督式学习、半监督式学习和强化学习四大类。

1．监督式学习

在监督式学习下，输入数据被称为“训练数据”，每组训练数据有一个明确的标识或结果，如防垃圾邮件系统中“垃圾邮件”和“非垃圾邮件”，或者手写数字识别中的“1”“2”“3”“4”等。监督学习是一个举一反三的过程，先由已标注正确的训练集进行训练，训练完成之后的“经验”称为模型，然后将未知的数据传入模型，机器即可通过“经验”推测出正确结果，如图4–1–1所示。

在建立预测模型的时候，监督式学习建立一个学习过程，将预测结果与“训练数据”的实际结果进行比较，不断地调整预测模型，直到模型的预测结果达到一个预期的准确率。监督式学习的常见应用场景包括分类问题和回归问题等，常见算法有逻辑回归（Logistic Regression）和反向传递神经网络（Back Propagation Neural Network）。

（1）分类是指将训练集给出的分类样本，通过训练总结出样本中各分类的特征模型，再将位置数据传入特征模型，实现对未知数据的分类。分类举例如图4–1–2所示。

1．老师：1个苹果＋1个苹果＝2个苹果
2．学生：1个苹果＋1个苹果＝2个苹果
3．老师：1个香蕉＋1个香蕉＝2个香蕉
4．学生：1个香蕉＋1个香蕉＝2个香蕉
5．老师：1个西瓜＋1个西瓜＝？
6．学生：1个西瓜＋1个西瓜＝2个西瓜

图4–1–1　监督式学习举例

训练集：
　　水果⇒可生吃，酸酸甜甜的
　　蔬菜⇒不可生吃，涩涩的
未知数据：
　　西瓜：可生吃，甜的
分类结果：
　　西瓜⇒水果
未知数据：
　　白菜：不可生吃，涩涩的
分类结果：
　　白菜⇒蔬菜

图4–1–2　分类举例

（2）回归可以理解为逆向的分类，通过特定算法对大量的数据进行分析，总结出其中的个体具有代表性的特征，形成类别。回归举例如图4-1-3所示。

2. 无监督式学习

在无监督式学习中，数据并不被特别标识，学习模型是为了推断出数据的一些内在结构，本质上是一种统计手段（也可以理解为一种分类手段），它没有明确目的的训练方式，由于无法提前知道结果是什么，因此无须打标签。它的原理类似于监督式学习中的回归，但在回归结果中没有打标签。如图4-1-4所示。无监督式学习常见的应用场景包括关联规则的学习以及聚类等，常见算法包括Apriori算法以及*k*-Means算法。

在企业数据应用的场景下，人们最常用的可能是监督式学习和无监督式学习模型。

训练集：
　苹果：可生吃，甜的
　橘子：可生吃，酸的
　白菜：不可生吃，涩的
　茄子：不可生吃，涩的
回归结果：
　苹果、橘子：可生吃，酸酸甜甜的⇒水果
　白菜、茄子：不可生吃，涩涩的⇒蔬菜

图4-1-3　回归举例

训练集：
　苹果：可生吃，甜的
　橘子：可生吃，酸的
　白菜：不可生吃，涩的
　茄子：不可生吃，涩的
无监督学习结果：
　苹果、橘子：可生吃，酸酸甜甜的
　白菜、茄子：不可生吃，涩涩的

图4-1-4　无监督式学习举例

3. 半监督式学习

在半监督式学习模式下，输入数据部分被标识，部分没有被标识。这种学习模型可以用来进行预测，但是模型首先需要学习数据的内在结构以便合理地组织数据进行预测。半监督式学习的应用场景包括分类和回归，算法包括一些对常用监督式学习算法的延伸，这些算法首先试图对未标识数据进行建模，在此基础上再对标识的数据进行预测。如图论推理算法（Graph Inference）或者拉普拉斯支持向量机（Laplacian SVM）等。

在图像识别等领域，由于存在大量的非标识的数据和少量的可标识数据，目前半监督式学习是一个很热的话题。

4. 强化学习

在强化学习模式下，输入数据作为对模型的反馈，不像监督模型那样，输入数据仅仅是作为一个检查模型对错的方式，在强化学习下，输入数据直接反馈到模型，模型必须对此立刻作出调整。强化学习是指计算机对没有学习过的问题做出正确解答的泛化能力，可以理解为强化学习=监督式学习+无监督式学习。和监督式学习一样，它也是需要人工介入的，如图4-1-5所示。强化学习常见的应用场景包括动态系

训练集：
　可生吃，酸酸甜甜的⇒水果
　不可生吃，涩涩的⇒蔬菜
未知数据：
　苹果：可生吃，甜的
　橘子：可生吃，酸的
　白菜：不可生吃，涩的
　茄子：不可生吃，涩的
　猪蹄：来自动物，炖着吃很香
分类结果：
　苹果、橘子⇒水果
　白菜、茄子⇒蔬菜
　猪蹄⇒？？？
人工标注：
　来自动物，炖着吃很香⇒肉类
分类结果：
　苹果、橘子⇒水果
　白菜、茄子⇒蔬菜
　猪蹄⇒肉类

图4-1-5　强化学习

统以及机器人控制等，常见算法包括Q学习（Q–Learning）以及时间差学习（Temporal Difference Learning）。

知识点二：人工智能算法的应用

算法的适用场景需要考虑的因素包括数据量的大小、数据质量和数据本身的特点，机器学习要解决的具体业务场景中问题的本质是什么，可以接受的计算时间是多少。有了算法和被训练的数据（经过预处理过的数据），那么多次训练并经过模型评估和算法人员调整模型参数后，就会获得训练模型。当新的数据输入后，训练模型就会给出结果。

1．农业领域应用

农业中已经用到很多的AI算法，如农作物病虫害检测算法，目前，人工智能算法已经实现了苹果、马铃薯、花生等数十种农作物的上百种病虫害识别，帮助农作物种植人员监控作物病害状况，并快速、便捷、准确地确定病害类型，对症下药。同时，也可以对不清楚的病害进行初步确定，大大减少了人工成本和时间成本，如图4–1–6所示。

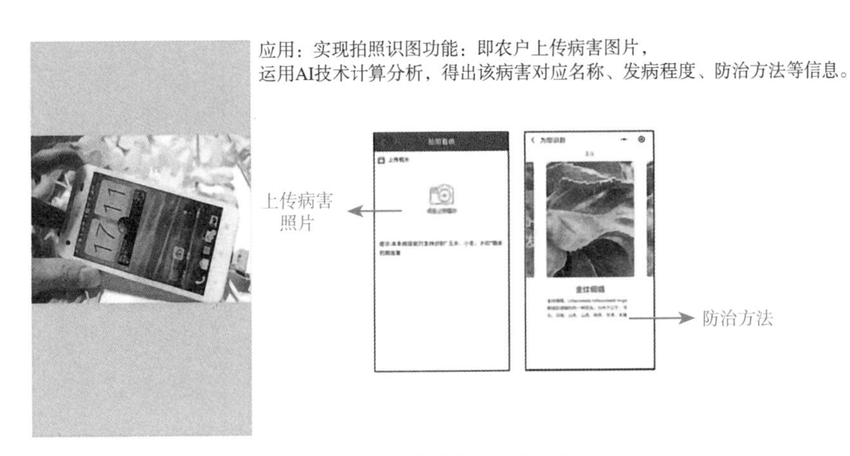

图4–1–6 “植物医生”APP

2．城市日常管理

例如，在城市日常管理过程中，需要花费大量人力去解决很多小问题，借助AI视觉算法，以道路管理、路面状况、环境安全等场景为核心，通过城市监控摄像头搭载餐饮占道经营识别、摩托车及自行车占道识别、机动车占道识别、积水识别、裸土识别、垃圾桶识别、垃圾堆放检测、河道漂浮物检测等算法，能精准识别经营占道、车辆占道等道路违规行为，识别路面积水、渣土堆积等路面问题，并全方位监测城市垃圾堆放、河道漂浮物等情况，实现高效一体化的城市精细化管理，如图4–1–7所示。

图4–1–7 智能违章抓拍审核一体机器人

3．制造业领域应用

例如，为推进传统钢铁行业智能化生产，让智能监控代替人工监控，研究人工智能的企业打造了智能生产管控系统，其中包含液位监测算法和爆管监测算法。液位监测算法，能自动识别蓄水池警戒刻度或浮标的位置，判断水池的液位情况，一旦出现过低或者过高情况便立即报警提醒，保障生产得以顺利运行；爆管监测算法，则能自动识别并实时精准分析厂内液压管状况，对潜在安全风险进行自动预警，并提醒工作人员及时处理安全隐患。

4．交通领域应用

例如，针对传统交通管理部门人工审核图片效率低下、工作量庞大等问题，人工智能企业推出交通违法智能审核一体机。智能审核一体机能跟踪车道中的所有车辆，通过多张图片综合判断，识别车辆是否闯红灯，是否不按导向线行驶，是否超速，是否违反禁止标志等，它解决了传统人工审核图片效率低下、工作量庞大的问题，并有效提升人工二次审核效率。

任务 4.2
机器学习与深度学习

【任务描述】

（1）请分组讨论深度学习能解决的问题，并记录讨论结果。
（2）请分组讨论深度学习适用的领域，并记录讨论结果。

【任务成果】

完成并提交学习任务成果4.2。

学习任务成果4.2

一、举例说明深度学习能解决的问题。

二、探讨深度学习在建筑行业是否适用，并举例说明。

学校				成绩
专业		姓名		
班级		学号		

【任务实施】

步骤一：将全班同学进行分组，每组4～6人，每小组推选一名同学为组长，负责与老师的联系。

步骤二：根据任务提出的问题，每组同学通过网络、报刊、图书等方式查阅资料。

步骤三：由小组长根据任务提出的问题组织开展讨论，老师参与讨论，要求每位同学参与发言。

步骤四：请各小组收集汇总问题答案并上交文档。

【知识链接】

知识点一：机器学习

机器学习是实现人工智能的方法，机器学习算法是一种从数据中自动分析获得规律并利用规律对未知数据进行预测的算法。因为机器学习算法中涉及了大量的统计学理论，机器学习与推断统计学联系尤为密切，因此也被称为统计学习理论。在算法设计方面，机器学习理论关注可以实现的、行之有效的学习算法。很多推论问题属于无程序可循难度，而机器学习中有一部分研究是开发容易处理的近似算法。

20世纪50年代，是人工智能发展的“推理期”，人们通过赋予机器逻辑推理能力使其获得智能，但是结果不尽如人意。当时的人工智能仅能够证明一些著名的数学定理，但是由于缺乏使机器具备知识的手段，所以当时的机器远不能实现真正的智能。

20世纪70年代，人工智能进入“知识期”，人们将自身的知识总结出来并教给机器，以此使机器获得智能。这个时期诞生了大量的专家系统，在很多领域也取得了大量成果，但是由于人类知识量巨大，这一过程不久也遇到了发展瓶颈。

也就在此时，机器学习方法应运而生，人工智能也随即进入“机器学习时期”。这个时期的人工智能普遍通过学习来获得进行预测和判断的能力，也就是在数据上进行分析，进而得出规律，并利用规律对未知数据进行预测，成为人工智能的主流方法。通俗地讲，机器学习就是给出一定的算法，让机器自己学习。

“机器学习时期”也分为3个阶段：20世纪80年代，连接主义较为流行，代表方法有感知机（Perceptron）和神经网络（Neural Network）；20世纪90年代，统计学习方法开始成为主流，代表方法有支持向量机（Support Vector Machine）；到了21世纪，深度神经网络被提出，随着大数据的不断发展和算力的不断提升，以深度学习（Deep Learning）为基础的诸多人工智能应用逐渐成熟。

机器学习是一个难度较大的研究领域，它与认知科学、神经心理学、逻辑学等学科都有着密切的联系，并对人工智能的其他分支，如专家系统、自然语言理解、自动推理、智能机器人、计算机视觉、计算机听觉等也起到了重要的推动作用。

基于互联网技术的快速发展，机器学习得到了充分发展的空间，早期机器学习面临的最大难题——自然语言处理问题也迎刃而解。计算机利用各种各样的分类方法和人工神经网络，已经能够对很多未知事物进行判断，人工智能也不再只是满足科学家的求知欲和工业生产需求，它开始步入人类的日常生活。

知识点二：深度学习

深度学习是实现机器学习的技术，是机器学习中一种基于对数据进行表征学习的方法。观测值（如一幅图像）可以使用多种方式来表示，如每个像素强度值的向量，或者更抽象地表示成特定形状的区域等。使用某些特定的表示方法更容易从实例中学习任务（如人脸识别或面部表情识别）。深度学习的好处是用非监督式或半监督式的特征学习和分层特征提取高效算法来替代手工获取特征，如图4–2–1所示。

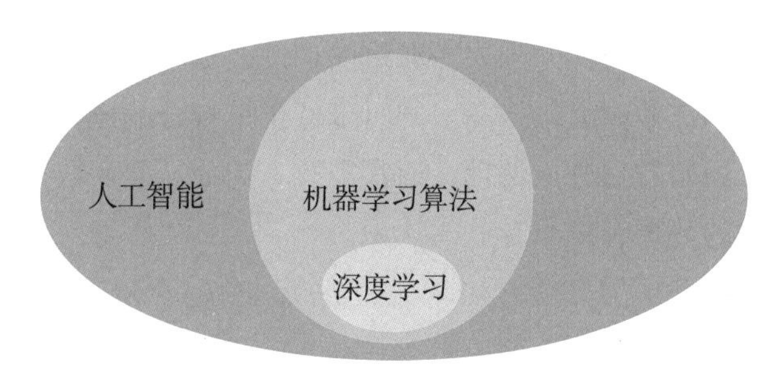

图4–2–1　人工智能、机器学习算法以及深度学习涵盖范围

1. 初识深度学习

在计算机视觉领域发展的初期，人们手工设计了各种有效的图像特征，这些特征可以描述图像的颜色、边缘、纹理等基本性质，结合机器学习技术，能解决物体识别和物体检测等实际问题。但是随着机器学习领域的成果越来越多，特征工程的弱点日渐明显。《人工智能狂潮》一书中提到：方法有各种各样的，但是制作好的特征量是难度最大的工作，而这件事情只能靠人来完成。继自然语言处理之后，如何让计算机自己去选择合适的特征量成为人工智能发展需要克服的又一道难题，如图4–2–2所示。

图4–2–2　深度学习与机器学习、人工智能的关系

深度学习的概念源于人工神经网络的研究，含多隐层的多层感知器就是一种深度学习结构。深度学习通过组合底层特征形成更加抽象的高层表示属性类别或特征，以发现数据的分布式特征表示。深度学习的概念由杰弗里·辛顿（Geoffrey Hinton）等人于2006年提出：基于深度置信网络（DBN）提出无监督逐层贪婪预训练算法，为解决深度结构相关的优化难题带来希望，随后提出多层自动编码器深度结构。此外，杨立昆（Yann LeCun）等人提出的卷积神经网络也是第一个真正多层结构学习算法，它利用空间相对关系减少参数数目以提高训练性能。

一般来说，典型的深度学习模型是指具有“多隐层”的神经网络，如图4-2-3所示。这里的“多隐层”代表有3个以上隐层，深度学习模型通常有8～9层甚至更多隐层。隐层多了，相应的神经元连接权、阈值等参数就会更多，这意味着深度学习模型可以自动提取更多复杂的特征。过去在设计复杂模型时会遇到训练效率低、易陷入过拟合的问题，但随着云计算、大数据时代的到来，海量的训练数据配合逐层预训练和误差逆传播微调的方法，让模型训练效率大幅提高，同时降低了过拟合的风险。相比而言，传统的机器学习算法很难对原始数据进行处理，通常需要人为地从原始数据中提取特征，这需要系统设计者对原始的数据有相当专业的认识。

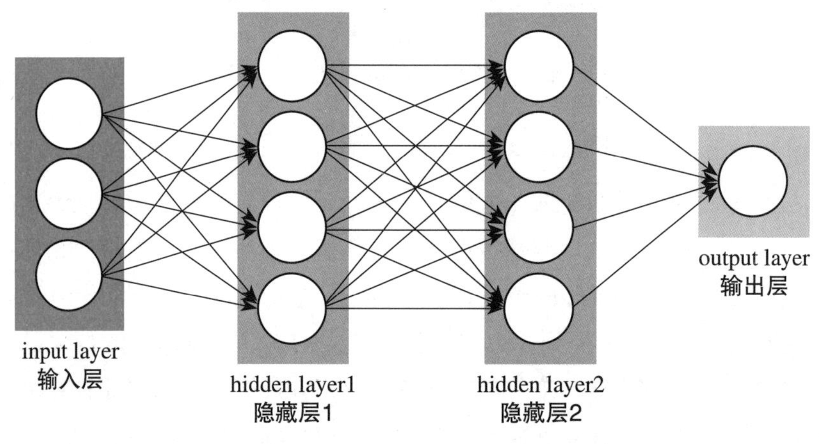

图4-2-3 多隐层的神经网络模型

在获得了比较好的特征表示后，就需要设计一个对应的分类器，使用相应的特征对问题进行分类。深度学习是一种自动提取特征的学习算法，通过多层次的非线性变换，它可以将初始的“底层”特征表示转化为“高层”特征表示后，用“简单模型”即可完成复杂的分类学习任务。

综上所述，深度学习和传统机器学习相比，具有以下3个优点：

（1）高效性。例如，用传统算法去评估一个棋局的优劣，可能需要专业的棋手花大量的时间去研究影响棋局的每一个因素，而且还不一定准确；而利用深度学习技术只要设计好网络框架，就不需要考虑烦琐的特征提取的过程。

（2）可塑性。在利用传统算法去解决一个问题时，调整模型的代价可能是把代码重新写一遍，这使得改进的成本巨大；而深度学习只需要调整参数，就能改变模型，这使得它具有很强的灵活性和成长性，一个程序可以持续改进，然后达到接近完美的程度。

（3）普适性。神经网络是通过学习来解决问题，可以根据问题自动建立模型，所以能够适用于各种问题，而不是局限于某个固定的问题。

经过多年的发展，深度学习理论中包含了许多不同的深度网络模型，如经典的深度神经网络（Deep Neural Network，DNN）、深度置信网络（Deep Belief Network，DBN）、卷积神经网络（Convolutional Neural Network，CNN）、深度玻尔兹曼机（Deep Boltzmann Machine，DBM）、循环神经网络（Recurrent Neural Network，RNN）等，都属于人工神经网络。不同结构的网络适用于处理不同的数据类型，如卷积神经网络适用于图像处理、循环神经网络适用于语音识别等。这些网络还有一些不同的变种。

2．深度学习能解决的问题

深度学习具有解决广泛问题的能力，因为其拥有自动学习数据中的重要特征信息的能力。深度学习具备很强的非线性建模能力。众多复杂问题本质上都是高度非线性的，而深度学习实现了从输入到输出的非线性变换，这是深度学习在众多复杂问题上取得突破的重要原因之一，如图4–2–4所示。

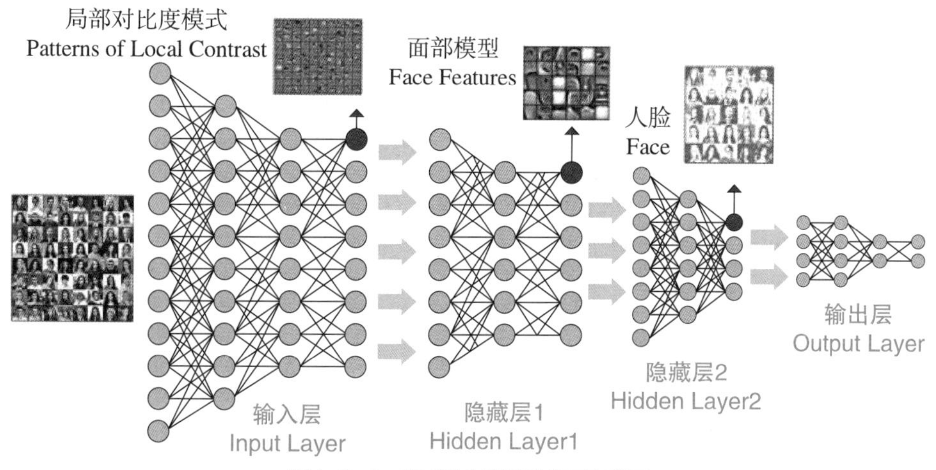

图4–2–4　应用于人脸识别的深度学习

分类和回归是人工智能以及机器学习中两个基础性的研究问题。

（1）分类任务希望能够自动识别某种数据的类别。输入是样本，输出是样本应该属于的类别。首先通过已有的数据、已经标记的分类，通过训练得到可用的分类器模型，然后通过模型预测新输入数据的类别，如针对不同类别动物的图像进行分类，首先为每种动物照片指定特定的标签，如飞机、车、鹿等，然后通过图像分类的算法建立一个分类模型。针对新的照片，分类器可以通过这个模型输出对应的标签。

（2）回归与分类相似，但是输出需要是连续的数据，根据特定的输入向量预测其指标值。例如，历史股票的时间–价格信息，价格是连续数据，通过数据训练回归模型，最终将未来的时间信息输入训练好的回归模型，回归模型能够预测未来时间点的价格。

深度神经网络（图4–2–5）能够灵活地对分类或回归问题进行建模和分析，这依赖于其对于特征的自动提取。例如，可以通过卷积层来表达空间相关性，通过循环神经网络来表达序列数据的时间连续性。另一个实例就是Word2Vec（Word to Vector），通过浅层神经网络可以将单词转换为向量表示。

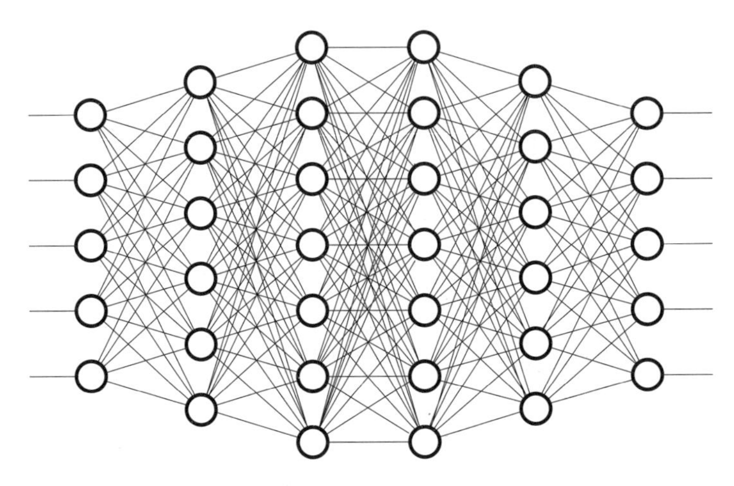

图4–2–5　深度神经网络

根据问题和数据的潜在特性，研究人员设计深度学习网络结构如何从输入到输出逐步提取对预测有影响的信息，进而将不同的网络组件组织连接起来。随着大数据的增长、计算力的提升以及算法模型的进化，深度神经网络模型的复杂度也变得越来越高，表现为深度与广度两方面的扩展。

3．深度学习适用的领域

深度学习研究及应用的一个目标是算法及网络结构尽量能够处理各种任务，而深度学习的现状是在各个应用领域仍然需要结合领域知识和数据特性进行一定结构的设计。例如，自然语言处理任务的每一个输入特征都需要对大量的词、句等进行建模，并考虑语句中词汇之间的时间顺序。计算机视觉中的任务对每一个样本都需要处理大量的图像像素输入，并结合图像局部性等特性设计网络结构。下面是深度学习中的几个常见的适用领域。

（1）计算机视觉

计算机视觉（Computer Vision）就是深度学习应用中的重要研究方向之一，是解决如何使机器“看”这个问题的工程学。视觉对人类以及许多动物来说毫不费力，但是对计算机来说这个任务却充满了挑战。深度学习中有许多针对计算机视觉的细分研究和应用方向，如图像识别、物体检测、人脸识别、OCR等。

通过以下几个计算机视觉的典型问题和应用，同学们可以快速了解计算机视觉能够解决的问题。

1）图像识别。图像识别问题的输入是一张图片，输出图片中要识别的物体类别。自从2012年以来，卷积神经网络和其他深度学习技术就已经占据了图像识别的主流地位。在图像识别领域有一些公开的数据集和竞赛驱动着整体技术的发展。

2）物体检测。物体检测问题的输入是一张图片，输出的是待检测物体的类别和所在位置的坐标，通过深度学习方式可以解决。有的研究方法将问题建模为分类问题，有的将其建模为回归问题。物体检测可以识别图像中的人、车、狗等，如图4-2-6所示。

3）人脸识别。人脸识别可以细分为很多子问题，例如：人脸检测是将一张图片中的人脸位置识别出来；人脸校准是将图片中人脸更细粒度的五官位置找出来；人脸识别是给定一张图片，检测数据库中与之最相似的人脸，如图4-2-7所示。

4）OCR识别。从早期的通用扫描文档识别，到银行卡、身份证、票据等证件识别以及车牌识别，都属于OCR识别。

图4-2-6 图像识别出人、车、狗

图4-2-7 人脸识别系统

（2）语音识别

工业界和学术界掀起的深度学习浪潮在语音识别领域取得了巨大的成功。循环神经网络模型充分考虑了语音之间的相互关系，因此取得了更好的效果。深度学习在语音识别中的作用很大一部分表现在特征提取上，可以将其看成是一个更复杂的特征提取器。当然深度学习的作用不仅仅是特征提取，还逐渐涌现出了基于深度学习的“端到端”的解决方案，如图4-2-8所示。

图4-2-8 语音识别在生活中的应用

（3）自然语言处理

深度学习在自然语言处理中的应用越来越广泛，从底层的分词、语言模型、句法分析等到高层的对话管理、知识问答、聊天、机器翻译等方面，几乎全部都有深度学习模型的身影，并且取得了不错的效果。

（4）自动驾驶

自动驾驶是近几年逐渐应用深度学习开发的一个重要领域。自动驾驶的人工智能包含了感知、决策和控制等流程和模块。1）感知是指通过摄像头、激光雷达等传感器的输入解析出周围环境的信息，例如有哪些障碍物，障碍物的速度和距离，道路的宽度和曲率等；2）决策是根据感知信息判断如何进行下一步的行进规划；3）控制是将决策信息作用于实车。自动驾驶中又包含了很多细分问题，如道路与车道线的检测、前车检测、行人检测和防撞系统，以及"端到端"的自动驾驶模型等，如图4-2-9所示。

图4-2-9 自动驾驶

任务 4.3 Python编程语言

【任务描述】

（1）请分组讨论Python编程语言的优势，并记录讨论结果。

（2）请分组讨论Python编程语言的函数及其作用，并记录讨论结果。

【任务成果】

完成并提交学习任务成果4.3。

学习任务成果4.3

一、简述Python编程语言的优势。

二、请说明Python编程语言的函数及其作用。

学校				成绩
专业		姓名		
班级		学号		

【任务实施】

步骤一：将全班同学进行分组，每组4～6人，每小组推选一名同学为组长，负责与老师的联系。

步骤二：根据任务提出的问题，每组同学通过网络、报刊、图书等方式查阅资料。

步骤三：由小组长根据任务提出的问题组织开展讨论，老师参与讨论，要求每位同学参与发言。

步骤四：请各小组收集汇总问题答案并上交文档。

【知识链接】

知识点一：初识Python

Python是一个由程序员吉多·范罗苏姆（Guido van Rossum）领导设计并开发的编程语言。1989年圣诞节假期期间，吉多正在荷兰的阿姆斯特丹度假，为了打发假期的时间，他设计一种编程语言，即后来诞生的Python。2002年Python发表了2.0版本，2008年Python发表了3.0版本。吉多在发表3.0版本时决定采用了与2.0版本不兼容的方式，这使得许多用Python2.0编写的程序无法在Python3.0的环境下运行。

现如今所有Python主流的、最重要的程序库都运行在Python 3.0上，大多数程序员都在使用Python3.0编程。Python的拥有者Python Software Foundation（PSF）是一家非营利性组织，致力于保护Python语言开放、开源和发展。

目前，Python已经广泛应用到火星探测、搜索引擎、引力波分析等众多科学技术以及与人们生活相关的开发领域。可以说，在现在的信息系统中，Python已经“无处不在”。

1. Python的特点

Python是一种简洁且富有效力的面向对象的计算机编程语言。简洁指其代码风格，Python的设计哲学是优雅、明确和简单，具有更好的可读性。面向对象是指Python在设计时是以对象为核心的，其中的函数、模块、数字、字符串都是对象，有益于增强源代码的复用性。Python的通用性是其最大的特点，即Python并不局限于某一门类的应用：不管是图形计算，还是想解决一个操作系统文件处理的问题，还是希望发现一个引力波，都可以用Python实现，如图4–3–1所示。

图4–3–1 Python的用途

2. Python的优势

（1）语法简单

和传统的C/C++、Java、C#等语言相比，Python对代码格式的要求没有那么严格。Python是一种代表极简主义的编程语言，阅读一段排版优美的Python代码，就像在阅读一个英文段落，非常贴近人类语言，所以人们常说，Python是一种具有伪代码特点的编程语言。

（2）开源

开源，也即开放源代码，所有用户都可以看到源代码。Python的开源体现在两方面：

1）程序员使用Python编写的代码是开源的。比如，程序员开发了一个BBS系统（即网络论坛），放在互联网上让用户下载，那么用户下载到的就是该系统的所有源代码，并且可以随意修改。这也是解释型语言本身的特性，想要运行程序就必须有源代码。

2）Python解释器和模块是开源的。官方将Python解释器和模块的代码开源，是希望所有Python用户都参与进来，一起改进Python的性能，弥补Python的漏洞，代码被研究得越多也就越健壮。

（3）免费

开源并不等于免费，开源软件和免费软件是两个概念，只不过大多数的开源软件也是免费软件；Python就是这样一种语言，它既开源又免费。用户在使用Python进行开发或者发布自己的程序时，不需要支付任何费用，也不用担心版权问题，即使作为商业用途，Python也是免费的。

（4）高级语言

这里所说的高级，是指Python封装较深，屏蔽了很多底层细节。Python会自动管理内存，需要时自动分配，不需要时自动释放。高级语言的优点是使用方便，不用顾虑细枝末节；缺点是容易让人浅尝辄止，知其然不知其所以然。

（5）面向对象的编程语言

面向对象（Object Oriented）是大多数“现代”语言（即第三代编程语言）都具备的特性，否则在开发中大型程序时会捉襟见肘。Python虽然支持面向对象，但它并不强制你使用这种特性。Java是典型的面向对象的编程语言，它强制必须以类和对象的形式来组织代码。除Python和Java外，C++、C#、PHP、RuBy、Perl等，也都支持面向对象的特性。

（6）功能强大，模块众多

Python的模块众多，基本实现了所有的常见功能，从简单的字符串处理，到复杂的3D图形绘制，借助Python模块都可以轻松完成。Python社区发展良好，除了Python官方提供的核心模块，很多第三方机构也会参与到模块的开发中，其中就有谷歌（Google）、脸书（Facebook）、微软（Microsoft）等软件巨头。

（7）可扩展性强

Python的可扩展性体现在它的模块，Python具有脚本语言中最丰富、最强大之一的库或模块，这些库或模块覆盖了文件操作、图形界面编程、网络编程、数据库访问等绝大部分应用场景。Python能把其他语言“粘”在一起，所以被称为“胶水语言”。Python依靠其良好的扩展性，在一定程度上弥补了运行效率慢的缺点。

知识点二：Python基础语法

1．程序的格式框架

（1）缩进

缩进是指每行语句前的空白区域，用来表示Python程序间的包含和层次关系。代码的缩进表现了程序的基本框架，缩进是语法的一部分，缩进不同有可能导致程序运行的结果发生改变。缩进可分为单层缩进和多层缩进。

一般语句不需要缩进，顶行书写且不留空白。当表示分支、循环、函数、类等含义，在if、while、for、def、class等保留字所在的完整语句后通过英文冒号（:）结尾，并在之后进行缩进，表示前后代码之间的从属关系。代码编写中，缩进可以用Tab键实现，也可以用4个空格实现。

缩进错误：若程序执行过程中，出现“unexpected indent”错误，则说明缩进不匹配，需要查看所有缩进是否一致，以及错用缩进的情况。

（2）注释

注释是代码中的辅助性文字，会被编译器或者解释器略去，不会被执行，一般用于编写者对代码的说明，如标明代码的原理和用途、作者和版权，或注释单行代码用于辅助程序调试（初学的过程中，测试某行代码的功能）。注释也有利于体现程序的结构。

在Python中，注释可以分为单行注释和多行注释。单行注释用“#”表示一行注释的开始，多行注释需要在第1行的开头和最后1行的结尾使用3个单引号或双引号作标记。

2．语法元素的名称

（1）变量

变量即程序中用于保存和表示数据的占位符号，是一种语法元素。变量的值可以通过赋值（=）方式修改，如图4-3-2所示。

```
>>> a=99
>>> a=a+1
>>> print(a)
100
```

图4-3-2　变量示例

（2）命名

变量的命名规则如下：Python采用大写字、小写字母、数字、下划线、汉字等字符进行组合命名。如：NumberList，Student_Name，variable1。

注意：1）首字符不能是数字，如123Python是不合法的；2）标识符不能出现空格；3）标识符不能与Python保留字相同；4）对大小写敏感，如Python和python是不同变量。

（3）保留字

Python3.0中的保留字一共有33个，这些关键字对大小写是敏感的，同一个字的大小写不同对应不同意义。如：if是关键字，而If则是变量名。关键字如图4–3–3所示。

and	elif	import	raise	global
as	else	in	return	nonlocal
assert	except	is	try	True
break	finally	lambda	while	False
class	for	not	with	None
continue	from	or	yield	async
def	if	pass	del	await

注意：True False None第一个字母要大写！

图4–3–3　Python中的关键字

3．数据类型

（1）数字类型

常见的数字类型有浮点数、整数、复数。其中，浮点数即为数学中的实数。程序设计语言不允许存在语法歧义，在进行计算之前必须要定义数据的形式。

（2）字符串类型

字符串即字符的序列，在Python中采用一对双引号或者一对单引号括起来的一个或多个字符表示。双引号和单引号的作用相同。例如，“123”表示字符串123，而123则表示数字123。

（3）列表类型

在Python中常用中括号来标记一个列表，表示数据组合在一起的产物。例如，['1'，'2'，'3']表示3个数据类型为字符串放在一起所组成的列表（List）。

4．函数

（1）input（）函数

input（）函数从控制台获得用户的一行输入，无论用户输入什么内容，input（）函数都以字符串类型返回结果。input（）函数可以包含一些提示性的文字，用来提示用户，同时也可以将用户输入的内容存进一个变量里边，如图4–3–4所示。语法为：【变量】=input（【提示性文字】）

```
>>> a=input("请输入：")
请输入：12
>>> print(a)
12
```

图4-3-4 input（）函数

注意：input（）函数的提示性文字是可选的，且不具备对输入判断的强制性，程序可以不设置提示性文字而直接使用input（）获取输入。

（2）print（）函数

print（）函数用于输出字符串（图4–3–5a）；或者，输出一个或多个变量（图4–3–5b）。也可以混合输出字符串与变量，语法为：

```
>>> print("你好呀！")
你好呀！
```

（a）

```
>>> a=765
>>> print(a, a*19, a*3)
765 14535 2295
```

（b）

图4-3-5 输出字符串

print（【输出字符串的模板】. format（【变量1】,【变量2】, ……））

其中,【输入字符串模板】中采用{}表示一个槽的位置，每个槽中对应．format（）中的变量，如图4–3–6所示。

```
for j in range(1, 10):
    for i in range(1, j + 1):
        print("{}*{}={:>2}".format(i, j, j * i), end=" ")
    print()
```

图4-3-6 混合输出字符串与变量

对print（）函数的end参数进行修改，可以改变输入文本的结尾。print（）函数结尾默认为换行符。如果改变结尾字符，则输出时没有换行，如图4–3–7所示。语法为：

print（【待输出的内容】, end = "【结尾】"）

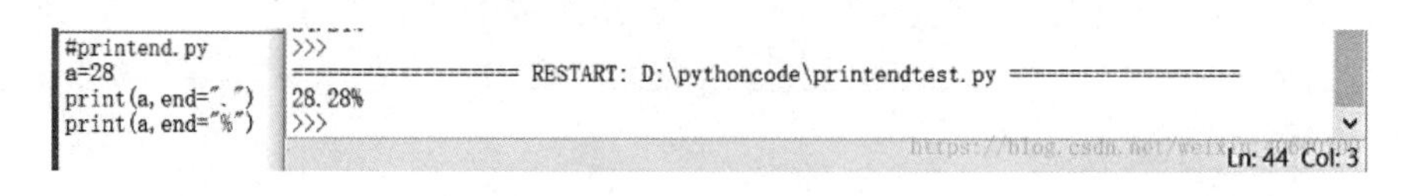

图4-3-7 改变输入文本的结尾

（3）eval（）函数

eval（）函数用于去掉字符串最外侧的引号，并按照Python语句方式执行去掉引号后的字符内容。语法为：

【变量】= eval（【字符串】）

注意：当eval（）函数处理字符串“Python”时，字符串去掉两个引号后，Python语句将其解释为一个变量。当eval（）函数处理字符串“'Python'”，去掉引号，'Python'被解释为字符串。

eval（）函数常与input（）函数一起使用，用来获取用户输入的数字（小数或负数）。语法为：

【变量】= eval（input（【提示性文字】））

知识点三：Python的基础逻辑语句

1. 赋值语句（变量、对象、赋值运算符）

赋值语句是对变量进行赋值（用赋值符号“=”连接）的一行代码。Python中常用的赋值语句见表4-3-1。

Python中常用的赋值语句 表4-3-1

语句	语义
a=10	为一个变量赋值
a=b=10	同时为多个变量赋值，a = 10，b = 10
a，b，c= ‘abc’	拆解序列，要一一对应
a，b= ‘abc’，[1，2，3]	各自赋值，a = ‘abc’；b = [1，2，3]

2. 条件判断语句

条件控制是通过条件语句来实现的。if–elif–else是条件语句，可以用来判断给定的条件是否满足（表达式值是否为0），并根据判断的结果（真或假）决定执行的语句。

3. 循环语句

在Python中，循环语句主要有两种：for循环和while循环，见表4-3-2。

Python中常用的两种循环 表4-3-2

类型	解释
for循环	用于遍历任何序列（如列表、元组、字符串等）或其他可迭代对象
while循环	在给定的判断条件为true时，执行循环体，否则退出循环体

使用循环语句时，可用控制语句更改执行的顺序。Python支持的循环控制语句主要有break、continue、pass和else语句，见表4-3-3。

Python支持的循环控制语句 表4-3-3

类型	解释
break语句	用于终止当前循环，并且跳出整个循环。如果有循环嵌套时，不会跳出嵌套的外重循环
continue语句	用于终止当前循环，跳出该次循环，即跳过当前剩余要执行的代码，执行下一次循环
pass语句	pass语句是空语句，起到占位作用，为了保持程序结构的完整性
else语句	在循环中可以使用else语句，else语句在for遍历结束或while语句为false时执行，循环被break终止时不执行

任务4.4 AI-Training实训平台

【任务描述】

（1）请分组讨论各类AI平台的作用，并记录讨论结果。

（2）请分组登录浏览AI-Training实训平台。

【任务成果】

完成并提交学习任务成果4.4。

学习任务成果4.4

一、列举较为有名的AI平台，并说明其作用。

二、登录浏览AI-Training实训平台，说明平台有哪些主要功能。

学校				成绩
专业		姓名		
班级		学号		

【任务实施】

步骤一：将全班同学进行分组，每组4～6人，每小组推选一名同学为组长，负责与老师的联系。

步骤二：根据任务提出的问题，每组同学通过网络、报刊、图书等方式查阅资料。

步骤三：由小组长根据任务提出的问题组织开展讨论，老师参与讨论，要求每位同学参与发言。

步骤四：请各小组收集汇总问题答案并上交文档。

【知识链接】

4-1
AI-Training平台介绍

知识点一：AI平台介绍

AI平台是一类特殊的人工智能产品，通过集成相关算法和数据，为开发者提供相对自由的基础训练模型，并提供自然语言处理、图像识别、VR等相关领域的软件开发工具包（Software Development Kit，简称SDK开发包），为各行业定制专用解决方案。AI平台提供业务到产品、数据到模型、端到端、线上化的人工智能应用解决方案。用户在AI平台能够使用不同的深度学习框架进行大规模的训练，对数据集和模型进行管理和迭代，同时通过API和本地部署等方式接入到具体业务场景中使用。

使用AI平台，开发人员能够简化数据预处理和管理、模型训练和部署等烦琐的代码操作，加快算法开发效率，提高产品的迭代周期。另外，通过AI平台能整合计算资源、数据资源、模型资源，方便使用者对不同资源进行复用和调度。开放AI平台后也能有效地进行商业化，对企业所处领域的人工智能业务生态环境有一定的推动和反馈。比较常见的AI平台有海康威视AI开放平台、华为ModelArts平台、阿里云PAI平台、百度飞桨Paddle Paddle平台、腾讯DI-X深度学习平台、金山云人工智能平台KingAI、京东NeuFoundry平台、小米CloudML平台等。

AI平台不仅需要提供人工智能开发流程所需基础技能，还需针对不同的用户（产品经理、运营人员、算法工程师等）、不同的客户（大企业、中小企业、传统企业、科技企业等）提供对应所需服务。AI平台按能力可以分为以下5大类：

1. 数据能力

数据获取、数据预处理（ETL）、数据集管理、数据标注、数据增强等。

2. 模型能力

模型管理、模型训练、模型验证、模型部署、模型处理、模型详情等。

3. 算法能力

支持各种算法、深度学习、数据运算处理框架、预置模型、算法调用、对算法组合操作等。

4. 部署能力

多重部署方式、在线部署、私有化部署、边缘端部署、灰度/增量/全量部署等。

5. 其他能力

AI服务市场、工单客服、权限管理、工作流可视化等。

知识点二：AI-Training实训平台

AI-Training实训平台是面向中高职师生，支撑教学开展AI通识课、"AI+建筑"专业课的人工智能实训平台。教师可通过平台上传、管理、发布人工智能相关系列课程、微型课程以及人工智能实训项目，并对学生实训项目管理与实训效果评价等。学生可通过平台进行在线课程学习并申请获得技能认证证书，可开展人工智能项目实训及实战、参加热门赛事等。

1. 平台架构

实训平台采用前后端分离的B/S架构设置，与赛名师采用相同的UC服务以及资源中心，从而保证"教、学、训"的一体化，同时实训数据流与赛名师数据流采用统一的数据中心进行数据存储，串联实训效果分析、教学效果分析，从而形成基于学生理论学习数据、实训操作数据、自主创研数据一体化的学习数据分析结果，为教学大数据形成了良好的基础。

为了适应更多元以及复杂的环境，AI-Training既可采用SAAS版，也可以使用本地化部署版本。

2. 平台概述

本教材以国泰安为人工智能初学者专门提供的AI-Training实训项目为例，实训项目中的编译器无须安装任何环境，可直接在云端运行，并展示计算的结果和图形，有效降低了同学们学习Python的门槛，通过"搭积木"和人性化的交互方式提高了初学者的学习积极性。学生和老师可以创建自己的实训项目，并对自己的实训项目进行公开分享，也可以在公开池里面收藏自己喜欢的实训项目，便于下次学习，如图4-4-1所示。

图4-4-1　AI-Training实训平台界面

AI-Training主要分为四大区域：积木分类区、编程区、终端区和绘图区，如图4-4-2所示，同时还拥有双模式（代码模式和积木模式），支持独立完成编写

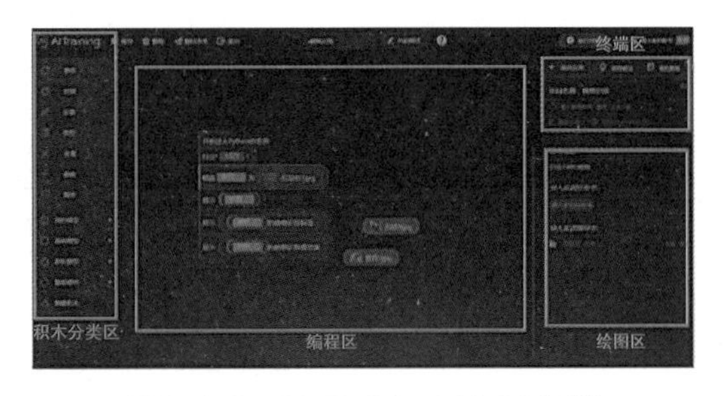

图4-4-2　AI-Training四大主要区域

Python代码，也可通过搭积木的方式写出Python代码，完成独创的Python图形化编程。

（1）积木分类区：对积木元素进行分类，主要按照事件、控制、运算、类型、变量等划分，积木元素可通过拖、拉、拽的方式移动至编辑区。

（2）编程区：通过积木/代码模式编写Python程序。

（3）终端区：点击“运行”显示编程区运行后的结果，点击“清除”可清空所有运行记录。

（4）绘图区：展示运行后的图形效果。

任务 4.5 ChatGPT

【任务描述】

（1）请分组讨论ChatGPT的训练过程，并记录讨论结果。

（2）请分组讨论ChatGPT的局限有哪些，并记录讨论结果。

【任务成果】

完成并提交学习任务成果4.5。

学习任务成果4.5

一、如何理解ChatGPT的训练过程。

二、谈谈ChatGPT的局限有哪些。

学校				成绩
专业		姓名		
班级		学号		

【任务实施】

步骤一：将全班同学进行分组，每组4～6人，每小组推选一名同学为组长，负责与老师的联系。

步骤二：根据任务提出的问题，每组同学通过网络、报刊、图书等方式查阅资料。

步骤三：由小组长根据任务提出的问题组织开展讨论，老师参与讨论，要求每位同学参与发言。

步骤四：请各小组收集汇总问题答案并上交文档。

【知识链接】

知识点一：ChatGPT的主要特点

ChatGPT是OpenAI发布的聊天机器人模型，其中GPT是Generative Pre-trained Transformer（生成式预训练变换模型）的缩写，是一种专注于对话生成的语言模型，它的交互界面简洁，只有一个输入框，AI将根据输入内容进行回复，并允许在一个语境下持续聊天，能够根据用户的文本输入，产生相应的智能回答。这个回答可以是简短的词语，也可以是长篇大论。通过学习大量现成文本和对话集合，ChatGPT能够像人类那样即时对话，流畅地回答各种问题。无论是中文还是其他语言（例如英文、韩语等），从回答历史问题到写故事，甚至是撰写商业计划书和行业分析，“几乎”无所不能。ChatGPT具有以下特点：

（1）可以主动承认自身错误。若用户指出其错误，模型会听取意见并优化答案。

（2）ChatGPT可以质疑不正确的问题。例如被询问“哥伦布2015年来到美国的情景”的问题时，机器人会说明哥伦布不属于这一时代并调整输出结果。

（3）ChatGPT可以承认自身的无知，承认对专业技术的不了解。

（4）支持连续多轮对话。

与在生活中用到的各类智能音箱和“人工智障”不同，ChatGPT在对话过程中会记忆先前使用者的对话信息，即上下文理解，以回答某些假设性的问题。ChatGPT可实现连续对话，极大地提升了对话交互模式下的用户体验。即便学习的知识有限，ChatGPT还是能回答脑洞大开的人类的许多奇葩问题。为了避免ChatGPT染上恶习，ChatGPT通过算法屏蔽，减少有害和欺骗性的训练输入，查询通过适度API进行过滤，并驳回潜在的敏感性提示。

知识点二：ChatGPT的训练

ChatGPT的训练过程分为以下三个阶段：

1．训练监督策略模型

GPT本身很难理解人类不同类型指令中蕴含的不同意图，也很难判断生成内容是否是高质量的结果。为了让GPT初步具备理解指令的意图，首先会在数据集中随机抽取问题，由人类标注人员给出高质量答案，然后用这些人工标注好的数据来微调GPT模型（获得SFT模型，Supervised Fine–Tuning）。

2．训练奖励模型

这个阶段的主要是通过人工标注训练数据（约3.3万个数据）来训练回报模型。在数据集中随机抽取问题，使用第一阶段生成的模型，对于每个问题，生成多个不同的回答。人类标注者对这些结果综合考虑给出排名顺序，这一过程类似于教练或老师辅导。接下来，使用这个排序结果数据来训练奖励模型，对多个排序结果，两两组合，形成多个训练数据对。RM模型接受一个训练数据输入，然后给出评价或相应的分数。这样对于一对训练数据，调节参数使得高质量回答的打分比低质量的打分要高。

3．采用PPO强化学习来优化策略

PPO是指Proximal Policy Optimization，即近端策略优化。PPO的核心思路在于将Policy Gradient中On–policy的训练过程转化为Off–policy，即将在线学习转化为离线学习，这个转化过程被称为Importance Sampling。这一阶段利用第二阶段训练好的奖励模型，靠奖励打分来更新预训练模型参数。在数据集中随机抽取问题，使用PPO模型生成回答，并用上一阶段训练好的RM模型给出质量分数。把回报分数依次传递，由此产生策略梯度，通过强化学习的方式以更新PPO模型参数。通过不断重复第二阶段和第三阶段，迭代升级，会训练出更高质量的ChatGPT模型。

知识点三：ChatGPT的局限

（1）ChatGPT在其未经大量语料训练的领域缺乏“人类常识”和引申能力，甚至会一本正经地“胡说八道”。ChatGPT在很多领域可以“创造答案”，即当用户寻求正确答案时，ChatGPT有可能给出有误导的回答。例如，让ChatGPT做一道小学应用题，尽管它可以写出一长串计算过程，但最后答案却是错误的。

（2）ChatGPT无法处理复杂冗长或者特别专业的语言结构。对于来自金融、自然科学或医学等非常专业领域的问题，如果没有进行足够的语料“喂食”，ChatGPT可能无法生成适当的回答。

（3）ChatGPT需要非常大量的算力来支持其训练和部署。抛开需要大量语料数据训练模型不说，在目前，ChatGPT在应用时仍然需要大算力的服务器支持，而这些服务器的成本是普通用户无法承受的，即便数十亿个参数的模型在搜索引擎的部署也需要惊人数量的计算资源才能运行和训练。

（4）ChatGPT还没法在线地把新知识纳入其中，而出现一些新知识就去重新预训练GPT模型也是不现实的，无论是训练时间或训练成本，都是普通训练者难以接受的。对于新知识，如果采取在线训练的模式，看上去可行且语料成本相对较低，但是很容易由于新数据的引入而导致对原有知识的灾难性遗忘的问题。

（5）ChatGPT仍然是黑盒模型。目前，还未能对ChatGPT的内在算法逻辑进行分解，因此并不能保证ChatGPT不会产生攻击甚至伤害用户的表述。

案例拓展1

科大讯飞星火开源-13B发布

2024年1月30日，科大讯飞在人工智能领域取得了重大突破，发布了基于全国产化算力平台“飞星一号”的首个开源大模型——星火开源-13B，为行业发展注入了新的活力。

星火开源-13B拥有130亿稠密参数，包含基础模型iFlytekSpark-13B-base、精调模型iFlytekSpark-13B-chat，以及微调工具iFlytekSpark-13B-Lora和人设定制工具iFlytekSpark-13B-Charater。这些工具的开源，为学术研究提供了便利，使得他们能够基于全栈自主可控的星火优化套件，更便捷地训练自己的专用大模型。

星火开源大模型显示出其在文本生成、语言理解、文本改写、行业问答、机器翻译等典型场景中的卓越能力。通过对学习辅助、语言理解等领域的深入研究和优化，其实用性大幅提升，在处理复杂的自然语言任务时更加得心应手。

值得一提的是，星火开源大模型，依托全自主研发的算力平台“飞星一号”，经过全栈国产适配优化，不仅操作简便，而且在实际应用中表现卓越，处于行业领先地位。其独特的训练策略针对昇腾算力进行了极致优化，使训练效率高达A100的90%，进一步提升了模型的性能和效率。这不仅是昇腾AI硬件的又一次深度优化，更是国产算力向国际先进水平迈进的坚定决心和能力的体现。

星火开源-13B的发布为广大开发者、高校、企业提供了一个共建第一开发者生态的平台，也为中国的人工智能技术发展注入了新的活力。共享源代码有利于开发出更优质的软件，开源已经成为推动技术进步的重要力量，我们有理由相信，随着星火开源-13B的广泛应用，中国的人工智能技术将会迎来更加辉煌的未来。

案例拓展2

上海建工四建集团发布建筑业首个百亿字符大模型

由上海建工四建集团自主研发的建筑行业首个百亿字符知识增强对话大模型Construction-GPT（图4-5-1），2023年10月16日正式上线。该模型基于建筑专业词嵌入模型、半监督微调、大模型价值对齐3项关键技术，实现了规范标准问答与查新、工程图集详图搜索、内控技术文件查询、私有知识库构建4项主要功能，已

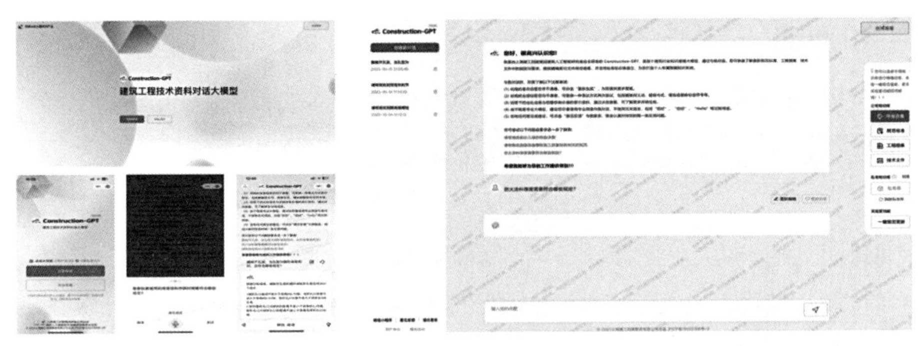

■ 同步上线平台网页端与小程序端　　■ 百亿字符知识增强，确保回答万无一失

图4-5-1　Construction-GPT大模型

为四建集团1200余名项目技术人员提供了工程资料检索服务。由此，技术人员通过对话问答方式，不仅能够检索到需要的建筑工程技术资料，同时也可根据特定需求生成相关技术解答。

数字化是中国建筑业从基建大国走向建造强国的必由之路，但当前的一个基本现实是，建筑业的工业化、标准化程度低，因此，与如火如荼的制造业数字化转型相比，建筑业的数字化转型尚在起步阶段。比如，在涉及技术咨询的相关工作中，建筑行业还是大量采用人工方式，效率低下、准确性差。这也是Construction-GPT大模型推出的原因。

评价反馈

1．学生以小组为单位，对以上学习情境的学习过程与成果进行互评。

生生互评表			
班级：	姓名：	学号：	
评价项目	项目4　人工智能的软件技术		
评价任务	评价对象标准	分值	得分
人工智能核心算法	能正确理解常用经典算法及其应用。	20	
机器学习与深度学习	能准确说出机器学习与深度学习的不同点。	10	
Python编程语言	能灵活使用Python编程语言的常用命令。	10	
ChatGPT	能说明ChatGPT的特点和局限。	20	
学习纪律	态度端正、认真，无缺勤、迟到、早退现象。	10	
学习态度	能够按计划完成工作任务。	10	
学习质量	任务完成质量。	10	
协调能力	是否能合作完成任务。	5	
表达能力	是否能在发言中清晰表达观点。	5	
合计		100	

2．教师对学生学习过程与成果进行评价。

<table>
<tr><th colspan="5">教师综合评价表</th></tr>
<tr><td>班级：</td><td colspan="2">姓名：</td><td colspan="2">学号：</td></tr>
<tr><td>评价项目</td><td colspan="4">项目4　人工智能的软件技术</td></tr>
<tr><td>评价任务</td><td colspan="2">评价对象标准</td><td>分值</td><td>得分</td></tr>
<tr><td>人工智能核心算法</td><td colspan="2">能正确理解常用经典算法及其应用。</td><td>20</td><td></td></tr>
<tr><td>机器学习与深度学习</td><td colspan="2">能准确说出机器学习与深度学习的不同点。</td><td>10</td><td></td></tr>
<tr><td>Python编程语言</td><td colspan="2">能灵活使用Python编程语言的常用命令。</td><td>10</td><td></td></tr>
<tr><td>ChatGPT</td><td colspan="2">能说明ChatGPT的特点和局限。</td><td>20</td><td></td></tr>
<tr><td>学习纪律</td><td colspan="2">态度端正、认真，无缺勤、迟到、早退现象。</td><td>10</td><td></td></tr>
<tr><td>学习态度</td><td colspan="2">能够按计划完成工作任务。</td><td>10</td><td></td></tr>
<tr><td>学习质量</td><td colspan="2">任务完成质量。</td><td>10</td><td></td></tr>
<tr><td>协调能力</td><td colspan="2">是否能合作完成任务。</td><td>5</td><td></td></tr>
<tr><td>表达能力</td><td colspan="2">是否能在发言中清晰表达观点。</td><td>5</td><td></td></tr>
<tr><td colspan="3">合计</td><td>100</td><td></td></tr>
<tr><td rowspan="2">综合评价</td><td>小组互评（40%）</td><td>教师评价（60%）</td><td colspan="2">综合得分</td></tr>
<tr><td></td><td></td><td colspan="2"></td></tr>
</table>

项目 5

人工智能的产业发展

任务5.1 人工智能产业概述

任务5.2 我国人工智能产业发展的挑战

学习情景

人工智能是继蒸汽机、电力、互联网之后最有可能带来新的产业革命浪潮的技术。根据埃森哲（Accenture）咨询公司预测，到2035年，人工智能产业有望推动我国劳动生产率提高27%。人工智能在各行各业中蓬勃发展，让我们来了解一下人工智能产业的相关概念，我国人工智能产业发展现状、特点及面临的挑战。

学习目标

1. 素质目标

（1）通过对人工智能发展的学习，学生能结合自身的专业，与人工智能技术实现有机的结合，培养学生具有较强的自我提升能力及活跃的技术创新能力。

（2）通过了解我国人工智能发展的成就，激发学生的民族自豪感。

2. 知识目标

（1）了解人工智能产业的概念。

（2）了解我国人工智能产业发展的特点。

（3）了解我国人工智能产业发展所面临的挑战。

3. 能力目标

（1）能够理解人工智能产业的概念。

（2）能够简述我国人工智能产业发展的特点。

（3）能够论述我国人工智能产业发展所面临的挑战。

思维导图

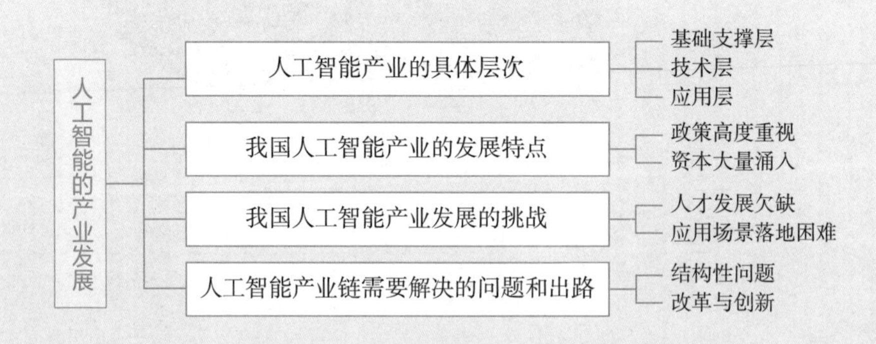

任务 5.1 人工智能产业概述

【任务描述】

请说说人工智能产业的3个层次，并对3个层次具体举例说明。批判性地论述我国人工智能产业发展的特点。

【任务成果】

完成并提交学习任务成果5.1。

学习任务成果5.1

一、简述人工智能产业的3个层次，并对3个层次具体举例说明。

二、批判性地论述我国人工智能产业发展的特点。

学校				成绩
专业		姓名		
班级		学号		

【任务实施】

步骤一：将全班同学进行分组，每组4～6人，每小组推选一名同学为组长，负责与老师的联系。

步骤二：由小组长就任务提出的问题组织开展讨论，要求每位同学参与发言。

步骤三：请各小组收集汇总问题答案并上交文档。

【知识链接】

5-1
人工智能的产业发展

知识点一：人工智能产业的具体层次

人工智能致力于促使机器“像人一样思考、像人一样行动、理性地思考以及理性地行动”，以推动社会各领域的创新变革与快速发展。全球人工智能产业正在逐步成型，可以将人工智能产业划分为3层，分别为基础支撑层、技术层、应用层，如图5-1-1所示。

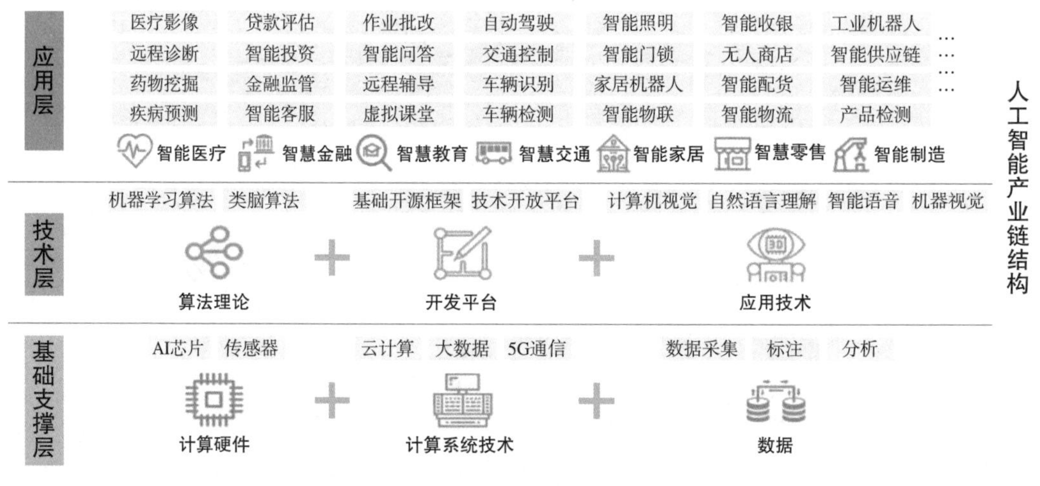

图5-1-1 人工智能产业层次划分

（1）基础支撑层主要包括硬件（芯片、传感器）、系统技术（大数据、云计算）以及算法模型。（2）技术层为应用层提供人工智能相关技术做支撑，包括计算机视觉、语音识别、自然语言处理等应用算法的研发。（3）应用层主要是在各个不同行业的产业应用，包括制造业、建筑业、物流业、教育、医疗、种植、畜牧等多个领域。

从2020年人工智能应用领域企业融资额的分布看，智慧零售、新媒体和数字内容、智慧金融类应用领域的融资额最高占比分别为18.37%、15.96%和15.94%。除此以外，关键技术研发和应用平台、智慧交通、智能硬件融资额占比在5%以上，属于占比较高的应用领域。随着计算机视觉、图像识别、自然语言处理等技术的快速发展和来自各个不同行业的产业需求，人工智能广泛地渗透到各个行业。作为新的产业变革的核心力量，人工智能正在重塑人们的生产、生活等方方面面，新业务、新模式和新产品也在不断涌现。从医疗教育到智慧城市，从智慧出行到智能制造，人工智能技术在各个领域都得到了不同程度的融合和应用。

通过对大数据的学习，机器判断处理能力不断上升，智能水平也不断提高。目前，我国移动支付普及率居于全球领先水平，而在大量的应用背后，是人工智能技术的支撑，如刷脸支付、人工智能客服等。人工智能目前取得的成果离不开先进的算法、海量的数据、硬件运算能力以及互联网的传播和交互。大数据为提高机器的智能水平发挥了重要作用，它是人工智能进步的“养料”，是人工智能大厦构建的重要基础。

同时，人工智能具有强大的经济辐射能力，人工智能与实体经济的融合发展是互补创新和智能技术体系形成的过程，不是简单的技术引进和集成，而是需要创新思维才能推动实现融合的过程。要打造人工智能产业区，也需要高度重视培育和构建适宜当地产业智能化需求的产业创新生态系统和创新创业环境，促进人工智能与当地优势产业的深度融合发展，不断提升区域企业和产业竞争力。

知识点二：我国人工智能产业的发展特点

1．政策高度重视

长远来看，数字化、网络化、智能化发展路径令人工智能逐渐转变为像网络、电力一样的基础服务设施，渗透到社会经济的各个层次。

作为新一轮产业变革的核心驱动力和引领未来发展的战略技术，国家高度重视人工智能产业的发展。为抢抓人工智能发展的重大战略机遇，构筑我国人工智能发展的先发优势，加快建设创新型国家和世界科技强国，2017年国务院发布《新一代人工智能发展规划》，对人工智能产业进行战略部署。规划中指出：要按照“构建一个体系、把握双重属性、坚持三位一体、强化四大支撑”进行布局，形成人工智能健康持续发展的战略路径；构建开放、协同的人工智能科技创新体系，针对原创性理论基础薄弱、重大产品和系统缺失等重点难点问题，建立新一代人工智能基础理论和关键共性技术体系，布局建设重大科技创新基地，壮大人工智能高端人才队伍，促进创新主体协同互动，形成人工智能持续创新能力；把握人工智能技术属性和社会属性高度融合的特征，坚持人工智能研发攻关、产品应用和产业培育“三位一体”推进。全面支撑科技、经济、社会发展和国家安全。

人工智能产业的发展离不开国家政策的支持。从2015年以来，国家陆续出台了多项政策支持整个人工智能产业包括基础支撑层、技术层以及应用层的发展。也正是因为国家政策的大力支持，才促成了我国在人工智能领域成为世界人工智能第一梯队。

政府顶层设计已经明确产业发展方向，为之后人工智能的发展指明了方向，也在全国各地掀起新一轮的发展高潮。2017年11月，科技部在北京召开新一代人工智能发展规划暨重大科技项目启动会，并宣布首批国家新一代人工智能开放创新平台名单：依托百度公司建设自动驾驶国家新一代人工智能开放创新平台，依托阿里云公司建设城市大脑国家新一代人工智能开放创新平台，依托腾讯公司建设医疗影像国家新一代人工智能开放创新平台，依托科大讯飞公司建设智能语音国家新一代人工智能开放创新平台，标志着新一代人工智能发展规划和重大科技项目进入全面启动实施阶段。

在2018年3月和2019年3月的政府工作报告中，均强调指出要加快新兴产业发展，推动人工智能等研发应用，培育新一代信息技术等新兴产业集群壮大数字经济。在2020年的政府工作报告中也指出发展工业互联网，推进智能制造，培育新兴产业集群。2024年，《政府工作报告》不仅三次提到“人工智能”，更首次提出了开展“人工智能+”行动。如图5-1-2所示。

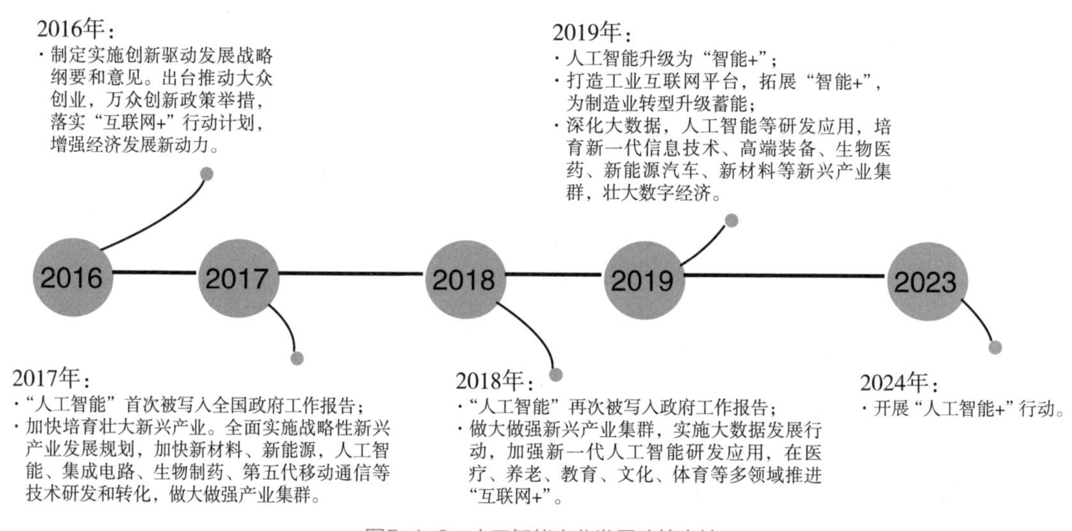

图5-1-2 人工智能产业发展政策支持

2. 资本大量涌入

人工智能技术和应用层的发展，离不开巨额资本的投入。人工智能产业作为风口产业，在雄厚资本和高精尖技术协同支持下进入了高速进步期。目前，投资者逐步理性并向头部企业聚集，如图5-1-3所示。

未来中国人工智能市场规模将不断攀升（图5-1-4）。在《新一代人工智能发展规划》确立了“三步走”目标：

第一步，到2020年人工智能总体技术和应用与世界先进水平同步，人工智能产业成为新的重要经济增长点，人工智能技术应用成为改善民生的新途径，有力支撑进入创新型国家行列和实现全面建成小康社会的奋斗目标。

第二步，到2025年人工智能基础理论实现重大突破，部分技术与应用达到世界领先水平，人工智能成为带动我国产业升级和经济转型的主要动力，智能社会建设取得积极进展。

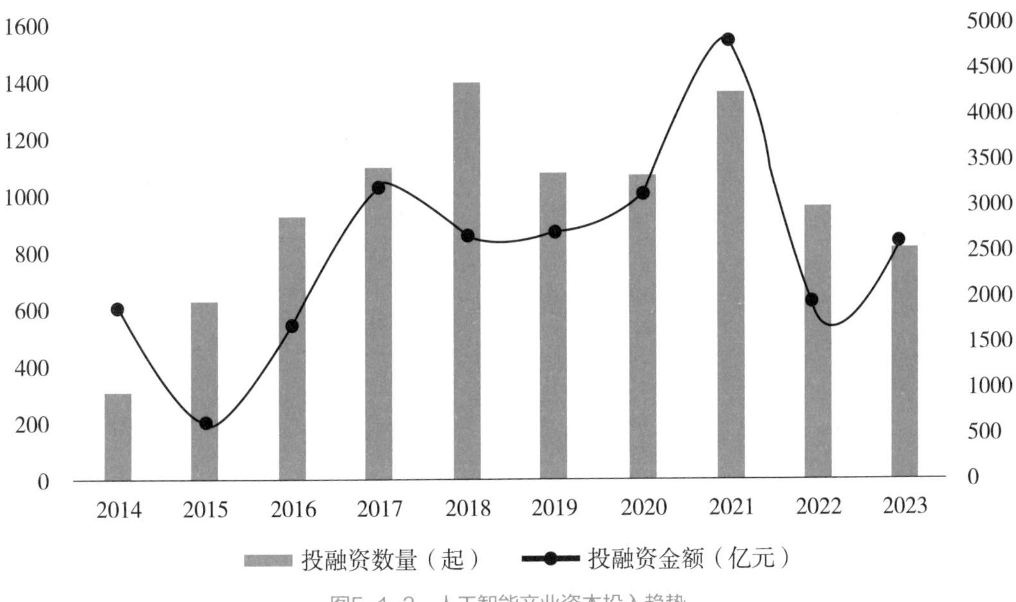

图5-1-3　人工智能产业资本投入趋势

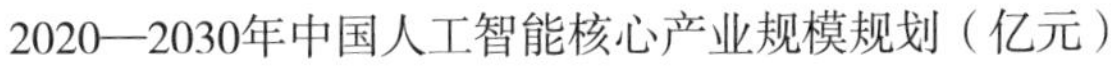

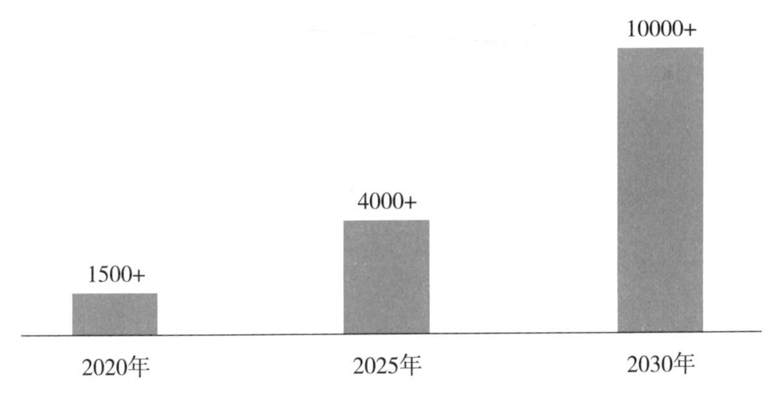

图5-1-4　人工智能核心产业规模规划

第三步，到2030年人工智能理论、技术与应用总体达到世界领先水平，成为世界主要人工智能创新中心，智能经济、智能社会取得明显成效，为跻身创新型国家前列和经济强国奠定重要基础。

任务 5.2 我国人工智能产业发展的挑战

【任务描述】

请阐述我国人工智能产业发展的挑战。

【任务成果】

完成并提交学习任务成果5.2。

学习任务成果5.2

一、请阐述我国人工智能产业发展的挑战，并进行组内讨论，讨论发言纪要如下：

A同学：

B同学：

C同学：

二、我国人工智能产业发展的挑战——PPT演示目录。

学校				成绩
专业		姓名		
班级		学号		

【任务实施】

步骤一：将全班同学进行分组，每组4～6人，每小组推选一名同学为组长，负责与老师的联系。

步骤二：由小组长就任务提出的问题组织开展讨论，要求每位同学参与发言。

步骤三：各小组撰写观点，并制作PPT演示文稿。

【知识链接】

知识点一：我国人工智能产业发展的挑战

1. 人工智能领域人才发展欠缺

我国人工智能领域人才产业分布不均，主要包括两个问题：一个是产业分布不均衡，即我国人工智能产业从业人员主要集中在应用层，基础层和技术层人才储备薄弱，尤其是处理器/芯片和AI技术平台上，削弱了中国在国际上竞争力；另一个是人才培养问题，由于人才培养本身是一个长期的过程，同时合格的人工智能人才培养所需时间和成本远高于一般IT人才，导致了人工智能人才缺口很难在短期内得到有效填补。人才不足成为制约我国人工智能产业发展的关键因素。

2. 人工智能应用场景落地尚处初期阶段

人工智能与不同领域的融合需要落地的场景，这也为人工智能在不同领域的应用增加了挑战。以下分别结合人工智能在医疗、金融、驾驶、建筑四大领域的应用进行探讨。

（1）AI+医疗

医疗健康是民生工程，国家政策为促进医疗变革做了大量的努力，风险投资也对AI+医疗有持续不断的支持。

截至目前，国内外科技企业智能医疗的布局与应用已有雏形，阿里健康重点打造医学影像智能诊断平台；2017年8月，腾讯推出腾讯觅影，可辅助医生对食管癌进行筛查；2017年11月，图玛深维获2亿元融资，致力于将深度学习技术引入到智能医学诊断的系统开发上，负责研究开发基于深度学习技术的自动化医疗诊断系统与医学数据分析系统；2022年，华为云联合西安交通大学第一附属医院，基于华为云盘古药物分子大模型研发出全新的广谱抗菌药物，将先导药的研发周期从数年缩短至一个月，大幅提升新药研发效率。

尽管有国家政策支持，企业也投了大量人力财力，但截至目前，人工智能却并没有在医疗领域呈现爆发式增长。其中很重要的一个原因就在于人工智能需要大量共享数据，而在现有条件下，医院和患者的数据却如同“孤岛”。如何在保证数据安全和用户隐私的前提下打破各方壁垒，实现真正的数据融合，成为推动智能医疗快速发展的一个必需条件。

（2）AI+金融

在金融领域，人脸识别、指纹识别技术在验证客户身份、远程开户、刷脸支付等方面已经得到了成熟的应用，为金融安全提供了保障。利用知识图谱挖掘潜在客户、进一步深挖客户潜在需求的技术，也得到了学术界研究和产业界的应用。美国的科技公司FutureAdvisor最早研制出“机器人理财顾问”，随后此类机器人理财顾问迅速风靡全球。金融领域也面临着数据融合问题，这些分散的数据如何实现安全的融合是迫切需要解决的问题，进而才有可能推动金融科技的创新。

（3）AI+驾驶

近年来，在智能汽车领域各大公司新动作不断，如百度宣布开放阿波罗平台，阿里巴巴与上汽集团等传统车企展开合作等。2017年，一支百度阿波罗（Apollo）无人驾驶汽车车队在雄安新区测试开跑；2022年4月，《北京市智能网联汽车政策先行区乘用车无人化道路测试与示范应用管理实施细则》正式发布，在国内首开乘用车无人化运营试点。

（4）AI+建筑

人工智能技术可以辅助建筑设计、施工和管理等过程，以建筑设计与规划为例，现在设计师可以通过Diffusion、Midjourney和Stable Diffusion等图像生成模型，将文本提示转化为令人惊叹的图像，帮助设计师更高效地完成设计工作，如图5-2-1所示。

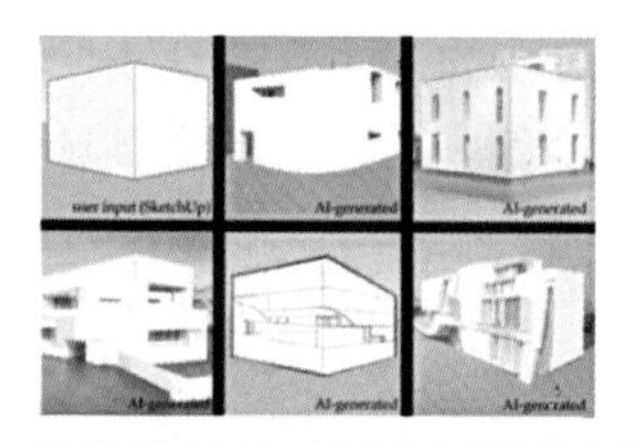

■ 从“低信息量”到“高信息量”的生成

■ 从“非建筑信息”到“建筑信息”的迁移

■ 从“一个方案”到“多个方案”的扩展

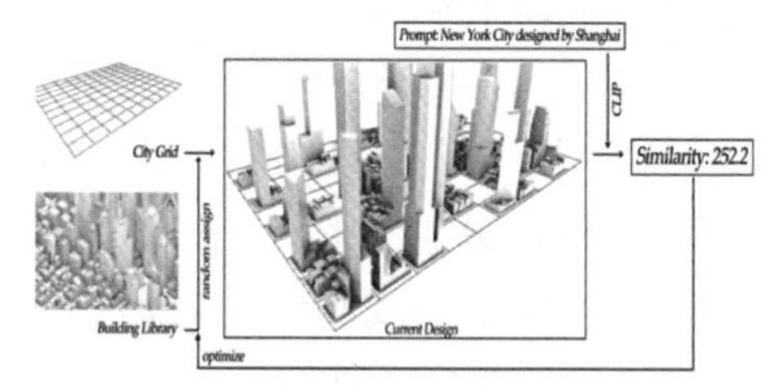

■ 从“二维图像评估”到“三维模型生成”的转变

图5-2-1 “AI+建筑”示例

知识点二：人工智能产业需要解决的问题及出路

1. 打造人工智能产业高地，构建自主创新的产业生态

以人工智能为代表的新一轮科技革命和产业变革方兴未艾，以数字经济为代表的新经济已经成为全球经济增长的新动力，我国在人工智能技术应用方面走在世界前列，但

在人工智能技术创新生态布局相对滞后，共性技术平台建设力度有待加强，需要做好顶层设计、强化统筹推进。要构建以人工智能为基础支撑的前沿科学研究新范式，形成完善的人工智能产业生态，完善人工智能人才结构，构建多层次人才相互支撑、协同发展的格局，自律、他律、法律相结合，促进人工智能健康有序安全发展，加强人工智能领域高水平开放合作。

2. 人工智能产业链结构性问题需要解决

国内人工智能产业链已初步形成，但在结构性方面仍存在一定问题：企业偏重技术层和应用层，尤其是终端产品落地应用丰富，但由于底层技术和基础理论方面尚显薄弱，在基础层缺乏创新性研究成果；在应用层虽投资产出明显，但基础层（算法、芯片等）研究仍需突破，进而形成引领未来经济变革的核心驱动力。

当前我国人工智能的发展更加强调系统、综合布局，从政策、资金等方面都开始关注并投入到人工智能芯片领域的发展。目前，我国传感器芯片市场国有化率仍不高，国产芯片中低端产品以二次开发为主，特别是在敏感元器件核心技术及生产工艺方面与国际领先水平仍有一定差距。人工智能芯片是人工智能产业上的重要一环，近年来，国内企业不断发力芯片产业，也必将有所突破。

3. 人工智能时代职业教育改革与创新发展的出路

要想有效实现职业教育的现代化，理应把人工智能与职业教育充分结合起来，一方面要借助人工智能蓬勃发展的大好形势深化职业教育改革，以人工智能技术教育作为职业教育改革与创新发展的突破口；另一方面要利用好职业教育的技术实力、智力资源和人才优势助力人工智能加速发展，从而实现人工智能与职业教育的“双赢”。首先，要对接新兴产业优化专业结构，消解智能时代职业替代风险；其次，推动深度产教融合，提升人工智能发展所需的技能型人才的适用性；然后，充分发挥职业教育智能，拓展教育培训服务范围；最后，应加快调整人才培养规格，培养具备较强创新能力的复合型技术技能人才。

案例拓展

“长三角”三省一市共同签署合作

2023年，上海与苏州、嘉兴等部分城市先行试点交通领域“一码通行”。

2023年11月，在第三届智能交通上海论坛上，上海、江苏、浙江、安徽等省市交通行政主管部门负责同志上台签署“一码通行”合作备忘录，标志着长三角交通领域“一码通行”正式启动。同时，上海市交通委员会与上海市科学技术委员会签署战略合作协议，全面推动上海交通科技成果转化应用。

根据长三角交通领域“一码通行”工作安排，2023年先行启动上海与苏州、嘉兴等部分城市的互联互通试点工作。2024年启动沪、苏、浙、皖11个城市互联互通，其中，浙江4个城市，分别为杭州、台州、绍兴、宁波，江苏6个城市，分别为南京、无锡、徐州、南通、淮安、连云港，以及安徽的合肥。2025年将进一步扩大城市范围。

近年来，上海智能交通发展取得重要成果，发布《上海市智能交通系统顶层设计（2021—2025年）》《上海市交通行业数字化转型实施意见（2021—2023年）》等一系列政策文件，全面推进上海交通的智慧、绿色、可持续发展。

上海已形成丰富的自动驾驶测试道路场景，累计开放926条、1800公里道路，里程位居全国前列。近年来，还将进一步拓展浦东新区自动驾驶测试道路场景，在金桥、浦东机场等区域提供更大范围、更多场景测试环境。持续深化智能网联汽车测试场景布局，探索自动驾驶可持续、可复制、可推广的商业化路径，加速推进智能网联汽车规模化的示范运营。在中心城区的特定时段、路段试点运营自动驾驶公交。

上海已建成各类充电桩约77万根，其中公共桩（含专用桩）约18万根，充电难问题得到缓解，未来三年，上海还将新建公共充电桩超3万个；加快建设智慧停车场，打造徐汇西岸传媒港智慧停车新基建示范工程，提供各类智慧出行停车服务。

上海“出行即服务”（MaaS，Mobility as a Service）实现公共交通“一码出行”，为广大市民提供了便捷的公共出行服务；率先上线“免申即享”功能，为残障人士等6类特定人群提供便捷免费乘车；推出“定制班线、一票通用、联程日票”等多样票制服务，可在特定区域内选乘自动驾驶出租汽车；停车预约功能覆盖全市100余家医院，错峰共享功能上线签约近500处。出行MaaS还推出家庭电视数字化出行助手，弥合了老年人的“数字鸿沟”。

评价反馈

1. 学生以小组为单位，对以上学习情境的学习过程及成果进行互评。

生生互评表

班级：	姓名：		学号：
评价项目	项目5　人工智能的产业发展		
评价任务	评价对象标准	分值	得分
了解人工智能产业基本概念	能结合实际情况，阐述人工智能产业的概念。	20	
掌握我国人工智能产业发展的特点	能够结合生活实例简述我国人工智能产业发展的特点。	20	
了解我国人工智能产业发展所面临的挑战	论述我国人工智能产业发展所面临的挑战。	20	
学习纪律	态度端正、认真，无缺勤、迟到、早退现象。	10	
学习态度	能够按计划完成任务。	10	
成果质量	任务完成质量。	10	
协调能力	是否能合作完成任务。	5	
表达能力	是否能在发言中清晰表达观点。	5	
合计		100	

2. 教师对学生学习过程与成果进行评价。

教师综合评价表

班级：	姓名：		学号：
评价项目	项目5　人工智能的产业发展		
评价任务	评价对象标准	分值	得分
了解人工智能产业基本概念	能结合实际情况，阐述人工智能产业的概念。	20	
掌握我国人工智能产业发展的特点	能够结合生活实例简述我国人工智能产业发展的特点。	20	
了解我国人工智能产业发展所面临的挑战	论述我国人工智能产业发展所面临的挑战。	20	
学习纪律	态度端正、认真，无缺勤、迟到、早退现象。	10	
学习态度	能够按计划完成任务。	10	
成果质量	任务完成质量。	10	
协调能力	是否能合作完成任务。	5	
表达能力	是否能在发言中清晰表达观点。	5	
合计		100	
班级：	姓名：		学号：
综合评价	小组互评（40%）	教师评价（60%）	综合得分

项目 6
人工智能的产业应用

任务6.1 智能制造
任务6.2 智能交通
任务6.3 智能安防
任务6.4 智慧城市
任务6.5 智慧物流
任务6.6 智能零售

学习情景

一辆辆自动驾驶的公交车缓缓停靠站头，车门自动打开，市民排队上车，前往商场、单位、学校，摄像头和雷达是它的眼睛、车载终端系统和智能化路侧单元是它的大脑……你是否畅想过这样的智能出行方式？

在城市化建设时，工地安全负责人为了工友们能够“高高兴兴上班，平平安安回家”也是煞费苦心，但是总有个别人因缺乏安全意识，导致一念之差铸成大错。那么，如何帮助工地安全负责人在第一时间发现施工安全隐患？

本项目将探讨人工智能为制造业、交通业、建筑业等行业带来的改变。

学习目标

1．素质目标

（1）通过了解人工智能在各行各业的发展，学生能结合自身的专业，与人工智能技术实现有机的结合，培养学生具有很强的自我提升能力及活跃的技术创新能力。

（2）通过了解我国人工智能在各行各业发展的成就，激发学生民族自豪感。

2．知识目标

（1）了解智能制造、智能交通、智能安防、智慧城市、智慧物流、智能零售的含义。

（2）掌握智能制造、智能交通、智能安防、智慧城市、智慧物流、智能零售的应用及发展历程。

（3）了解人工智能带给制造业、交通业、建筑业、快递业等行业的升级优势。

3．能力目标

（1）能够理解人工智能产业的概念。

（2）能够简述我国人工智能产业发展的特点。

（3）能够论述我国人工智能产业发展所面临的挑战。

思维导图

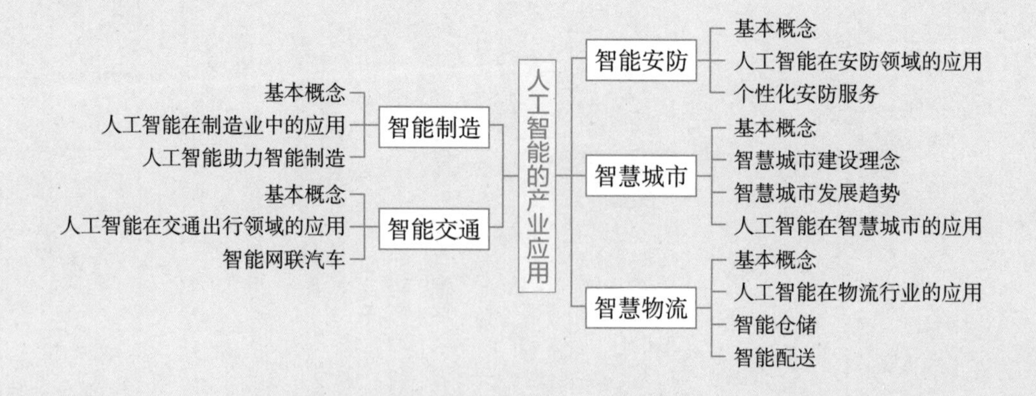

任务 6.1 智能制造

【任务描述】

请阐述你对智能制造、智慧工厂的理解，并举例论述人工智能在制造业中的应用、人工智能是如何助力智能制造的。

【任务成果】

完成并提交学习任务成果6.1。

学习任务成果6.1

请阐述对智能制造、智慧工厂的理解，并举例论述人工智能在制造业中的应用、人工智能是如何助力智能制造的（讨论发言纪要）。

A同学：

B同学：

C同学：

小组讨论结论：

学校				成绩
专业		姓名		
班级		学号		

【任务实施】

步骤一：将全班同学进行分组，每组4～6人，每小组推选一名同学为组长，负责与老师的联系。

步骤二：由小组长就任务提出的问题组织开展讨论，要求每位同学参与发言。

步骤三：请各小组收集汇总问题答案并上交文档。

【知识链接】

6-1
“人工智能+制造”的含义

知识点一：基本概念

1. 智慧工厂（Intelligent Factory）

智慧工厂是现代工厂信息化发展的新阶段，是在数字化工厂的基础上，利用物联网技术和设备监控技术加强信息管理和服务，即清楚掌握产销流程、提高生产过程的可控性、减少生产线上人工的干预、即时准确地采集生产线数据以及合理编排生产计划与生产进度，再加上绿色智能的手段和智能系统等新兴技术于一体，构建一个高效节能、绿色环保、环境舒适的人性化工厂。

2. 智能制造（Intelligent Manufacturing）

1988年，美国纽约大学的怀特教授（P. K. Wright）和卡内基梅隆大学的布恩教授（D. A. Bourne）出版了《智能制造》一书，首次提出了智能制造的概念，并指出智能制造的目的是通过集成知识工程、制造软件系统、机器人视觉和机器控制对制造技工的技能和专家知识进行建模，以使智能机器人在没有人工干预的情况下进行小批量生产。

3. 知识图谱（Knowledge Graph）

知识图谱最初是谷歌公司用于增强其搜索引擎功能的知识库。本质上，知识图谱旨在描述真实世界中存在的各种实体或概念及其关系，其构成一张巨大的语义网络图，以节点表示实体或概念，边则由属性或关系构成。现在的知识图谱已被用来泛指各种大规模的知识库。知识图谱的主要结构有知识抽取（包括实体抽取、关系抽取以及属性抽取等）、知识融合（包括实体消歧等）、知识加工（包括本体构架、知识推理等）、知识更新等部分。

4. 人工智能+制造

狭义上讲，是人工智能技术（或者说人工智能算法）在制造业中的应用；广义上讲，由于人工智能技术在应用中并不能单独存在，而必须依赖于其他技术和资源，“人工智能+制造”同样不仅仅需要人工智能算法作为处理工具，还需要物联网、云计算、大数据等信息技术提供基础设施和生产资料，因此“人工智能+制造”是指人工智能及相关技术在制造业的融合应用。

知识点二：人工智能在制造业中的应用

人工智能技术在工业领域早期的应用之一是专家系统。20世纪60～80年代，根据“知识库”和“if–then”逻辑推理构建的“专家系统”，在矿藏勘测、疾病诊断等得到了初步应用，发挥着类似专业领域咨询师辅助生产制造的作用，但是早期人工智能专家系统的应用局限在特定领域和单一环节。

如今的“智能制造”包含了人工智能及相关技术在制造业价值链各个环节的广泛应用，主要的应用场景有以下：

（1）为用户创造价值的产品型应用。将人工智能嵌入现有的产品或服务中，使其更加高效、可靠和安全。

（2）提高生产效率的流程型应用。将人工智能集成到生产流程的各环节，提高生产效率。包括借助先进传感技术和机器学习，可以改进和优化生产工艺流程的参数；工业机器人能够模仿人类操作员所展示的运动和路径，以极高的效率实现协同操作，仅需人工简单辅助进行物料添加等操作，无人工厂如图6–1–1所示。

（3）知识挖掘与发现的洞察型应用。将人工智能应用到数据分析中，实现对生产运营的动态预测和优化。通过对制造业大数据的建模和分析，人工智能可以发现被忽视的问题并获得领域内的知识。

未来在制造业数字化和网络化完成的基础上，人工智能将成为有效连接物理世界与数字世界的核心，也很可能成为制造业的主要生产力。但这并不意味着人工智能会全面替代人，包括在制造业这种传统上拥有大量体力劳动者的行业。单一重复的体力劳动、琐碎耗时的初级脑力劳动都将交由智能机器承担，同时也会出现新的工作、以释放人的自主性和创造力。

为了更好实现人机融合，不仅需要人工智能技术本身的不断精进，更需要在人工智能的处理逻辑中放入人的因素，以达到机器自主配合人类工作的目的。FANUC工业码垛机器人如图6–1–2所示。

图6–1–1　无人工厂

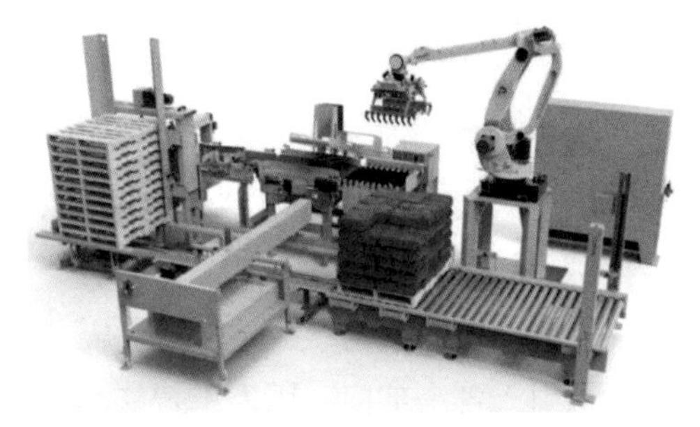

图6–1–2　FANUC工业码垛机器人

知识点三：人工智能助力智能制造

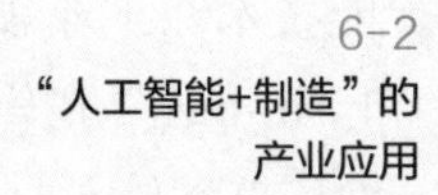

在工业4.0时代，制造业的全面升级离不开人工智能的赋能。人工智能要渗入制造业的各个层面，进行全面的塑造，最终推动智能制造的全面发展。相较于传统工业生产，人工智能的应用使得制造业得以如下升级改变：

1．使得生产更加高效灵活

实施“人工智能+制造”能够推动生产方式的智能变革，进一步优化工艺流程，降低生产成本，即生产模式更加高效灵活。高效灵活的生产模式又能够促进工人劳动效率的提升和工厂生产效益的提高。

2．协作整合产业链条

将“人工智能+制造”技术不断应用于制造行业，能够实现工业生产在研发设计与生产制造环节的无缝合作，从而达到整合产业链条的目标。

3．提高生产制造服务水平

“AI+制造”的升级能够使工业生产的性质发生改变，即工业生产由生产型组织向服务型组织质变。工业生产部门借助大数据技术以及云计算平台，能够促进智能云服务这一新的商业模式的发展，最终提升生产部门的服务与创新能力。

4．云制造实现信息共享

随着工业生产信息化水平的提升，借助云平台进一步整合车间优势资源，实现信息共享。信息共享机制的建立，则能够推动生产的协同创新，提高制造优化配置的能力，最终提升工业产品的质量。

以长城汽车重庆工厂为例，该智慧工厂自2019年正式竣工投产以来，其通过智能制造、智慧物流、数字化运营，以提升汽车制造的智能化水平为出发点，实现高度自动化，建设“研、产、供、销、人、财、物”全面协同的智慧信息系统，实现了生产过程全流程闭环化管理，为中国制造智能化升级提供了值得借鉴的范本。如图6–1–3所示。

图6–1–3　长城汽车重庆工厂智能化生产线

制造业全面升级为“智造”业，需要生产领域的各个部门的协同配合。需要把人工智能技术引入各个部门，用人工智能引领制造升级。整体来看，由制造转型“智造”需要在销售、生产及物流3个维度进行全面的跨越。具体如下：

1．销售层面

利用新科技连接企业和客户。社会上的各种自媒体平台，如微信、微博等，每天都能够产生大量的交互性数据。这些数据对市场销售人员来讲存在巨大的价值。制造企业的市场销售部门借助人工智能工具能够快速挖掘出用户的最新消费需求，从而改进自己的研发与生产，促进产品的创新。同时，这些数据也能够调整优化市场营销部门的决策，提升市场部的持续性经营能力。人工智能化销售最重要的作用是借助大数据为用户提供更精准的服务，满足用户的核心需求，最终建立产品的竞争优势。

例如：在市场销售层面，猎豹移动公司的人工智能营销体系基于用户使用场景，进行深度的数据挖掘，既能够增加广告主的投放价值，也能够满足广大用户的需求，达到双赢的效果。另外，该公司紧紧抓住人工智能营销的新机遇，展开一系列的“智趣营销”活动。在智趣营销中，“智”代表人工智能和大数据，代表一切先进的技术；“趣”则意为定制化、个性化、差异化的营销内容，让广告不再是打扰而是打动，如图6–1–4所示。

随着技术的更新迭代，人工智能化营销将会有更多的可能。生产制造部门的营销将更精准、更精致，将能够调动起用户的情绪，让用户产生共鸣。

2．生产层面

利用新科技让制造更有效率。在生产智造层面，海尔互联工厂是典型的人工智能生产制造工厂，如图6–1–5所示。海尔互联工厂的优势是“以用户为中心，满足用户需求，提升用户体验，实现产品迭代升级”。一方面，互联工厂致力于满足用户的需求，提升产品的价值；另一方面，互联工厂始终兼顾企业效益与企业价值。海尔互联工厂的价值创新与其智能制造技术体系密不可分。

图6–1–4　五星级接待服务机器人——豹小秘

图6–1–5　海尔互联工厂

在这一智能生产生态系统下，海尔能够轻松满足用户个性化的需求，最大限度地实现产品生产的效益，为企业带来盈利。海尔互联工厂的成功无疑为智能制造的发展提供了完美的示范。若要使智能制造遍地开花，那么诸多制造型企业也需要借鉴互联工厂模式。

3．物流层面

利用新科技加快产品流通速度。生产制造企业在物流层面也有不少棘手的问题，如物流成本高、资源利用率低、闲置时间长及货车空载率高等。这些物流问题都会严重影响用户的使用体验。将人工智能元素注入物流领域，将会加快产品流通速度，改变这一困局。

整体来看，人工智能化物流的核心技术有4个，分别是智能搜索技术、智能推理技术、智能识别技术及智能物流机器人等。这些非凡的科技给物流的发展带来了质变，京东“小红人”智能分拣机器人如图6-1-6所示。

图6-1-6　京东“小红人”智能分拣机器人

任务 6.2 智能交通

【任务描述】

请说说人工智能在交通出行领域的应用；阐述车牌识别技术的应用场景及基本原理，无人驾驶、智能网联汽车的含义及其国内发展近况。

【任务成果】

完成并提交学习任务成果6.2。

学习任务成果6.2

请阐述人工智能在交通出行领域的应用；车牌识别技术的应用场景及基本原理，无人驾驶、智能网联汽车的含义及其国内发展近况（讨论发言纪要）。

A同学：

B同学：

C同学：

小组讨论结论：

学校				成绩
专业		姓名		
班级		学号		

【任务实施】

步骤一：将全班同学进行分组，每组大约4～6人，每小组推选一名同学为组长，负责与老师的联系。

步骤二：由小组长就任务提出的问题组织开展讨论，要求每位同学参与发言。

步骤三：请各小组收集汇总问题答案并上交文档。

【知识链接】

知识点一：基本概念

1．智能交通系统（Intelligent Traffic System，ITS）

智能交通系统又称智能运输系统，是将先进的科学技术（信息技术、计算机技术、数据通信技术、传感器技术、电子控制技术、自动控制理论、运筹学、人工智能等）有效地综合运用于交通运输、服务控制和车辆制造，加强车辆、道路、使用者三者之间的联系，从而形成一种保障安全、提高效率、改善环境、节约能源的综合运输系统。

2．车牌识别系统（Vehicle License Plate Recognition，VLPR）

计算机视频图像识别技术在车辆牌照识别中的一种应用，是指能够检测到受监控路面的车辆并自动提取车辆牌照信息（含汉字字符、英文字母、阿拉伯数字及号牌颜色）进行处理的技术。车牌识别是现代智能交通系统中的重要组成部分之一，应用十分广泛。

3．无人驾驶汽车（Driverless Car）

通过车载传感系统感知道路环境，自动规划行车路线并控制车辆到达预定目标的智能汽车，也称为轮式移动机器人，主要依靠车内以计算机系统为主的智能驾驶仪来实现无人驾驶的目的。

4．智能网联汽车（Intelligent Connected Vehicle，ICV）

车联网与智能车的有机联合，是搭载先进的车载传感器、控制器、执行器等装置，并融合现代通信与网络技术，实现车与人、车、路、后台等智能信息交换共享，实现安全、舒适、节能、高效行驶，并最终可替代人来操作的新一代汽车。

知识点二：人工智能在交通出行领域的应用

6-3
人工智能在交通出行领域的应用（一）

随着社会经济的发展和生活水平的提高，汽车已成为最普遍的交通工具之一。进入人工智能时代，从网约车到无人驾驶，从交通管理到路径规划，人工智能正在推动交通出行大变革。在国家政策的支持下，随着经济和技术的飞速发展，我国的智能交通行业获得了较大发展，市场规模逐年扩大。作为一个新兴产业，智能交通具有良好的市场效益，未来几年将实现快速发展，如图6-2-1所示。

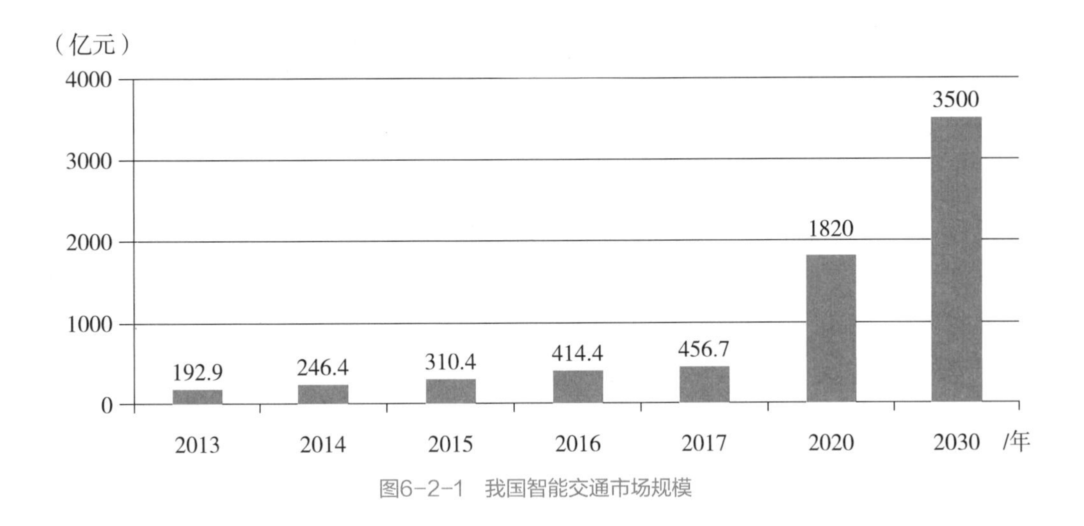

图6-2-1　我国智能交通市场规模

人工智能可以使交通出行管理更加高效。通过人工智能来预判交通流量，能够在较短的时间内对历史数据进行分析，能够精确地获得车辆行驶方向、车辆违章情况等信息。阿里巴巴集团在杭州推行自己的智慧出行生态系统，利用摄像头分析实时交通流量，让交通信号灯根据即时流量做出调整，优化路口的时间分配，提高交通效率。该系统还可实时发现拥堵、违停、事故等。

人工智能可以有效地提高停车效率。智能停车系统一方面可以大大提升车主停车的效率，另一方面也让车位管理者能够更好地配置停车位。此外，随着智能停车系统的使用，管理者可以获得大量的停车数据，为用户提供个性化的服务，如图6-2-2所示。

图6-2-2　智能停车系统在社区的应用

人工智能技术在交通出行领域的应用更是掀起了无人驾驶的热潮。例如：百度集团依靠百度地图收集的大数据产品等作为保障，使其无人驾驶技术走在了世界前列。百度无人驾驶技术的测试表明，汽车在行驶过程中能很好地辨别障碍物，必要时停车等待。部分更高技术层次的无人驾驶功能，如单车道自动驾驶、交通拥堵环境下的自动驾驶、车道变化自动驾驶等在未来几年内也有望逐步实现。

1．应用一：智能车牌识别

人工智能时代，图像识别技术在智能交通领域得到了广泛的应用与发展。交通信息的采集是实现智能交通系统高效运行的关键。交通图像能直观反映交通情况，而图像识别技术可以对交通图像进行分析，获得车辆速度、车辆排队长度、车辆数量等有价值的交通信息，可以在大范围内、全方位、实时发挥作用，提高交通效率，保障交通安全，缓解道路拥堵，实现交通运输与管理的智能化。目前，图像识别技术主要应用于车身颜色识别、车身形状识别、车牌识别、运动车辆检测及跟踪、闯红灯抓拍等。其中，车牌识别是图像识别技术非常重要的应用领域之一。

作为交通管理中最重要的环节之一，车辆车牌识别技术主要对汽车监控图像进行分析和处理，自动对汽车车牌号进行识别与管理。车牌识别技术可广泛应用在停车场、高速公路电子收费站、公路流量监控等场合。车牌识别的基本原理为：当车辆通过检测位置时会触发检测装置，进而启动数字摄像设备获取车牌的正面图像，随后将图像上传至计算机管理系统，通过软件算法对车牌上的汉字、字母、数字等符号进行自动识别。

识别软件为整个系统的核心部分主要包括图像预处理、车牌定位、车牌校正、字符分割和字符识别等环节。1）图像预处理，是指在对图像进行识别处理之前，首先需要对图像进行色彩空间变换、直方图均衡、滤波等一系列预处理，以消除环境影响；2）车牌定位，是对车牌图片进行二值化和形态学处理，结合车牌特征获得车牌的具体位置；3）车牌校正，是指对拍摄的车牌照片进行角度的校正，从而消除拍摄角度倾斜的影响；4）字符分割，是指通过投影计算获取每一个字符的宽度，进而对车牌分割，以获得单一字符；5）字符识别，是指采用模板匹配对每一个字符进行识别，得出车牌识别结果。图像识别与处理技术在智能交通系统中的应用越来越广泛，对车牌的识别能力也大大增强，车牌识别的流程如图6-2-3所示。

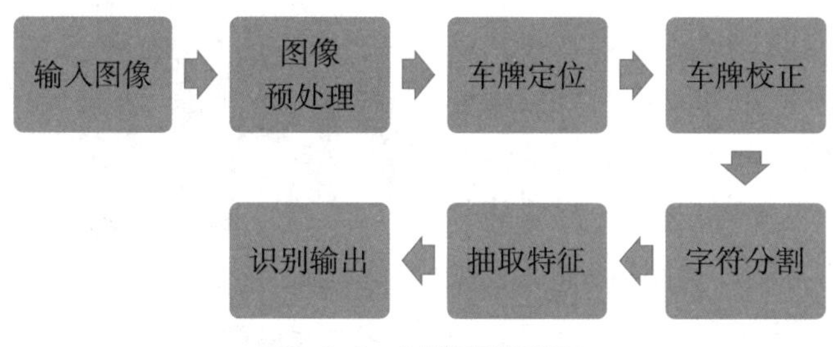

图6-2-3　车牌识别的流程

2．应用二：无人驾驶

6-4
人工智能在交通出行领域的应用（二）

从20世纪70年代开始，美国、英国、德国等国家就陆续展开了无人驾驶汽车的研究。近年来，无人驾驶技术在我国掀起了热潮。科技巨头、传统车企、研究机构都在这一领域加快研发并不断创新。2011年，由国防科技大学自主研发的红旗HQ3无人驾驶汽车，刷新了长达286公里的复杂交通状况下的全程无人驾驶新纪录；2018年，比亚迪与百度合作研发的无人驾驶汽车成功上路测试，与华为联合发布的全自动无人驾驶的比亚迪云轨列车畅游中国花卉博览园，标志着中国首条无人驾驶的跨座式单轨线路正式通车运行，比亚迪银川云轨就此成为中国首条搭载100%自主知识产权无人驾驶系统的跨座式单轨。国内其他汽车企业如一汽、东风、广汽、上汽、长安等都开始探索无人驾驶领域，并且取得了初步的成果，如图6–2–4所示。

图6–2–4 无人驾驶汽车示例

无人驾驶技术涉及计算机、人工智能、自动控制、传感器、导航定位、计算机视觉、信息通信等多种前沿技术。根据无人驾驶的功能模块，可以将无人驾驶的关键技术划分为环境感知技术、定位导航技术、路径规划技术和决策控制技术4种，如图6–2–5所示。

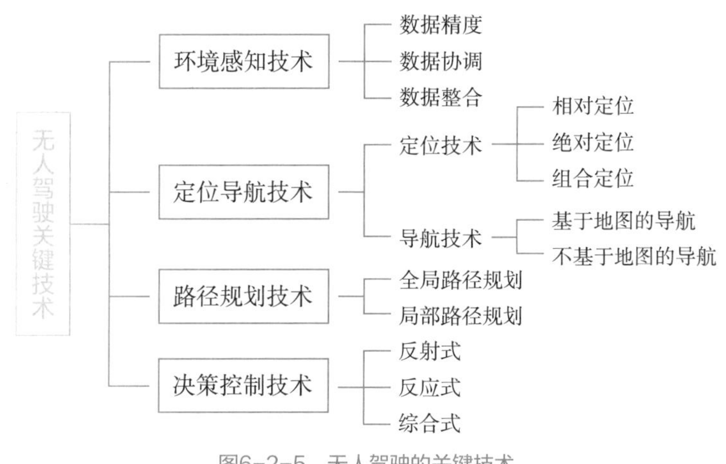

图6–2–5 无人驾驶的关键技术

（1）环境感知技术是指通过多种传感器对车辆周围的环境信息进行感知。环境信息包括了车辆自身状态信息，如车辆行驶速度、转向度、位置、倾角、加速度等，同时也包括四周环境信息，如道路位置、道路方向、障碍物位置和速度、交通标志等。

（2）定位导航技术包括定位技术和导航技术。定位技术可以分为相对定位、绝对定位和组合定位；导航技术可分为基于地图的导航和不基于地图的导航。

（3）路径规划技术为无人驾驶车辆提供最优的行车路径。在无人驾驶车辆行驶过程中，行车路线如何确定、障碍物如何躲避、路口如何转向等问题都需要通过路径规划技术来完成。路径规划技术可以分为局部路径规划和全局路径规划。

（4）决策控制技术通过综合分析环境感知系统提供的信息，对当前的车辆行为产生决策。在做决策时，还要综合考虑车辆的机械特性、动力特性，从而做出合理的控制策略。常用的决策技术有机器学习、神经网络、贝叶斯网络、模糊逻辑等。根据决策技术的不同，控制系统可以分为反射式、反应式和综合式。

无人驾驶技术的发展在为人们带来新鲜感的同时，也将带来许多的便利。那么，无人驾驶离我们还有多远呢？技术的发展并不是一蹴而就的，从“完全没有自动辅助功能的驾驶”到“完全无人驾驶”被分为6个等级，如图6-2-6、表6-2-1所示。

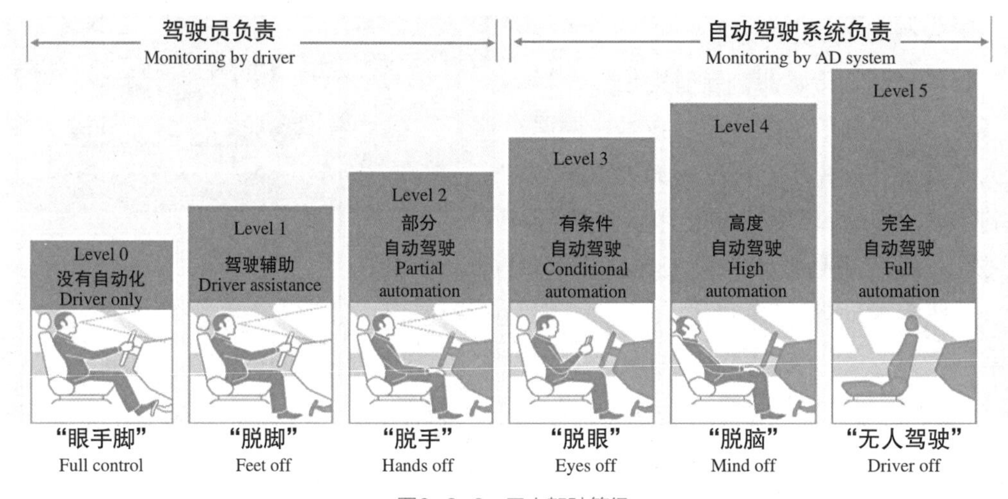

图6-2-6 无人驾驶等级

无人驾驶等级 表6-2-1

<table>
<tr><th colspan="2">自动驾驶分级</th><th rowspan="2">名称</th><th rowspan="2">定义</th><th rowspan="2">驾驶操作</th><th rowspan="2">周边监控</th><th rowspan="2">接管</th><th rowspan="2">应用场景</th></tr>
<tr><th>NHTSA</th><th>SAE</th></tr>
<tr><td>L0</td><td>L0</td><td>人工驾驶</td><td>由人类驾驶者全权驾驶汽车</td><td>人类驾驶员</td><td>人类驾驶员</td><td>人类驾驶员</td><td>无</td></tr>
<tr><td>L1</td><td>L1</td><td>辅助驾驶</td><td>车辆对方向盘和加减速中的一项操作提供驾驶，人类驾驶员负责其余的驾驶动作</td><td>人类驾驶员和车辆</td><td>人类驾驶员</td><td>人类驾驶员</td><td>限定场景</td></tr>
<tr><td>L2</td><td>L2</td><td>部分自动驾驶</td><td>车辆对方向盘和加减速中的多项操作提供驾驶，人类驾驶员负责其余的驾驶动作</td><td>车辆</td><td>人类驾驶员</td><td>人类驾驶员</td><td rowspan="3">限定场景</td></tr>
<tr><td>L3</td><td>L3</td><td>条件自动驾驶</td><td>由车辆完成绝大部分驾驶操作，人类驾驶员需保持注意力集中以备不时之需</td><td>车辆</td><td>车辆</td><td>人类驾驶员</td></tr>
<tr><td rowspan="2">L4</td><td>L4</td><td>高度自动驾驶</td><td>由车辆完成所有驾驶操作，人类驾驶员无需保持注意力，但限定道路和环境条件</td><td>车辆</td><td>车辆</td><td>车辆</td></tr>
<tr><td>L5</td><td>完全自动驾驶</td><td>由车辆完成所有驾驶操作，人类驾驶员无需保持注意力</td><td>车辆</td><td>车辆</td><td>车辆</td><td>所有场景</td></tr>
</table>

知识点三：智能网联汽车

智能网联汽车是实现了车与人、车、路、后台等智能信息的交换共享，具备复杂的环境感知、智能决策、协同控制和执行等功能，可实现安全、舒适、节能、高效行驶，并最终可替代人来操作的新一代汽车。换个角度来看，智能网联汽车包含智能驾驶和智能互联两个部分，智能驾驶解决行车安全和高效问题，智能互联解决便捷交互和愉悦体验的问题。智能网联汽车包括车联网、车内及车际通信、智能交通基础设施等要素，融合了传感器、雷达、GPS定位、人工智能等技术，使汽车具备感知环境的能力，这样汽车就能够判断当前环境下汽车处于安全还是危险等状态。通过这种感知，汽车就会自己安全到达目的地，最终实现替代人类驾驶的目的，如图6–2–7所示。

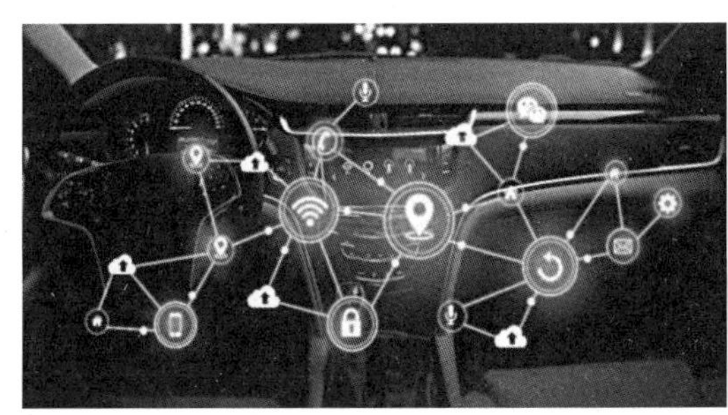

图6–2–7　智能网联汽车应用示例

那么，智能网联汽车是如何实现的呢？从技术角度来看，智能网联汽车的实现分为辅助驾驶和无人驾驶两个阶段。

（1）辅助驾驶阶段。一级：具有一个或多个特殊控制功能，能为驾驶员提供预警或者辅助；二级：至少两个原始功能融合在一起，驾驶员完全不用对这些功能进行操控；三级：在某个特定的驾驶交通环境下，让驾驶员完全不用控制汽车。

（2）无人驾驶阶段。四级：全程监测交通环境，能够实现所有的驾驶目标，在任何时候驾驶员都不需要对车辆进行控制，智能网联汽车技术发展如图6–2–8所示。

2018年3月，全国首批智能网联汽车开放道路测试号牌发放。上汽集团和蔚来汽车拿到第一批智能网联汽车开放道路测试号牌，当天下午，两家公司研发的智能网联汽车展开了首次道路测试。2019年8月，上汽集团等企业获得首批智能网联汽车示范应用牌照，可先行在城市道路中开展示范应用，探索智能网联汽车的商业化运营。在2023年11月，工业和信息化部、公安部、住房和城乡建设部、交通运输部在《关于开展智能网联汽车准入和上路通行试点工作的通知》中决定开展智能网联汽车准入和上路通行试点工作。

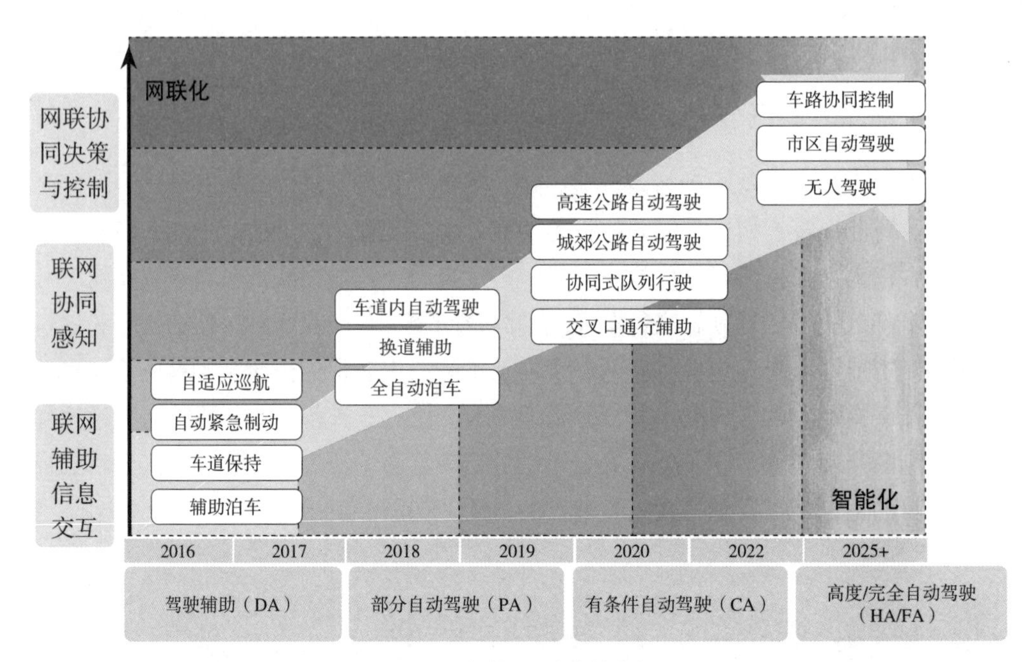

图6-2-8 智能网联汽车技术发展

任务6.3 智能安防

【任务描述】

请说说人工智能在安防领域的应用，并论述如何实现个性化安防服务。

【任务成果】

完成并提交学习任务成果6.3。

学习任务成果6.3

请阐述人工智能在安防领域的应用，并论述如何实现个性化安防服务（讨论发言纪要）。

A同学：

B同学：

C同学：

小组讨论结论：

学校				成绩
专业		姓名		
班级		学号		

【任务实施】

步骤一：将全班同学进行分组，每组大约4～6人，每小组推选一名同学为组长，负责与老师的联系。

步骤二：由小组长就任务提出的问题组织开展讨论，要求每位同学参与发言。

步骤三：请各小组收集汇总问题答案并上交文档。

【知识链接】

6-5
智能安防

知识点一：基本概念

1．视频监控系统（Video Monitoring System）

通过图像监控的方式对园区的主要出入口和重要区域做一个实时、远程视频监控的安防系统。

2．平安城市（Safe City）

平安城市管理系统是一个特大型、综合性非常强的管理系统，此系统不仅需要满足治安管理、城市管理、交通管理、应急指挥等需求，而且还要兼顾灾难事故预警、安全生产监控等方面对图像监控的需求，同时还要考虑报警、门禁等配套系统的集成以及与广播系统的联动。

3．语音识别（Speech Recognition）

是一门涉及面很广的交叉学科，它与声学、语音学、语言学、信息理论、模式识别理论以及神经生物学等众多学科都有非常密切的关系。语音识别技术的应用已经成为一个具有竞争性的新兴高技术产业。计算机对语音的识别过程与人对语音的识别处理过程基本上是一致的。语音识别的工作流程：把帧识别成状态（难点）→把状态组合成音素→把音素组合成词汇。

4．声学模型（Acoustic Model）

声学模型不仅是识别系统的底层模型，并且是语音识别系统中最关键的一部分。声学模型通常由获取的语音特征通过训练产生，目的是为每个发音建立发音模板。在识别时，将未知的语音特征同声学模型（模式）进行匹配与比较，计算未知语音的特征矢量序列和每个发音模板之间的距离。声学模型的设计与语言发音特点密切相关。声学模型单元大小（字发音模型、半音节模型或音素模型）对语音训练数据量大小、系统识别率以及灵活性有较大影响。

5．语义理解（Semantic Understanding）

是计算机对识别结果进行语法、语义分析，即让计算机明白语言的意义，以便做出相应的反应，这通常是通过语言模型来实现。

知识点二：人工智能在安防领域的应用

随着平安城市、智慧城市建设地不断推进，摄像头及高清视频不断普及，安防正在从传统的被动防御向主动判断、及时预警发展，行业也从单一的安全领域向多行业应用、提升生产效率、提高生活智能化程度发展，开始拥有海量且层次丰富的数据，而这正是人工智能可以发挥强大作用，实现应用价值的领域。由于和安防有着天然的契合点，人工智能在最近几年正以超乎想象的速度与安防行业相互融合。

我国安防行业总产值的快速发展，在很大程度上得益于平安城市、防控应急、智慧城市以及民用安防市场的应用，2012—2020年中国安防行业总产值如图6–3–1所示。

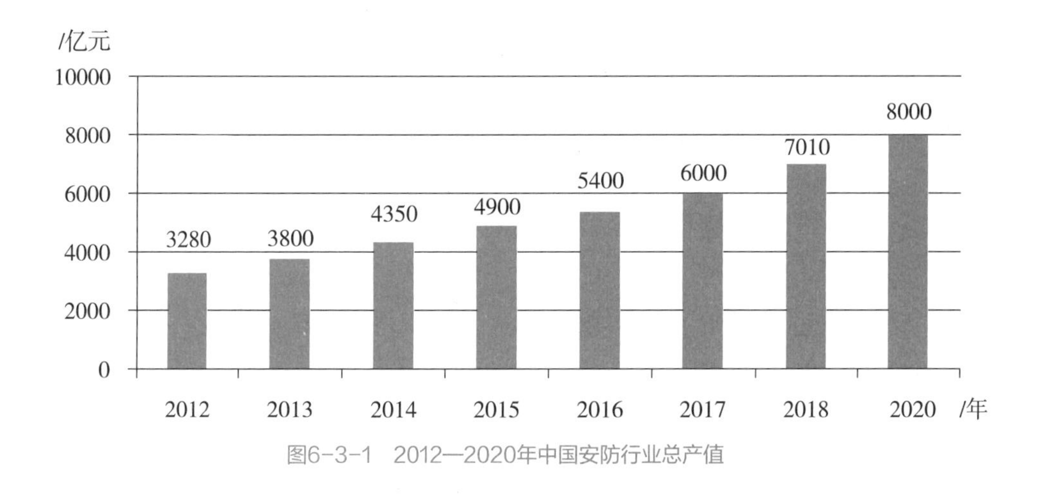

图6–3–1　2012—2020年中国安防行业总产值

可见，随着安防产业的转型升级，智能化发展是大势所趋，人工智能在安防领域的应用前景巨大，众多企业纷纷抢占"AI+安防"这一产业新风口，如图6–3–2所示。

目前在安防行业，人工智能算法主要应用在视频图像领域，因为传统安防企业的产品都与视频图像相关。例如，以视频为核心的智能物联网解决方案和大数据服务提供商，一直在安防领域处于领先地位的海康威视，从2012年开始关注并持续投入基于深度学习理论的人工智能技术，逐渐成为在"人工智能+安防"垂直应用方面的佼佼者。

人工智能正在推动着安防领域的变革，使其向一个更智能化、更人性化的方向前进。从技术层面来说，人工智能应用在安防领域可以实现前端摄像机的感知功能、智能分析的自学习和自适应功能、视频数据的深入挖掘功能。在前端摄像机的感知方面，人工智能使视频监控得以通过机器视觉和智能分析识别出监控画面中的内容，并通过后台的云计算和大数据分析来做出判断，并采取相应行动；在智能分析方面，深度学习可以赋予智能分析强大的自学习和自适应能力，根据不同的环境进行自动学习和过滤，将视频中的干扰画面进行自动过滤，从而提高分析的准确率并降低调试的复杂度；在视频数据的挖掘方面，可以利用不同的计算方法，将大量视频数据中不同属性的事物进行检

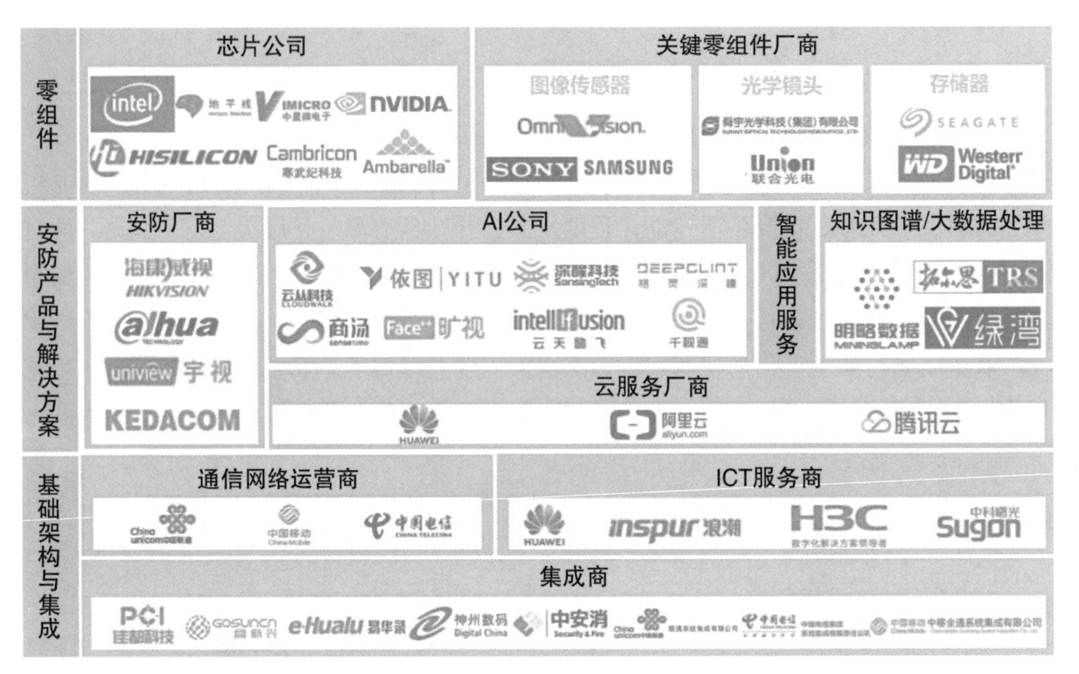

图6-3-2 “AI+安防”产业图谱

索、标注和识别等，以实现对大量视频数据中内容的快速查找和检索，大大降低人工成本并提高数据挖掘的效率。

从应用场景来看，“AI+安防”已应用到社会的各方面，如公安、交通、楼宇、金融、商业、民用等领域，如图6–3–3所示。

在公安破案中的应用	在工厂园区中的应用	在智能楼宇中的应用
公安机关需要在海量的视频信息中，发现犯罪嫌疑人的线索。针对海量数据，可以借助人工智能在视频内容特征提取和内容理解方面的天然优势，将人工智能芯片放到前端摄像机中，利用人工智能强大的计算能力和智能分析能力实时分析视频内容，检测运动对象，识别人和物的属性信息，并通过网络传递到后端的中心数据库进行存储，给出最可靠的线索，提高办案效率，成为办案人员的专家助手。	传统的工业机器人是固定在生产线上的操作型机器人，不具有智能性。工厂园区中的安防摄像机主要部署在出入口和周边，对内部角落的位置无法触及。基于人工智能的可移动巡线机器人可以应用于全封闭的无人工厂中，定期巡逻，读取仪表数值，分析潜在的风险，保障全封闭无人工厂的可靠运行，切实推动工业4.0的发展。	在智能楼宇领域，人工智能是建筑的大脑，综合控制着建筑的安防、能耗，对于进出大厦的人、车、物实现实时的跟踪定位，区分办公人员与外来人员，监控大楼的能源消耗，使得大厦的运行效率最优；可以汇总整个楼宇的监控信息、刷卡记录，实时对比通行卡信息及刷卡人脸部信息，检测出盗刷卡行为；还能区分工作人员在大楼中的行动轨迹和逗留时间，发现违规探访行为，确保核心区域的安全。

图6–3–3 “AI+安防”应用领域

未来，人工智能还将以视频图像信息为基础，打通安防行业各种异构信息，在海量异构信息的基础上，充分发挥机器学习、数据分析与挖掘等各种人工智能算法的优势，为安防行业创造更多价值。

知识点三：个性化安防服务

针对每个用户不同的安防需求，利用人工智能强大的计算能力及服务能力，为每个用户提供差异化、个性化的服务，提升个人用户的安全感，是人工智能在安防领域，尤其是民用安防领域的重要发展趋势。

以人工智能在家庭安防的应用为例，家庭安防摄像机可以根据实际情况，调整安防状态，提供个性化安防服务。当检测到没有人在家时，家庭安防摄像机可自动进入戒备模式，发现异常情况后给予闯入人员警告，并远程通知家庭主人，让家庭主人可以跟踪异常情况，必要时可以通知小区物业或者报警；当家庭成员回家后，家庭安防摄像头可以自动撤防，保护用户隐私。同时，家庭安防摄像头通过一定时间的学习，可以掌握家庭成员的作息规律，在主人休息的时候启动布防，确保夜间安全，省去人工布防的烦恼，实现个性化和人性化。

此外，人工智能的人脸识别技术还可以为居民提供个性化的开关门服务。居民只要预先去物业登记好人脸，当他们经过摄像头区域时，会被自动抓拍，比对成功后，门即可自动开启，不需要额外携带钥匙或门禁卡，且人脸识别开门非常快，不到1秒就能够识别完成。当家庭有新增人员入住时，只需要直接到物业办理人脸登记，而不必再支付办卡费用。人脸识别技术支持1∶*N*匹配，支持多角度识别，不受发型、妆容、眼镜的影响，因此即使人改变发型，或者换副眼镜，居民都不需要担心无法进门，也无需重新去物业登记，如图6-3-4所示。

图6-3-4 人工智能刷脸门禁示例

任务 6.4 智慧城市

【任务描述】

请说说人工智能在智慧城市的应用，并论述实现智慧城市的途径有哪些。

【任务成果】

完成并提交学习任务成果6.4。

学习任务成果6.4

请阐述人工智能在智慧城市的应用，并论述实现智慧城市的途径有哪些（讨论发言纪要）。

A同学：

B同学：

C同学：

小组讨论结论：

学校				成绩
专业		姓名		
班级		学号		

【任务实施】

步骤一：将全班同学进行分组，每组4～6人，每小组推选一名同学为组长，负责与老师的联系。

步骤二：由小组长就任务提出的问题组织开展讨论，要求每位同学参与发言。

步骤三：请各小组收集汇总问题答案并上交文档。

【知识链接】

知识点一：基本概念

1．智慧城市（Smart City）

运用信息和通信技术手段感测、分析、整合城市运行核心系统的各项关键信息，从而对包括民生、环保、公共安全、城市服务、工商业活动在内的各种需求做出智能响应。其实质是利用先进的信息技术，实现城市智慧式管理和运行，进而为城市中的人创造更美好的生活，促进城市的和谐、可持续发展。

2．物联网技术物联网（又称智能联网）

即“物物相联”的网络，让物与物或物与人之间能够借此产生互动与联系，可提供“全面感知、可靠传递、智能处理”的整合服务。根据欧洲电信标准协会（European Telecommunications Standards Institute，ETSI）的定义，物联网可依照不同的工作内容划分为感知层、网络层及应用层。1）感知层，主要是利用感测组件针对特定的场景进行数据收集或者是监控的动作来实现全面感知的目的；2）网络层，主要目的则是确保数据的可靠传递，可通过各种网络通信技术实现，将物联网终端装置上的数据传递至特定目标上；3）应用层，是以云端运算与储存技术为基础，进行大数据分析与处理，以提供智慧化的服务。

物联网在几乎所有领域都有巨大的发展潜力，这主要是由于物联网可以感知上下文（例如，可以收集自然参数、医疗参数或用户习惯等信息），并提供量身定制的服务。无论应用领域如何，这些应用的目的都是为了提高人们的日常生活质量，并将对经济和社会产生深远的影响。

物联网的应用可分为三个领域：工业区、智慧城市区和健康区。每个领域不是独立的，而是部分重叠的，因为有些应用程序是共享的。例如，通常在工业和卫生领域，产品跟踪可用于监测商品或食品，但也可用于监测药品的分销。

知识点二：智慧城市建设理念

智慧城市作为经济转型、产业升级、城市提升的新引擎，促进着城市生产、生活方式的变革、提升和完善；为公众提供舒适便捷的服务，提升民众幸福感；为企业提供创新发展驱动力，提升企业竞争力；同时支持高效安全的城市管理，打造美好的城市生活。那么，智慧城市的理念是什么呢？

智慧城市的建设充分利用物联网、云计算、大数据等智能科学新兴技术手段，对城市生产生活中产生的相关活动需求，进行智慧感知、互联、处理和协调，为市民提供美好的生活和工作环境，为企业创造可持续发展的商业环境，为政府构建高效的城市运营管理环境，使城市成为一个和谐运行的新智慧生态系统，如图6–4–1所示。

图6–4–1 智慧生态系统

智慧城市的建设可以有效协助解决以下核心领域所面临的挑战：

（1）城市管理。“智慧城市管理”提供便捷的公共服务与高效的行政管理，应用体系包括智慧政府、智慧城管、智慧公共安全等。

（2）产业经济。“智慧产业经济”提供良好的企业环境，依托海量信息数据的搜集和存储、数学模型优化分析以及高效性能计算技术，形成以智慧产品满足社会需要的产业，应用体系包括智慧物流、智慧制造、智慧产业园区等。

（3）社会民生。“智慧社会民生”保证了稳定的社会与高品质的生活，市民在工作、生活中可获得一站式、互动式、高效率的信息服务，随时、随地、随需获得“衣食住行乐财教医”等信息服务，家居生活还可实现远程化智能化管理，应用体系包括智慧医疗、智慧文化教育、智慧社区等。

（4）资源环境。“智慧资源环境”为发展可持续的资源和环境提供了数据支持和技术的可能，应用体系包括智慧水资源、智慧电网、智慧环保等。

（5）基础设施。“智慧基础设施”为城市交通、信息化基础设施的合理规划布局和充分整合利用提供了可能性，应用场景包括智慧交通、信息化基础设施等。

知识点三：智慧城市发展趋势

21世纪以来，我国提出要坚持“以人为本、全面、协调、可持续发展”的科学发展观，坚持走可持续发展道路。随着我国城市化进程的加速，城市作为驱动经济发展、促进技术创新、提高人们幸福指数的作用更加显著，同时城市规模的扩大和城市人口的激增也引发了不少问题，走以人为本的可持续发展道路成为必然选择。智慧城市作为一种新型城市形态，也必须以人为中心，强调“尊重人、解放人、依靠人和为了人”的价值取向。智慧城市离不开公众的参与，只有充分开发利用人的智慧，紧紧围绕人的实际需求，支撑智慧城市建设的现代信息技术才能发挥作用，才能真正实现城市的智慧化运行，进而为市民创造更好的生活环境及价值实现平台，让智慧城市的建设成果惠及全体市民。未来，智慧城市不仅是应用尽可能多的智能技术，而是将更加致力于在城市和市民之间创建更大程度的合作互动关系。

1. 智慧城市建设更加强调生态文明建设

当今世界，随着经济的飞速发展，经济发展与资源环境问题的矛盾日益突出，全球气候变暖、两极冰川融化、环境污染全球化趋势逐渐显现，环境问题已成为人类社会发展面临的共同问题。城市由物质、能量和信息组成，必须正确处理它们的关系，维护动态平衡；在智慧城市规划、设计、建设和发展过程中需更加关注重视城市生态环境保护，重视生态文明建设，转变粗放式经济发展模式。未来，我国智慧城市将不断完善环境能源监测体系、能耗控制体系、污染排放监测体系，积极推进绿色建筑和低碳城市建设，努力构建人与自然和谐相处的社会环境。

2. 智慧城市服务功能呈现多元化趋势

未来，智慧城市建设将在应用方向上更加多元化，包括智慧社区、智慧政务、智慧医疗、智慧交通、智慧综治等多方面应用。以智慧社区为例，一个完善的智慧社区系统涵盖了城市管理、物业管理、政务服务、生活服务等内容，运用大数据、GIS地图、区块链等信息技术全面解决基层治理难题。

3. 社会主导战略在智慧城市未来发展中将扮演更加重要的角色

智慧城市主导战略根据推动主体的不同可分为政府主导战略和社会主导战略。1）政府主导战略是一种正式的、由内向外实施的计划，主要是由政府机关等资助和管理，为城市公共部门和开发机构建设更有效率的基础设施和服务，并且为数字社会创新发展的战略提供良好成长环境；2）社会主导战略是一种由私人机构、社区组织、大学及其他创始者发动的由外及内、突发性的创新活动，政府投资较少，并且多应用公共平台和解决方法，强化社会资本建设和推进数字融合。目前的智慧城市实践中，政府主导战略占据主流，但具体的实施还是要依靠企业的市场化运营才会形成一个可持续发展的良性循环。智慧城市对创新能力要求很高，中小型企业是进行技术研发、成果转化最活跃的市场主体，未来社会主导战略在城市的发展中将扮演更加重要的角色。

4. 未来智慧城市多种开发建设组合模式并进

智慧城市建设涉及多种建设内容，是一个复杂的系统工程，需要依靠多方力量完成，而且其项目属性、涉密性、专业性、投入以及市场发展前景各有不同。另外，在智慧城市建设上的一个共同特点是强调政企合作，在具体建设上可以发现多种模式。例如，政府牵头、社会参与，或者政府投资管理，研究机构和非营利组织参与等。因此，未来在智慧城市的建设过程中，将通过对项目建设、运营的各方面影响因素进行评估，实行以客户为中心，整合资源、多方参与、合作共赢的项目建设和运营的商业模式，将呈现多种开发建设组合模式并进的态势。

知识点四：人工智能在智慧城市的应用

智慧城市的生长与发展需要依靠数据河流的灌溉。智慧城市的感知化、物联化和智能化，正是数据收集、传输、挖掘分析和利用的过程，可以说，智慧城市是从数据河流中孕育出来的城市运行新模式。

1．全面感知

利用城市中的监控摄像机、传感器、RFID、移动和手持设备、计算机和多媒体终端等收集城市运行相关的各类数据，包括政府政务活动中的数据、企业商业运作中的数据以及公众生产、生活中产生的数据等。

2．互联互通

互联互通是数据传输的过程，不仅包括技术层面上利用网络传输信息，还包括了城市运行主体——政府、企业、公众彼此之间信息互联互通的范围和标准。

3．智能化分析

利用超级计算机和云计算技术对生产生活实现智能控制，通过数据的采集、传输、分析和利用，城市就像拥有神经网络系统的生命体一样感知环境、传递信息、运算数据并支持决策，这条数据的河流才真正“流动”起来，如图6–4–2所示。

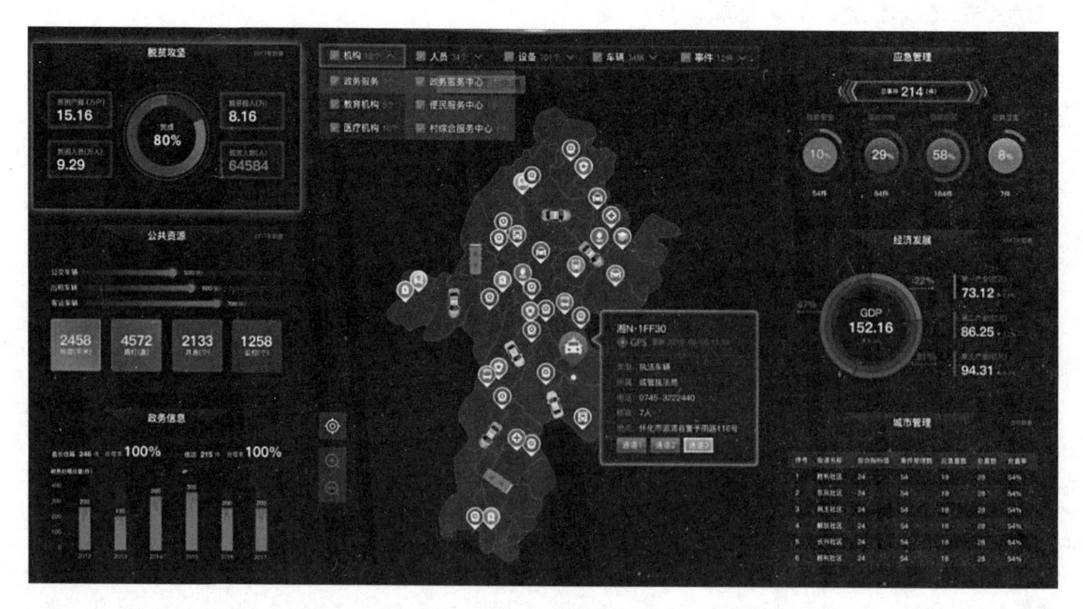

图6–4–2　智能控制

4．信息安全

信息安全涉及政府、企业、公众每一个城市运行的主体，没有健全的安全机制的保护，海量的数据信息将会危害社会的正常秩序。因此，智慧城市的建设必须首先明确信息的安全机制，同时建设重要的数据灾备中心。在制度上，需要完善数字认证、信息安全等级测评机制、逐步建立信息安全等级保护机制。

5．标准化

标准化是智慧城市互联互通的基础保证，没有标准化的支撑，设备无法互联、系统不能互通，而各自为政的局域智慧无法实现智慧城市的最终发展目标，因此，在建设智慧城市的过程中应重视各类标准的建立，有标准的护航，智慧城市的发展才有保障。

任务 6.5 智慧物流

【任务描述】

请举例论述人工智能在物流业、仓储领域、配送等方面的应用。

【任务成果】

完成并提交学习任务成果6.5。

学习任务成果6.5

请阐述人工智能在物流业、仓储领域、配送等方面的应用（讨论发言纪要）。

A同学：

B同学：

C同学：

D同学：

小组讨论结论：

学校				成绩
专业		姓名		
班级		学号		

【任务实施】

步骤一：将全班同学进行分组，每组4～6人，每小组推选一名同学为组长，负责与老师的联系。

步骤二：由小组长就任务提出的问题组织开展讨论，要求每位同学参与发言。

步骤三：请各小组收集汇总问题答案并上交文档。

【知识链接】

6-6
智慧物流

知识点一：基本概念

1．智慧物流（Intelligent Logistics System）

是指通过智能软硬件、物联网、大数据等智慧化技术手段，实现物流各环节精细化、动态化、可视化管理，提高物流系统智能化分析决策和自动化操作执行能力，提升物流运作效率的现代化物流模式。

2．分拣机器人（Sorting Robot）

一种具备了传感器、物镜和电子光学系统的机器人，可以快速进行货物分拣。

机器人是一种自动化的机器，所不同的是分拣机器具备一些与人或生物相似的智能能力，如感知能力、规划能力、动作能力和协同能力，是一种具有高度灵活性的自动化机器。

机器人一般由执行机构、驱动装置、检测装置、控制系统和复杂机械等组成。

（1）执行机构，即机器人本体，其臂部一般采用空间开链连杆机构，其中的运动副（转动副或移动副）常称为关节，关节个数通常即为机器人的自由度数。出于拟人化的考虑，常将机器人本体的有关部位分别称为基座、腰部、臂部、腕部、手部（夹持器或末端执行器）和行走部（对于移动机器人）等。

（2）驱动装置，是驱使执行机构运动的机构，按照控制系统发出的指令信号，借助于动力元件使机器人进行动作。它输入的是电信号，输出的是线、角位移量。机器人使用的驱动装置主要是电力驱动装置，如步进电动机、伺服电动机等，此外也有采用液压、气动等驱动装置。

（3）检测装置，是实时检测机器人的运动及工作情况，根据需要反馈给控制系统，与设定信息进行比较后，对执行机构进行调整，以保证机器人的动作符合预定的要求。作为检测装置的传感器大致可以分为两类：一类是内部信息传感器，用于检测机器人各部分的内部状况，如各关节的位置、速度、加速度等，并将所测得的信息作为反馈信号送至控制器，形成闭环控制；另一类是外部信息传感器，用于获取有关机器人的作业对象及外界环境等方面的信息，以使机器人的动作能适应外界情况的变化，达到更高层次的自动化，甚至使机器人具有某种“感觉”，从而向智能化发展，如视觉、声觉等外部传感器给出工作对象、工作环境等有关信息，利用这些信息构成一个大的反馈回路，从而将大大提高机器人的工作精度。

（4）控制系统，有两种方式：一种是集中式控制，即机器人的全部控制由一台微型计算机完成；另一种是分散（级）式控制，即采用多台微机来分担机器人的控制，例如当采用上、下两级微机共同完成机器人的控制时，主机常用于负责系统的管理、通信、运动学和动力学计算，并向下级微机发送指令信息；作为下级从机，各关节分别对应一个CPU，进行插补运算和伺服控制处理，实现给定的运动，并向主机反馈信息。根据作业任务要求又可分为点位控制、连续轨迹控制和力（力矩）控制。

知识点二：人工智能在物流行业的应用

人工智能应用于物流行业，影响物流中的仓储、运输与配送的各环节，成为物流行业降本增效的利器。我国物流业发展正从传统低效的方式向高科技、集约化转变，智慧物流逐渐发展起来。在人工智能的带动下，我国智慧物流市场规模逐年增长，取得不俗的成绩，2013—2020年中国智慧物流行业市场规模如图6–5–1所示。

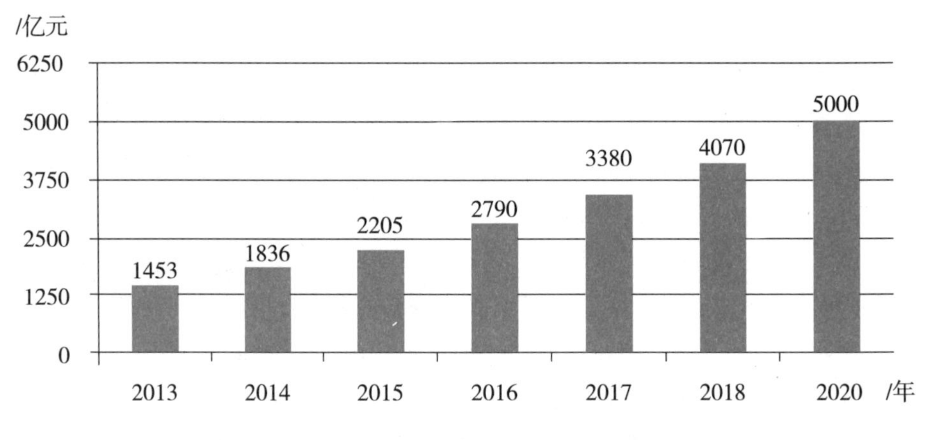

图6–5–1　2013—2020年中国智慧物流行业市场规模

人工智能和物流行业的结合提高了物流业的自动化程度，由此催生很多应用场景。例如，人工智能可以用于分析供应链数据，并深入了解供应链的每个环节；可以用于库存管理，实现货物进出的高时效，进而降低成本；可以用于物流的预测分析，包括需求预测、准时性预测、路线预测和优化等；可以改善物流行业的成本、透明度和速度。人工智能的应用改变了传统物流中的订单管理、仓储管理、运输管理、配送管理等环节，不仅优化物流流程、提高物流效率，还提升了用户的满意度，物流智能拣选系统如图6–5–2所示。

图6–5–2　物流智能拣选系统

1．应用于物流中的客户需求预测和货物准时性预测

人工智能可以分析大量的实时数据，建立可分析以往数据的相应模型，用模型对未来进行预测，并能够对运输网络进行预测性管理，从而显著提高物流业务的整体运营能力。

2．应用于物流中的网络及路由规划

在网络规划方面，可利用历史数据、地址、时效、运送速度等要素构建分析模型，对仓储、运输、配送网络、人员安排等进行优化布局，如通过分析消费者历史数据，提前在离消费者最近的仓库进行备货。在路由规划方面，人工智能可在物流运输过程中实现实时路由优化。

3．应用于国际物流中的海关申报与清关

利用人工智能技术，可以对海关条文、行业及客户信息、快递网络等进行细致有效地管理，从而提高海关申报效率与国际物流运送效率，确保送达的准确性。

知识点三：智能仓储

人工智能的应用为现代物流提供诸多方便，预计越来越多的成熟经济体中的仓库工人将被人工智能机器人所取代，如图6–5–3所示。

图6–5–3　智能分拣机器人

以人工智能应用于仓储中的货物分拣为例，智能分拣不仅能够减少人力，还能够增加准确性，提高分拣效率，促进物流自动化。分拣机器人带有图像识别系统，利用磁条引导、激光引导、超高频RFID引导以及机器视觉识别技术，能够通过摄像头和传感器抓取实时数据，自动识别出不同的品牌标识、标签和3D形态。通过判断分析，机器人可以将托盘上的物品自动运送到指定位置。工作人员只需将商品放到自动运输机器上，机器人便会在出站台升起托盘等待接收商品，然后集中配送，减少货物分类集中需要的时间。智能分拣包含六个主要步骤，如图6–5–4所示，在这个过程中，图像识别技术发挥着重要的作用。

利用人工智能机器人、计算机可视化系统、会话交互界面等技术，对信件和包裹等进行高效率和高准确性的智能分拣，正在成为现代包裹和快递运营商的重要发展方向。如中外运—敦豪国际航空快件有限公司获得专利的“小型高效自动分拣装置”利用了部分图像识别技术，在进行快件分拣的同时，能够自动获取数据，并能对接DHL的系统进行数据上传。京东物流昆山无人分拣中心最大的特点是从供包到装车，全流程无人操作，场内自动化设备覆盖率达到100%，如图6–5–5所示。

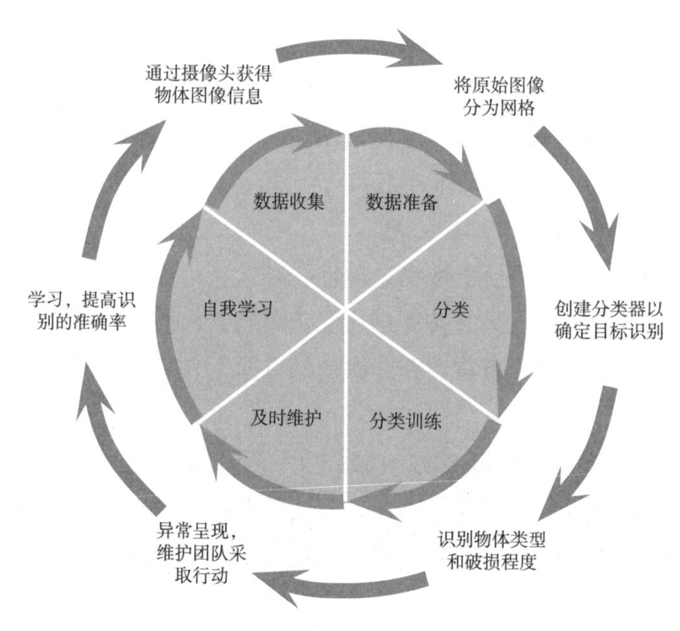

图6-5-4　智能分拣工作流程

图6-5-5　京东物流昆山无人分拣中心

图6-5-6　京东无人机

知识点四：智能配送

人工智能在物流配送等开放环境中的应用具有无限前景，其中，配送机器人和无人机快递是实现智能配送的重要手段。1）配送机器人，首先会根据目的地自动生成合理的配送路线，在行进过程中避让车辆和障碍物，到达配送机器人停靠点后就会向用户发送短信提醒通知收货，用户可以通过人脸识别直接开箱取货。2）无人机快递，是通过无线遥控设备和自备的程序控制装置，操纵无人驾驶的低空飞行器运载包裹，自动送达目的地。

为进一步降低末端配送成本、增加末端配送效率，电商企业和外卖平台纷纷聚焦人工智能在物流配送上的使用。京东在西安建立无人配送站，上面可以起降无人机，下面可以配送机器人，外观看起来类似老式的空调室外机，但铁圆筒里面全部是自动化的智能机械装置，以重点解决农村地区“最后一公里”配送成本高的问题，如图6-5-6所示。

2018年，苏宁自主研发的无人配送小车“卧龙一号”在南京进行测试，随后相继落户北京、成都等城市。“卧龙一号”结合物联网、云计算、大数据、人工智能等技术，配备多种高精度传感器，可以识别周围环境并进行高精度地定位和导航，甚至能上下楼梯，强大的数据分析和运算能力让“卧龙一号”成为一个智能体，如图6–5–7所示。

2018年，阿里巴巴与速腾在全球智慧物流峰会上联合发布了无人物流车G Plus，如图6–5–8所示。该车在行驶方向上拥有强大的3D环境感知能力，能看清楚行驶的行人、小汽车、卡车等障碍物的形状、距离、方位、行驶速度、行驶方向，并指明道路可行驶区域等，从而能在复杂的道路环境中顺利通行。

图6–5–7　苏宁无人配送小车“卧龙一号”

图6–5–8　阿里巴巴无人物流车G Plus

任务 6.6 智能零售

【任务描述】

请举例论述人工智能在零售方面的应用。

【任务成果】

完成并提交学习任务成果6.6。

学习任务成果6.6

一、请阐述人工智能在零售方面的应用（讨论发言纪要）。

A同学：

B同学：

C同学：

D同学：

小组讨论结论：

学校				成绩
专业		姓名		
班级		学号		

【任务实施】

步骤一：将全班同学进行分组，每组4～6人，每小组推选一名同学为组长，负责与老师的联系。

步骤二：由小组长就任务提出的问题组织开展讨论，要求每位同学参与发言。

步骤三：请各小组收集汇总问题答案并上交文档。

【知识链接】

6-7
智慧新零售

知识点一：基本概念

1. 零售业（Retail Industry）

通过买卖形式将工农业生产者生产的产品，直接售给居民作为生活消费用或售给社会集团供公共消费用的商品销售行业。

2. 新零售（New Retailing）

即企业以互联网为依托，通过运用大数据、人工智能等先进技术手段，对商品的生产、流通与销售过程进行升级改造，进而重塑业态结构与生态圈，并对线上服务、线下体验以及现代物流进行深度融合的零售新模式。

3. 自动售货机（Vending Machine，VEM）

一种能根据投入的钱币自动付货的机器。自动售货机是商业自动化的常用设备，它不受时间、地点的限制，能节省人力、方便交易，又被称为24小时营业的微型超市。

知识点二：人工智能在零售业中的应用

人工智能已然广泛应用于零售业中，各大零售厂商也在多个业务领域对人工智能的应用展开了竞争，一些商店和电子商务参与者已经开始使用人工智能和机器人来改进零售空间。随着计算机视觉技术的发展与无人零售商店的出现与普及，未来几年，越来越多的零售商也将会主动或被迫卷入人工智能的“浪潮”中。目前，零售业市场规模逐年递增，为人工智能在零售行业的应用提供了可能，“新零售”应运而生。

2016年，“新零售”的概念被首次提出。以互联网为依托，运用大数据、人工智能等先进技术手段重塑零售模式得到了各界的认可和重视，“新零售”持续升温。2018年，“新零售”快速发展，通过整合线上、线下资源和优势聚集成新的发展动能，带动了消费的显著增长。现在正值“新零售”大变革时期，面对零售业的海量市场，充分发挥高科技的作用将有利于零售企业在变革中占领高地。“AI+零售”释放出新的商机，吸引着零售企业的目光。

由人工智能引发的创新模式为零售企业提供了许多新的机会，也为消费者营造了高度个性化的购物体验和场景。人工智能的应用主要通过以下几种方式实现。

（1）通过计算机视觉和模式识别等技术，可以对电商平台的大量图像进行分类和搜索，在信息不完整的情况下，自动识别图像和关键字，为消费者提供便捷的消费体验。

（2）通过集成传感器和特征学习，使零售商能够更好地分配营销支出，识别和培育高价值客户，有针对性地进行营销。

（3）使用自然语言处理，将线上消费者的浏览记录、消费历史等数据分解成数百个碎片化的实时决策，帮助消费者达到满意的购物体验。

（4）应用基于深度神经网络的尺寸和包装解决方案，以消费者需求的精准预测来优化库存管理。

（5）加强人与计算机之间的接口和通信，融合人类的创造力和常识，强化机器的认知，优化机器的图像识别能力，实现智能化购物。

从应用对象来划分，人工智能可应用于零售业的人和货：1）人工智能可以为客户提供优质的体验，个性化的购物方案（包括商品推荐、个性化价格和促销方案等），以及个性化广告推送等；2）人工智能还可以优化商品和供应链的运营，包括物流运营的实时优化、整体的价格和促销优化等。

以零售环节来划分，人工智能可以用于设计、生产、售卖、支付等环节。1）在设计环节，通过智能系统，可以把用户特定的体型数据，如肩宽、袖长、胸围、腰围、腿长等数据输入系统，个性化生成服装样板；2）在生产环节，可以利用大数据和物联网技术，为每件衣服标上一个独立的标签，跟踪每件衣服的生产流程，自动指挥工人生产或者包装；3）在售卖环节，以eBay的智能试衣间为例，用户进入商店后，可以通过触摸屏浏览店内商品，选择想要的衣服，触摸屏内置了处理器和摄像头，可以动态识别用户的身体特征，给出个性化建议，并且可以通过虚拟试衣间进行快速试衣；4）在支付环节，人脸识别、语音识别、生物识别等人工智能技术实现了传统支付方式向创新支付方式的转变。

知识点三：智能货柜

随着人工智能、机器视觉等技术的发展，识别设备、感应设备等硬件的升级，移动支付技术的成熟，以无人零售（如，智能货柜）为代表的新零售逐渐受到零售厂商的关注。阿里巴巴等电商零售业企业开始尝试无人商店售卖模式，一些中小型创业公司也凭借其在人工智能技术方面的优势，在无人零售领域崭露头角，如图6–6–1所示。

图6–6–1 智能货柜

智能货柜主要分布在写字楼、交通站点、社区、商场、办公室、电梯间等应用场景中，主要表现为开放货架、自动贩卖机、无人便利店3种形式。人工智能在零售业的应用使智能货柜趋向智能化，目前已基本可以实现多人识别、多种商品同时识别。此外，由于智能货柜具备通电和在线的特点，货柜投放能实时掌握每个点位的库存信息，补货会更加精准和及时，也能推出更符合用户需要的商品，我国无人零售行业各场景交易规模占比如图6-6-2所示。

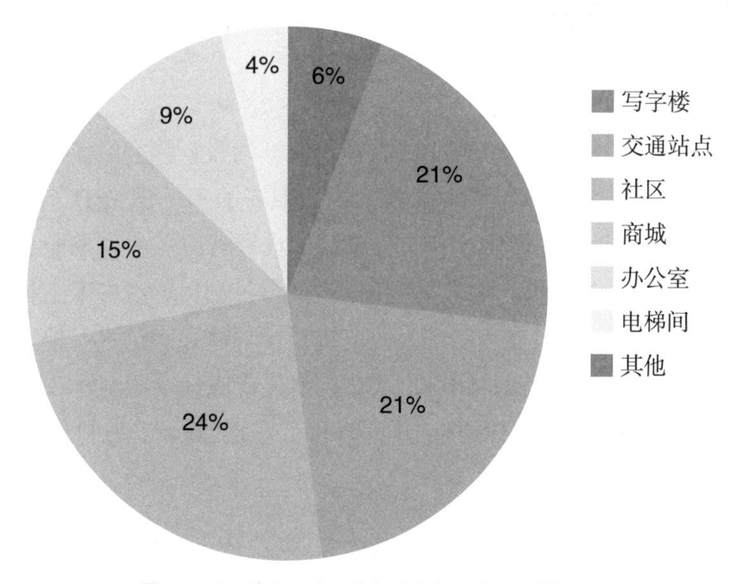

图6-6-2 我国无人零售行业各场景交易规模占比

智能货柜识别技术目前分为重力传感技术、RFID标签技术和图像识别技术3种。1）重力传感技术根据重力来识别产品，但是在识别重量相同的产品时可能会出现误差。2）RFID标签技术使用时需要在商品上添加电子标签，货柜通过识别标签来完成结算。然而，RFID产品成本较贵，且对金属和液体类物品识别的准确度不高。3）图像识别技术基于计算机视觉来识别商品，可以应用于复杂场景和多品类商品的识别，对于RFID不易识别的金属和液体也能准确识别。图像识别技术还可以将无人售卖过程中的“人、货、店”三者打通，实现数字化连接，通过采集和分析大数据，个性化地服务消费者。

知识点四：智能试衣

搭载着人工智能技术发展的“快车”，“穿搭”也迎来了智能时代，智能试衣应运而生。利用虚拟现实、增强现实、人工智能、大数据等技术手段，智能试衣能为顾客所选服装提供全面的信息，并提供穿搭建议，在节省顾客时间的同时，还提升了购物体验，智能试衣间如图6-6-3所示。

图6-6-3 智能试衣间

图6-6-4 智能镜

从顾客进入智能试衣间开始，智能试衣系统就开始收集顾客的面部及身材信息，获得顾客的行为数据，并以这些数据为依据，建立顾客的唯一识别ID。配有摄像头和交互式显示屏的智能试衣镜能为顾客提供穿搭建议，向顾客推荐心仪的服装，并且通过关联分析将该顾客可能会喜欢的其他关联商品作为推荐备选。通过将人工智能技术和虚拟现实技术结合，消费者还可以在智能试衣镜前进行虚拟试穿。试衣者根本不需要走进试衣间，在试衣间外有一面智能镜，顾客们看中的衣服能在镜子里显示出来，只要往镜子前一站就可以看到穿上新衣后的形象，并可将自己在镜前的造型进行分享，如图6–6–4所示。

案例拓展

新型智慧城市建设案例

智慧城市能有效推动新一代信息技术与城市乡村建设、社会公共服务深度融合，进一步强化数字公共服务新供给，加快构建智慧城市建设新格局，打造数字乡村建设新模式，构筑智慧便民的数字社会新图景。

一、烟台市城市大脑项目

烟台市城市大脑是以全市“一个平台一个号、一张网络一朵云”为依托，以“1+16+*N*”为总体架构，遵循全省“一网统揽”综合慧治平台统一标准和技术规范，按照务实管用、多级联动、应汇尽汇、分步实施、集约投入的原则，满足平时工作和应急管理需求，整合各级各部门指挥调度、综合运行和辅助决策类系统及相关数据资源，建设集综合运行、指挥调度、一网统管、辅助决策等功能于一体的城市大脑，及时掌控全市各方面重要动态，处置城市运行中的各类事件，为各级各部门统一调度指挥和科学决策提供支撑，实现“一屏观全市，一网管全市”。

二、成都市应急大数据应用平台项目

成都市应急大数据应用平台在监测预警、指挥救援等5大领域，以及事故规律挖掘等16个方面发挥出重要功能，全面提升城市风险综合防控与应急协同处置能力。平台以数据为核心，以业务应用场景为抓手，构建成都应急大数据应用支撑体系，实现“一图式指挥、全域感知、综合研判、辅助决策”（图6-6-5），为成都市突发事件综合分析研判和指挥调度提供智能可视化支撑，进而有效落实风险防控，将风险隐患消灭在萌芽状态。

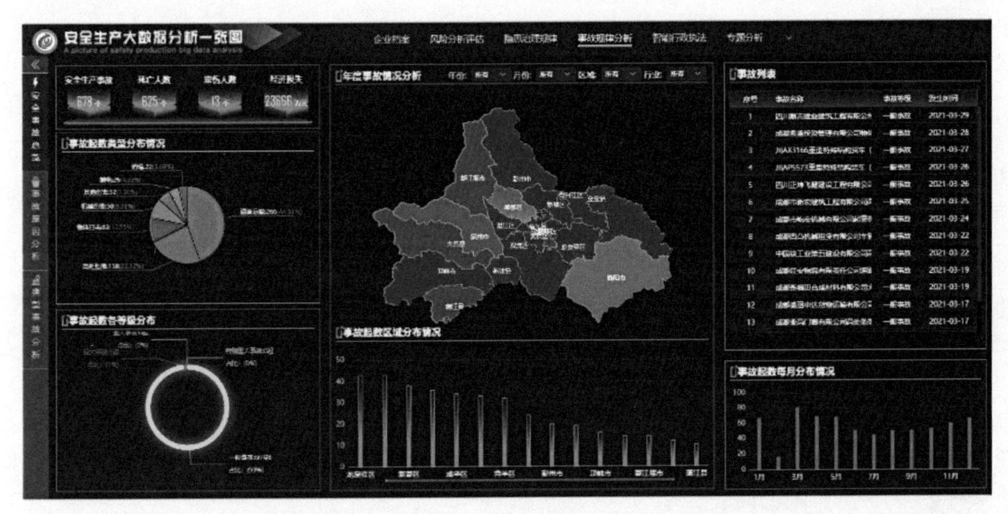

图6-6-5 安全生产大数据分析一张图

三、遵义市人民路智慧灯杆项目

遵义市人民路智慧灯杆项目作为国内规模领先的智慧灯杆项目，率先实现5G全覆盖，智慧灯杆集路灯照明控制系统、LED信息发布、WiFi（无线网络）覆盖、视频监测管理、环境实时监测、充电桩等功能为一体，真正实现多杆合一、一杆多能。可通过统一数据智慧平台实现信息互通共享，进行智能运维，统一管理，实现分区域、分时段控制LED显示内容投放，一键即可切换画面。

评价反馈

1．学生以小组为单位，对以上学习情境的学习过程及成果进行互评。

生生互评表			
班级：	姓名：	学号：	
评价项目	项目6　人工智能的产业应用		
评价任务	评价对象标准	分值	得分
了解人工智能在产业应用的几个基本概念	能阐述智能制造、智能交通、智能安防、智慧城市、智慧物流、智能零售的含义。	20	
掌握智能制造、智能交通、智能安防、智慧城市、智慧物流、智能零售的应用及发展历程	能够结合生活实例简述智能制造、智能交通、智能安防、智慧城市、智慧物流、智能零售的应用及发展历程。	20	
了解人工智能带给制造业、交通出行领域、智能安防、智慧城市、智慧物流、智能零售等行业的升级优势	能够结合生活实例简述人工智能带给制造业、交通出行领域、智能安防、智慧城市、智慧物流、智能零售等行业的升级优势。	20	
学习纪律	态度端正、认真，无缺勤、迟到、早退现象。	10	
学习态度	能够按计划完成任务。	10	
成果质量	任务完成质量。	10	
协调能力	是否能合作完成任务。	5	
表达能力	是否能在发言中清晰表达观点。	5	
合计		100	

2. 教师对学生学习过程与成果进行评价。

教师综合评价表			
班级：	姓名：	学号：	
评价项目	项目2　人工智能的基础知识		
评价任务	评价对象标准	分值	得分
了解人工智能在产业应用的几个基本概念	能阐述智能制造、智能交通、智能安防、智慧城市、智慧物流、智能零售的含义。	20	
掌握智能制造、智能交通、智能安防、智慧城市、智慧物流、智能零售的应用及发展历程	能够结合生活实例简述智能制造、智能交通、智能安防、智慧城市、智慧物流、智能零售等行业的应用及发展历程。	20	
了解智能制造、智能交通、智能安防、智慧城市、智慧物流、智能零售等行业的升级优势	能够结合生活实例简述智能制造、智能交通、智能安防、智慧城市、智慧物流、智能零售等行业的升级优势。	20	
学习纪律	态度端正、认真，无缺勤、迟到、早退现象。	10	
学习态度	能够按计划完成任务。	10	
成果质量	任务完成质量。	10	
协调能力	是否能合作完成任务。	5	
表达能力	是否能在发言中清晰表达观点。	5	
合计		100	

班级：	姓名：	学号：	
综合评价	小组互评（40%）	教师评价（60%）	综合得分

项目 7
初识智能建造

任务7.1 智能建造的概念与内涵
任务7.2 智慧工地应用

学习情景

建筑业是我国国民经济的支柱产业，为国家经济持续健康发展提供了有力支撑。近年来我国土木建筑业持续快速发展，产业规模不断扩大，建造能力不断增强，但生产方式仍然比较粗放，与高质量发展要求相比有很大差距。2020年，住房和城乡建设部等十三部门联合印发的《关于推动智能建造与建筑工业化协同发展的指导意见》明确提出，要围绕建筑业高质量发展总体目标，以大力发展建筑工业化为载体，以数字化、智能化升级为动力，形成涵盖科研、设计、生产加工、施工装配、运营等全产业链融合一体的智能建造产业体系，这为我国全面推进建筑业转型升级、推动高质量发展指明了方向，也为智能建造提供了新的发展机遇。

随着建筑信息模型（BIM）、云计算、大数据、物联网、移动互联网、人工智能等技术的发展，建筑业正在发生深刻变革，智能建造已是大势所趋。从政策支持到落地实践，从试点项目到试点城市，智能建造所带来的机遇与挑战并存。在可预见的未来，智能建造将引领建筑业走好转型之路。

科技创新是实现新时代基础设施行业高质量发展的重要路径，而智能建造是其中关键一环。通过规范化建模、网络化交互、可视化认知、高性能计算以及智能化决策支持，实现数字链驱动下的工程设计、生产、施工、运维服务一体化集成与高效率协同，降低自然资源和人力资源消耗，降低生产成本、交易成本，提高建筑产品质量，更新拓展工程价值链，为工程建设增值，实现行业高质量发展。

本项目主要介绍智能建造的概念与内涵以及智慧工地在工程中的应用。

学习目标

1. 素质目标

开拓学生利用人工智能解决工程问题的思维，培养学生的创新意识。

2. 知识目标

（1）了解智能建造的概念与内涵。

（2）了解智能建造在工程中的应用。

（3）理解智慧工地的概念。

（4）熟悉智慧工地管理系统的功能。

3. 能力目标

（1）能够概括智能建造的概念与内涵。

（2）能够简述智能建造在设计、生产、施工、运维中的应用。

（3）能够复述智慧工地管理系统的功能。

思维导图

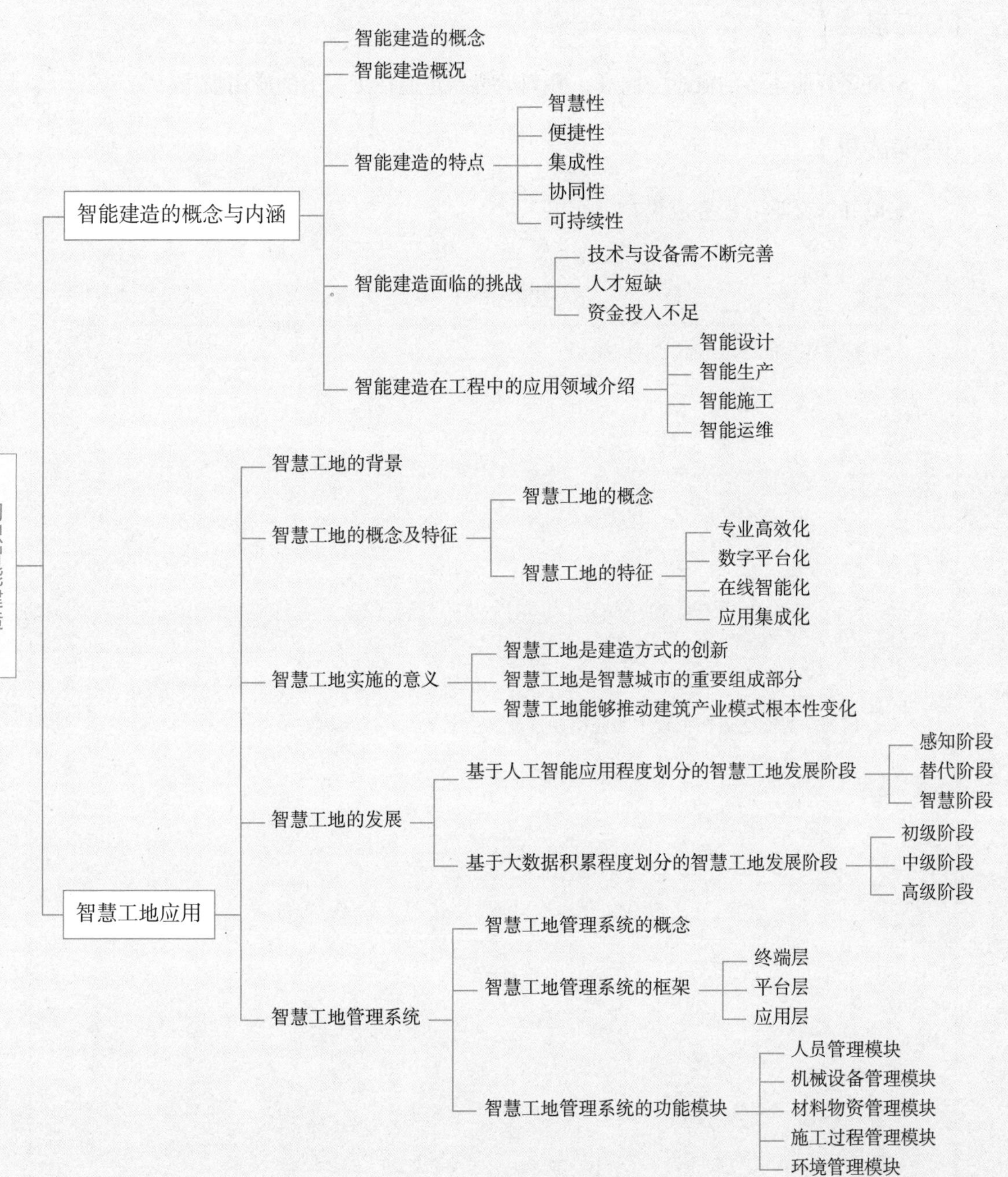

初识智能建造
智能建造的概念与内涵
智能建造的概念
智能建造概况
智能建造的特点
智慧性
便捷性
集成性
协同性
可持续性
智能建造面临的挑战
技术与设备需不断完善
人才短缺
资金投入不足
智能建造在工程中的应用领域介绍
智能设计
智能生产
智能施工
智能运维
智慧工地应用
智慧工地的背景
智慧工地的概念及特征
智慧工地的概念
智慧工地的特征
专业高效化
数字平台化
在线智能化
应用集成化
智慧工地实施的意义
智慧工地是建造方式的创新
智慧工地是智慧城市的重要组成部分
智慧工地能够推动建筑产业模式根本性变化
智慧工地的发展
基于人工智能应用程度划分的智慧工地发展阶段
感知阶段
替代阶段
智慧阶段
基于大数据积累程度划分的智慧工地发展阶段
初级阶段
中级阶段
高级阶段
智慧工地管理系统
智慧工地管理系统的概念
智慧工地管理系统的框架
终端层
平台层
应用层
智慧工地管理系统的功能模块
人员管理模块
机械设备管理模块
材料物资管理模块
施工过程管理模块
环境管理模块

任务 7.1
智能建造的概念与内涵

【任务描述】

请复述智能建造的概念与内涵，并列举智能建造在工程中的应用场景。

【任务成果】

完成并提交学习任务成果7.1。

学习任务成果7.1

一、请复述智能建造的概念与内涵。

二、请列举智能建造在工程中的应用场景。

学校				成绩
专业		姓名		
班级		学号		

【任务实施】

步骤一：将全班同学进行分组，每组4~6人，每小组推选一名同学为组长，负责与老师的联系。

步骤二：由小组长就任务提出的问题组织开展讨论，要求每位同学参与发言。

步骤三：请各小组收集汇总问题答案并上交文档。

【知识链接】

7-1
智能建造的概念及概况

知识点一：智能建造的概念

智能建造，是新一代信息技术与工程建造融合形成的工程建造创新模式，即利用以“三化”（即数字化、网络化和智能化）和“三算”（即算据、算力、算法）为特征的新一代信息技术，在实现工程建造要素资源数字化的基础上，通过规范化建模、网络化交互、可视化认知、高性能计算以及智能化决策支持，实现数字链驱动下的工程立项策划、规划设计、施（加）工生产、运维服务一体化集成与高效率协同，不断拓展工程建造价值链、改造产业结构形态，向用户交付以人为本、绿色可持续的智能化工程产品与服务。

智能建造面向工程全生命期，在泛在感知条件下实现信息化建造，即根据工程建造要求，通过智能化感知、人机交互、决策实施，实现立项过程、设计过程和施工过程的信息、传感、机器人和建造技术的深度融合，形成在基于互联网信息化感知平台的管控下，按照数字化设计要求，在既定的时空范围内通过功能互补的机器人完成各种工艺操作的建造方式。

从内涵讲，智能建造是结合全生命周期和精益建造理念，利用先进的信息技术和建造技术，对建造的全过程进行技术和管理的创新，实现建设过程数字化、自动化向集成化、智慧化的变革，进而实现优质、高效、低碳、安全的工程建造模式和管理模式。但是，智能建造的概念不是一成不变的，随着人工智能、VR、5G、区块链等新兴信息技术的涌现并应用至工程实践，将会产生更多创新应用成果，不断丰富智能建造的内涵。

智能建造的发展依托BIM、物联网、云计算、大数据、移动互联网、人工智能等技术。本项目将主要介绍BIM技术的相关内容。

BIM（建筑信息模型，Building Information Modeling）是以三维数字技术为基础，集成了建筑工程项目各种相关信息的工程数据模型，BIM是对工程项目设施实体与功能特性的数字化表达。其具有以下优点：

（1）可视化：BIM模型可以通过三维形式呈现建筑项目形态，让相关人员能够更清晰地理解和掌握建筑项目的情况和需要解决的问题。

（2）协调性：BIM模型可以在建筑项目团队之间建立协作平台，方便数据的共享和交流，保证信息的准确性和可靠性，提高沟通效率和质量。

（3）模拟性：BIM模型可以通过模拟不同方案的效果，评估方案的可行性和可靠性，并根据评估结果进行修改，实现优化设计。同时也可以进行施工、紧急疏散、节能等模拟。

（4）优化性：基于BIM可以进行项目方案优化、设计优化与施工优化。

（5）可出图性：BIM模型不仅能出常见的建筑设计图纸和构件加工图纸，还能在通过对建筑物进行可视化展示、协调、模拟、优化以后，出具各专业图纸及深化图纸，使工程表达更加详细。

知识点二：智能建造的概况

建筑行业在发展过程中，逐步引入新技术，不断提高生产力水平。过去40年，建筑行业引入最重要的新技术包括CAD技术和信息化管理技术，极大地推动行业发展。智能建造是工程建设系统应用新一代信息技术和新兴应用技术的建造模式。可以说，智能建造给建筑行业带来了新机遇。

2017年，国务院办公厅印发《国务院办公厅关于促进建筑业持续健康发展的意见》，提出加快建造设备、智能设备、BIM技术的研发、推广和集成应用。

2018年，首届数字中国建设峰会开幕之际，习近平总书记在贺信中指出，当今世界，信息技术创新日新月异，数字化、网络化、智能化深入发展，在推动经济社会发展、促进国家治理体系和治理能力现代化、满足人民日益增长的美好生活需要方面发挥着越来越重要的作用。

2020年，十三部委联合发文《关于推动智能建造与建筑工业化协同发展的指导意见》，提出建造全过程加大BIM、大数据、云计算、物联网、移动通信、人工智能等技术的集成与创新应用，打造“中国建造”升级版。

近年来，建筑行业告别了高增长阶段，增速持续放缓。同时，行业用工难、工人老龄化严重、建筑企业利润率低、市场分配不均衡等问题日益凸显，建筑业数字化转型势在必行。因此，世界上许多国家制定了相应的策略。如，我国在2019年由13位院士发起，启动中国建造2035战略研究项目，聚焦智能建造、工业化、绿色建造等方面进行研究；日本提出了i–construction计划（建设工地的生产力革命计划），目标是2025年实现建筑行业生产效率提升20%；韩国提出铁路基建领域的BIM2030计划，目标是实现铁路建设智能化并大幅提高工作效率；英国在2013年提出英国建造2025计划，计划通过信息化手段，实现建筑项目在进度、成本、碳排放、质量安全等方面得到大幅改善。国内外在智能建造上的举措如图7–1–1所示。

13位院士发起·中国建造2035战略研究项目启动

智能建造　工业化　全球化　绿色建造　组织机制

日本　美国　韩国　英国

日本i-construction
20%
2025生产率提升

美国基建重建
50%
2025成本降低

韩国BIM2030
50%
工作效率提升

英国建造2025
50%　进度提升
1/3　成本节省
50%　碳排放
0　质量安全

图7-1-1　国内外在智能建造上的举措

知识点三：智能建造的特点

7-2
智能建造的特点、挑战及应用

1．智慧性

智能建造智慧的特性主要体现在信息和服务两个层面。智慧性以信息为主要支撑，每个建设项目都包含大量的信息，要高效地运行智能建造全过程，应具备实时获取信息的能力、储存海量信息的数据库、高速分析多元多级数据的能力、智慧处理和分析数据的能力等，而当具备以上信息技术和条件后，通过对应手段及时为参建各方提供高适配度、高质量的智慧化工程建设服务。

2．便捷性

智能建造以满足参建各方的需求为主要工作目标。在建设项目实施过程中，需要为各专业领域的参建方提供信息共享以及各类智慧服务，为参建方提供足够便捷的建设方案与路径，使得建设项目能够更高效顺利地完成，也能够为使用方提供更满意的建筑功能服务。

3．集成性

主要体现在将各类信息化技术手段进行有效互补的技术集成和将建设项目各相关主体功能集成这两个方面。智能建造的相关技术支撑涵盖了各类信息技术手段，而各个信息技术手段都有其独特的功能，需要将多种类、多形式的技术手段联合在一起，实现建设项目实施的高度集成化。

4．协同性

通过运用BIM、云计算、大数据、物联网、移动互联网、人工智能等技术，构建信息化、智慧化协同平台，使各参与方互联互通，实现高效协同。在平台中，为各参与方提供实时共享信息，避免产生信息孤岛，有效提升各参与方之间的沟通效率，提高工作效率与质量，减少浪费。

5. 可持续性

智能建造契合可持续发展的理念，将可持续性融入建设项目全生命周期的每一个环节。采用信息化的技术手段，能够有效进行能耗控制、绿色生产、资源回收和再利用等方面的可持续建设。可持续性不仅体现在节能环保方面，也充分体现在社会发展、城市建设等方面。

知识点四：智能建造面临的挑战

智能建造虽然未来可期，但不可能一蹴而就。从智能建造理念的提出，到完全实现的过程中，智能建造需运用一系列智能化系统与设备来实施，而智能化系统与设备需要人们利用新一代信息技术和新兴应用技术来实现。目前已出现部分智能化系统与设备，如基于BIM的设计系统、智慧工地管理系统、建筑机器人等，通过这些系统与设备，可帮助建筑业从业者局部实现建造过程中的智能化，但要实现整个过程的智能化，仍存在一些挑战。

1. 技术与设备需不断完善

智能建造需要大量应用智能化技术和设备，但目前部分技术和设备尚不成熟或成本较高，难以广泛应用。例如，建筑机器人的研发和应用仍处于初级阶段，需要进一步突破技术瓶颈。另外，智能建造涉及大量的数据采集、存储和分析，但数据的保密性和安全性问题需要通过技术进行解决。

2. 人才短缺

智能建造发展需要既具备传统土木工程知识，又掌握BIM、云计算、大数据、物联网、移动互联网、人工智能、先进设备等方面知识的复合型人才，但由于智能建造属于新兴产业，目前此类人才相对短缺，制约了智能建造的发展。

3. 资金投入不足

推动智能建造发展需要大量的资金投入，包括设计、生产、施工、运维等领域的系统及设备研发、相关领域人才的培养以及项目落地推广时系统、设备与人员的投入等，但目前市场上资金投入不足，给智能建造的发展带来了一定困难。

知识点五：智能建造在工程中的应用领域介绍

随着科技的不断发展，智能建造在工程建设领域的应用越来越广泛。智能建造贯穿于工程的全生命周期，包括设计、生产、施工和运维等方面。通过应用智能建造技术，可以提高工程效率、降低成本、保障安全，并实现工程全生命周期的可持续性发展。以下是智能建造在工程全生命周期中的应用介绍。

1. 智能设计

智能设计是指在设计过程中，通过自动化、数字化、智能化手段，提高设计效率和质量，降低人力成本，实现资源优化配置的过程。智能设计利用人工智能、大数据、云计算等先进技术，将人的经验、知识和创造力与计算机的逻辑、运算和存储能力相结合，使设计过程更加智能、高效和精准。

2．智能生产

智能生产在装配式预制构件生产环节中，融合BIM、云计算、物联网、大数据、移动互联网、人工智能等技术，实现构件智慧化生产。同时，对构件生产准备阶段、生产阶段和运输阶段进行全过程智能跟踪管理。通过智能生产，能够提高构件生产效率，降低人为因素对构件质量的影响，提高产品的稳定性和可靠性，保障生产安全，减少资源浪费。

3．智能施工

智能施工是指在工程建造过程中运用信息化技术方法与手段，最大限度地实现项目自动化、智慧化的工程活动，是建立在高度信息化、工业化和社会化基础上的一种信息融合、全面物联、协同运作的工程建造模式。智能化设备的大量应用、虚拟化的全过程建造仿真模拟、精细化的全要素管理等，为传统施工向智能施工的转变提供了重要支持。

4．智能运维

智能运维是一种通过人工智能算法从海量数据中自动学习分析并做出决策的运维方法。在建筑业中主要通过建筑运维系统实现，系统基于“数字孪生”概念，为目标建筑创建数字镜像，通过传感器实时复制运维过程中的实际情况，将物联网、无线传输、云计算等技术与原有运维业务融合，提供从源头到云端的一整套智慧建筑运维解决方案。通过智能运维应用，可显著提高建筑系统故障的调查速度，缩短问题分析时间，甚至能够提前发现建筑运行隐患并制定解决方案，提高运营和维护效率。同时，智能运维应用能够减少建筑管理成本，节能降耗，提升用户体验。

在以上智能建造应用领域中，人工智能在智能施工中智慧工地方面应用较为成熟，本教材将在下一任务中重点介绍智慧工地的相关内容。

任务 7.2 智慧工地应用

【任务描述】

请复述智慧工地的概念以及简述智慧工地的背景与发展，并复述智慧工地管理系统的5个模块及每个模块的大致功能。

【任务成果】

完成并提交学习任务成果7.2。

学习任务成果7.2

一、请复述智慧工地的概念以及简述智慧工地的背景与发展。

二、请复述智慧工地管理系统的5个模块及每个模块的大致功能。

学校				成绩
专业		姓名		
班级		学号		

【任务实施】

步骤一：将全班同学进行分组，每组4～6人，每小组推选一名同学为组长，负责与老师的联系。

步骤二：由小组长就任务提出的问题组织开展讨论，要求每位同学参与发言。

步骤三：请各小组收集汇总问题答案并上交文档。

【知识链接】

7-3
智慧工地背景、概念及发展

知识点一：智慧工地的背景

作为国民经济的支柱产业，近年来建筑业发展规模不断扩大，行业建造能力持续增强，同时也产生了大量技术复杂、体量庞大、工期较长的工程项目，施工现场管理的难度和要求逐渐提高，各参与方、各业务环节之间的信息交互愈加频繁。然而，传统的工程建造方式及施工现场管理模式已经无法适应现阶段建筑业高速发展的需求，当前建筑行业正面临着巨大的挑战。

传统工地往往给人们留下“脏、乱、差”的印象。提起建筑工地，人们脑海里总是浮现尘土漫天、材料乱堆、机器轰鸣、工人挥汗的画面。由于施工项目生产要素的复杂性，现场的混乱状态是传统工地面临的一大难题。施工过程需要消耗大量的水泥、钢材、木材等建筑材料，同时产生大量扬尘、噪声、废水和固体污染物，由于缺乏科学有效的管理，造成了严重的资源浪费和环境污染。除此之外，现阶段的建筑施工现场还普遍存在高耗能、高污染、多事故、低效率等诸多问题。在传统的管理模式下，建筑工地生产效率很难提高，目前我国建筑业还处于粗放式增长阶段，且在当前经济发展、环保、绿色施工等要求下，建筑业利润低、工地管控难的局面仍然没有得到缓解。建筑业的发展已经进入迫切需要转型升级的关键时期。

随着云计算、大数据、物联网、移动互联网、人工智能等科学技术的不断发展，智慧城市、智慧交通、智慧物流等理念不断被提出，并影响和改变着我们的生活、学习和工作方式，人们切实感受到了科技进步为我们社会带来的便捷与高效。这一点同样体现在工程建设领域，在“十四五”规划期间，国家对建筑业提出更高的要求，重点要提升信息化水平，加强BIM、云计算、大数据、物联网、移动互联网、人工智能等技术的集成应用能力。

目前，建筑行业发展方式的转变进一步加快，国家强调要从传统的发展模式转向绿色施工、智能化管理的科学发展之路。国家政策要求不断提升建筑业信息化与智能化水平，以提高建筑工程管控能力。建筑业需要与时俱进，抓住互联网时代的发展机遇，利用现有的成熟技术资源，开发满足建筑业需求的智能系统，更好地为建筑工地服务，在建筑业数字化、网络化、智能化方面取得突破性进展。建筑业从建筑施工一线的建筑工地开始，可利用现有成熟的技术走智慧化发展之路，解决建筑工地存在的诸多问题，实现由传统的粗放式管理向信息化、智能化、可视化的高效管理转变。通过BIM、云计算、大数据、物联网、移动互联网、人工智能等技术的综合应用，让施工现场具备感知功能，实现数据互通互联，实时监控施工现场的各个要素，并根据施工现场的实际情况进行智能响应。在此背景下“智慧工地”的概念应运而生。

知识点二：智慧工地的概念及特征

1．智慧工地的概念

智慧工地是基于BIM、云计算、大数据、物联网、移动互联网、人工智能等先进技术，围绕施工现场项目人员、机械设备、材料物资、施工过程、作业环境等关键因素，以提升安全、质量、进度、成本等业务的管理效率和决策能力为目的，集成具备全面感知、信息联通、技术智能、决策科学、风险预控等能力的高度信息化管控平台的工地。

2．智慧工地的特征

智慧工地的特征如下：

（1）专业高效化

智慧工地以施工现场一线生产活动为立足点，实现信息化技术与生产专业过程深度融合，集成工程项目各类信息，结合前沿工程技术，提供专业化决策与管理支持，真正解决现场业务问题，提升一线业务工作效能。

（2）数字平台化

智慧工地通过施工现场全过程、全要素数字化，建立起一个数字虚拟空间，并与实体之间形成映射关系，积累大数据，通过数据分析解决工程实际的技术与管理问题，同时构建信息集成处理平台，保证数据实时获取和共享，提高现场基于数据的协同工作能力。

（3）在线智能化

智慧工地实现虚拟与实体的互联互通，实时采集现场数据，为人工智能奠定基础，从而强化数据分析与预测支持。综合运用各种智能分析手段，通过数据挖掘与大数据分析等手段辅助管理人员进行科学决策和智慧预测。

（4）应用集成化

智慧工地完成各类软硬件信息技术的集成应用，实现资源的最优配置和应用，满足施工现场不断变化的需求和环境，保证信息化系统的有效性和可行性。

知识点三：智慧工地实施的意义

一直以来，建筑业作为传统产业，改造与提升的任务十分艰巨。信息化建设是推动建筑业转变发展方式的重要基础，也是建筑业企业提高核心竞争力、整合现有资源的有效手段。在互联网时代，建筑业需要依靠信息化升级建造过程。随着人工智能技术、物联网、移动互联网的普及，信息技术正在逐步改变着人们的思维方式、行为模式与居住场所，也为建筑业带来更多可能。智慧工地是信息化、智能化理念在工程领域的具体体现，是一种崭新的工程管理模式，其核心价值主要体现在以下三大方面：

1. 智慧工地是建造方式的创新

智慧工地是现代化生产方式在建筑施工领域应用的具体体现，是建筑业信息化与工业化融合的有效载体，是建立在高度信息化基础上的一种支持对人和物全面感知、施工技术全面智能、工作互通互联、信息协同共享、决策科学分析、风险智慧预控的新型施工手段。它聚焦工程施工现场，紧紧围绕“人、机、料、法、环”等关键要素，综合运用建筑信息模型（BIM）、云计算、大数据、物联网、移动互联网和人工智能技术，与施工生产过程相融合，对工程质量、安全、进度等生产过程以及商务、技术等管理过程加以改造，提高工地现场的生产效率、管理效率和决策能力，实现工地的数字化、精细化、智慧化生产和管理。

2. 智慧工地是智慧城市的重要组成部分

在智慧城市的建设中，发展智能交通、智能管网、智能建筑等方向的落实均离不开智慧工地的先导作用。无论是新型交通的建设、城市地下空间、地下管廊的建设，还是智能建筑的建设，此类基础设施的数字化、智能化都不能离开工地的智慧化而独立存在。作为建筑工程的落地开端，实现智慧工地，能够提供各业务和各层级之间的数据交互基础，辅助协同工作加快问题解决速度，对施工中各种可能性进行科学的数据分析和预警，为建筑后期智能化设计、智慧化管控排除潜在问题，预留可实施空间，从而为智慧城市建设奠定基础。

3. 智慧工地能够推动建筑产业模式根本性变化

智慧工地能够有效地优化管理和服务流程，推进产业技术创新和智能化产业发展，实现建设过程智慧化，并有助于推动企业自主创新能力提升，增强核心竞争力和技术创新，进一步改善我国建筑业资源浪费的严重问题，实现建筑业绿色生态化。同时，传统的产业模式逐渐转换为以信息为主的现代化产业模式，生产效率也将大大提高，产业结构得到优化。

知识点四：智慧工地的发展

1. 基于人工智能应用程度划分的智慧工地发展阶段

智慧工地的核心是“智慧”二字，智慧有程度上的差异。根据人工智能技术的应用程度，可以将智慧工地的发展定义为感知、替代、智慧三个阶段。

（1）感知阶段

在感知阶段中，借助人工智能技术起到扩大人的视野、扩展感知能力以及增强人的某部分技能的作用。例如，借助物联网传感器来感知设备的运行状况、感知施工人员的安全行为等，借助智能机具增强施工人员的技能等。我国目前的智慧工地主要处于这个阶段。

（2）替代阶段

在替代阶段中，是借助人工智能技术来部分替代人，帮助完成以前无法完成或风险很大的工作。例如，人们现在正研究和探索智能砌砖机器人、智能焊接机器人等，希望通过对它们的应用，实现某些施工场景的全智能化生产和操作。当然，这种替代是基于给定的应用场景的，并假设实现的条件、路径来实现的智能化，智能取代边界条件是严格框定在一定范围内的。

（3）智慧阶段

在智慧阶段中，随着人工智能技术不断发展，借助其“类人”思考能力，大部分替代人在建筑生产过程和管理过程的参与，由一部“建造大脑”来指挥和管理智能机具、设备，完成建筑的整个建造过程，这部大脑具有强大的知识库管理和强大的自学能力，也就是自我进化能力。人转变为监管“建造大脑”的角色。

上述智慧工地的三个阶段，是随着人工智能技术的研发和应用不断发展而循序渐进的过程，不可能一步实现，需要在感知阶段就做好顶层设计工作，在总体设计思路的指导下开展技术的应用和研发，特别要注重BIM、互联网、物联网、云计算、大数据、移动计算和智能设备等软、硬件信息技术的集成和应用。只有这样，才能在应用中不断推动施工现场的自动建造、智能化建造以及新型管理模式下的智慧协同，实现建造方式的彻底转变。

2．基于大数据积累程度划分的智慧工地发展阶段

按照行业、企业、项目大数据的积累程度，智慧工地的发展可分为初级、中级、高级三个阶段。

（1）初级阶段

企业和项目积极探索以BIM、云计算、大数据、物联网、移动互联网、人工智能技术等为代表的当代先进技术的集成应用，并开始积累行业、企业和项目的大数据。在这一阶段，基于大数据的项目管理条件尚未具备。

（2）中级阶段

大部分企业和项目已经熟练掌握了以BIM、云计算、大数据、物联网、移动互联网、人工智能技术等为代表的当代先进技术的集成应用，积累了丰富经验，行业、企业和项目大数据积累已经具备一定规模，开始将基于大数据的项目管理应用于工程实践。

（3）高级阶段

技术层面以BIM、云计算、大数据、物联网、移动互联网、人工智能技术等为代表的当代先进技术的集成应用已经普及，管理层面则通过应用高度集成的信息管理系统和基于大数据的深度学习系统等支撑工具，全面实现了解工地的过去，清楚工地的现状，预知工地的未来，对已发生或可能发生的各类问题，有科学的决策和应对方案等智慧工地发展目标。

智慧工地从初级阶段到高级阶段的发展需要较长的时期。有专家预测，在未来10年或更长时间，将是智慧工地从数字化到智慧化转变的时代。目前，正是从数字化向智慧化发展的过渡期，也可以说是智慧工地发展的初期。

知识点五：智慧工地管理系统

7-4
智慧工地管理系统
及应用（上）

1. 智慧工地管理系统的概念

智慧工地管理系统是支撑工程项目实现智慧工地应用的智能交互平台。它基于BIM、云计算、大数据、物联网、移动互联网、人工智能等技术，对项目人员、材料物资、机械设备、施工过程、作业环境等环节进行全面感知和实时互联，实现对建筑工地的智能化管理和监控，提高建筑工地的管理效率、降低施工成本、加快工程进度、保障工程质量和安全，如图7–2–1 ~ 图7–2–3所示。

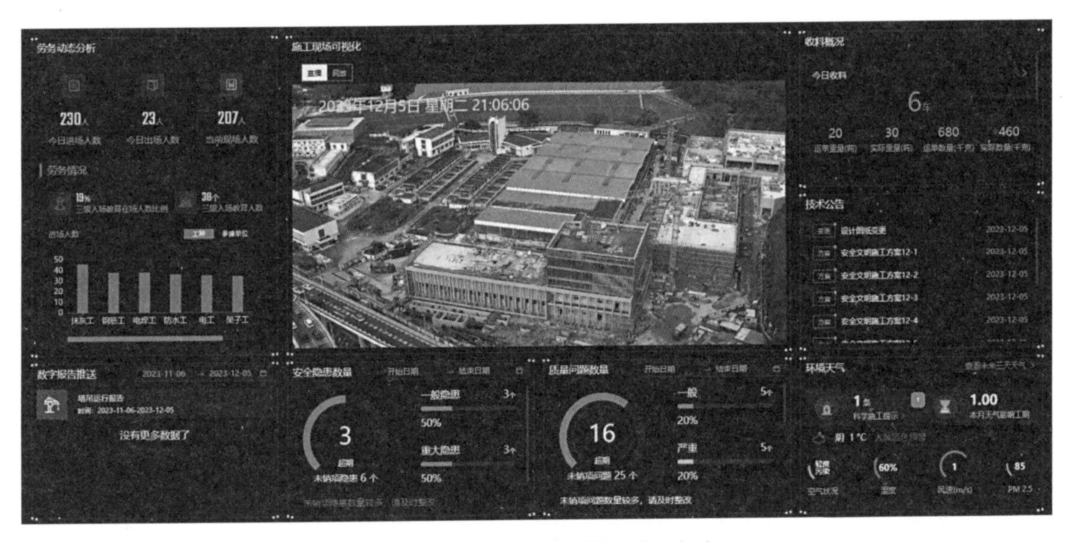

图7–2–1 智慧工地管理系统界面（1）

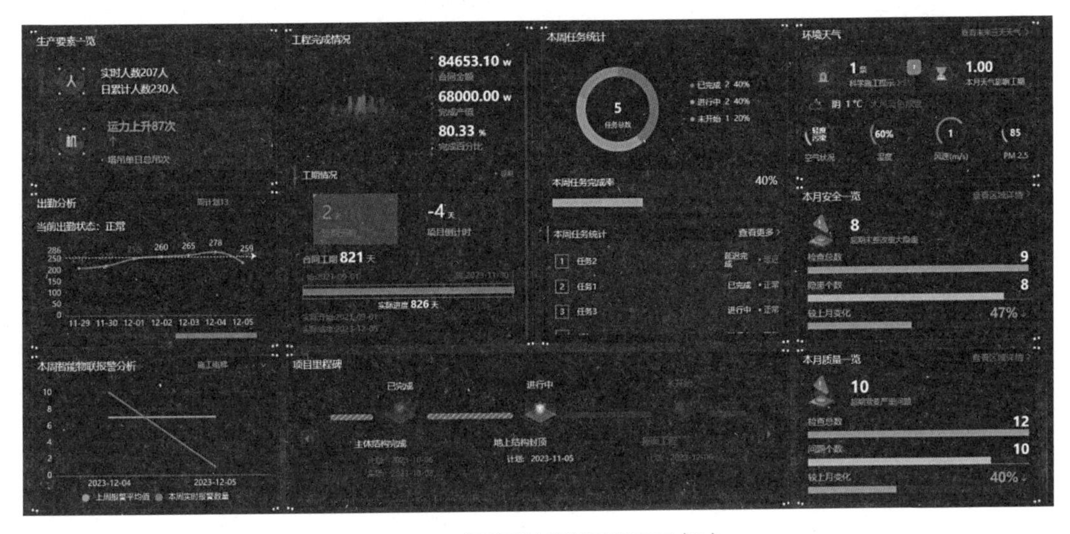

图7–2–2 智慧工地管理系统界面（2）

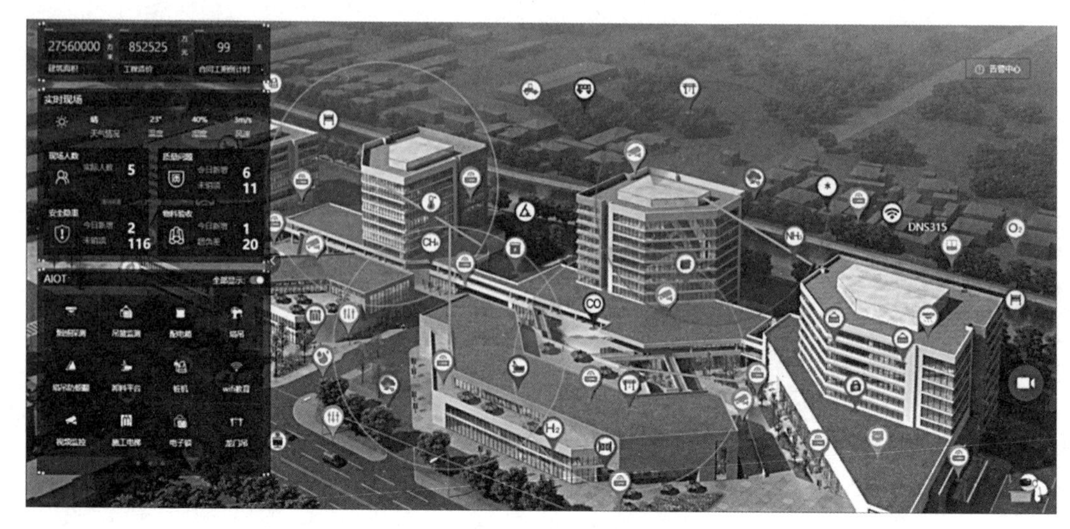

图7-2-3　智慧工地管理系统界面（3）

2. 智慧工地管理系统的框架

智慧工地管理系统的框架主要由终端层、平台层和应用层组成。

（1）终端层

充分利用物联网技术和移动应用提高现场管控能力。通过RFID、传感器、摄像头、手机等终端设备，实现对项目建设过程的实时监控、智能感知、数据采集和高效协同，提高作业现场的管理能力。

（2）平台层

通过云平台进行高效计算、存储及对各系统中复杂业务产生的大模型和大数据进行高效处理。让项目参建各方更便捷地访问数据，协同工作，使得建造过程更加集约、灵活和高效。

（3）应用层

应用层围绕提升工程项目管理为核心，通过项目进度、质量、成本的可视化、参数化、数据化，让施工项目的管理和交付更加高效和精益，是实现项目现场精益管理的有效手段。

3. 智慧工地管理系统的功能模块

（1）人员管理模块

人员管理模块能够利用信息化、智能化、数据化等技术手段，对施工现场人员进行全面、实时、动态的管理。通过智慧工地人员管理系统，可以有效地提高施工现场人员的管理效率、降低管理成本、保障施工安全。人员管理模块包含以下功能：

1）人员实名制管理

依托健全的工地人员管理系统体系，所有作业人员实行实名制管理，提高建筑业企业建筑劳务人员管理水平，防范建筑劳务人员工资纠纷，保障建筑劳务人员合法权益，构建有利于形成建筑产业工人队伍的长效机制，促进建筑工程质量安全水平的提高和建筑业的健康发展，如图7–2–4所示。

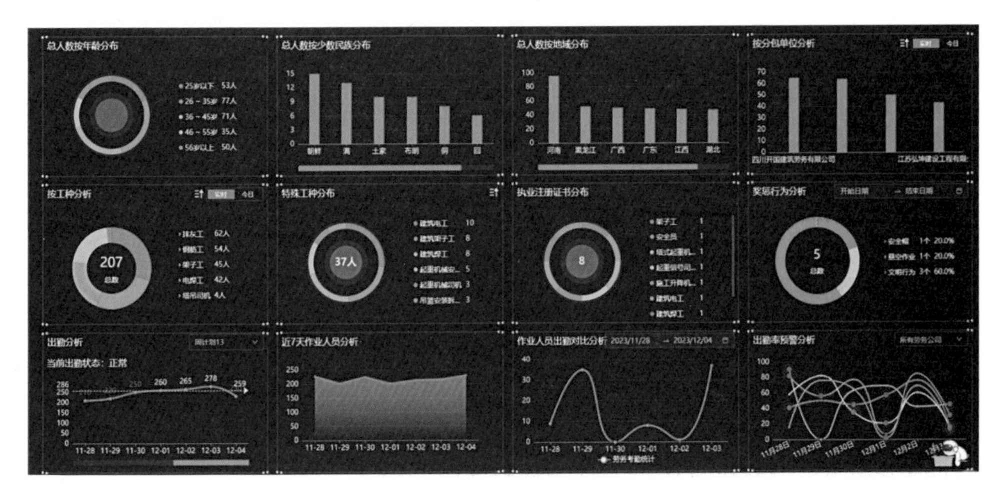

图7–2–4　人员实名制管理

2）人员考勤管理

在出入口通过人脸、虹膜、指纹、静脉等身份识别技术进行人员考勤，并实时传输至管理系统，系统可以记录人员每天的考勤情况，并自动计算出人员的出勤率和工作时长等信息。通过对考勤数据的统计和分析，了解人员的出勤情况和工作状态，辅助管理人员进行考核和评估，智慧工地考勤闸机如图7–2–5所示、人员考勤管理如图7–2–6所示。

图7–2–5　智慧工地考勤闸机

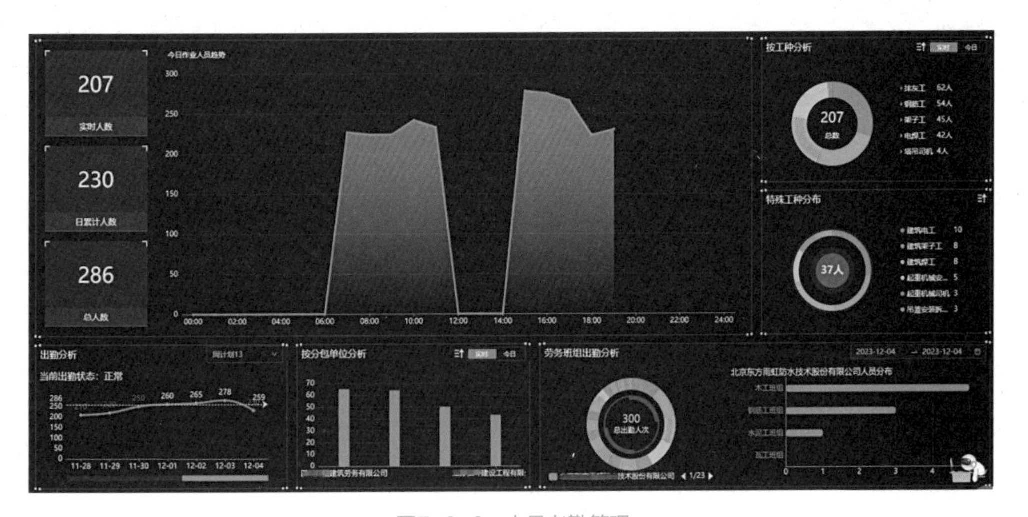

图7–2–6　人员考勤管理

3）人员轨迹与行为监控

通过智能摄像头、人脸识别、人工智能行为分析、GPS定位以及数据统计分析等技术，系统可实现工地人员轨迹与行为监控。系统可以对大量轨迹数据进行挖掘和分析，绘制出人员的活动路径图。通过对活动路径图的分析，可以了解人员活动规律和习惯，在发现异常行为和预测风险上起到重要作用。同时，系统可以实时监测人员的行为表现，如摔倒、坠落、靠近危险区域等异常行为，并自动发出预警信号，提醒管理人员及时处理。通过对异常行为的预警与反馈，可以有效减少安全事故和减轻事故伤害，如图7-2-7、图7-2-8所示。

4）安全教育学习

施工安全教育是提高员工安全意识的重要途径。通过教育，员工能够认识到安全施工的重要性，理解并遵守安全操作规程，减少因缺乏安全意识而引发的意外事故。相比传统的口头加书面教育，VR安全体验系统能让体验者身临其境进行安全知识学习，如图7-2-9所示。利用VR安全教育学习系统，对项目建设过程中可能发生的安全事故进行全真模拟，面向新老员工进行安全教育。员工们通过震撼的视觉体验，不仅能提高安全

图7-2-7　人员轨迹监控

图7-2-8　人员行为监控

图7-2-9　VR安全体验

防范意识，降低事故发生率，而且在发生事故时可根据系统演示的应急教程采取相应应急措施，减轻事故造成的不利后果。

（2）机械设备管理模块

工地现场机械设备，特别是大型机械的管控水平，直接影响现场施工的质量、进度和安全。配置高度信息化、自动化的机械设备监控系统，对机械设备进行信息监控、实时监测管理、巡检及维护，是智慧工地管理平台建设的一项重要内容，如图7–2–10所示。机械设备管理模块需要搭配智能机械设备才能发挥作用。在工程中比较成熟的智能机械设备有塔式起重机（简称：塔机）、升降机等。以下主要介绍智能塔机管理功能。

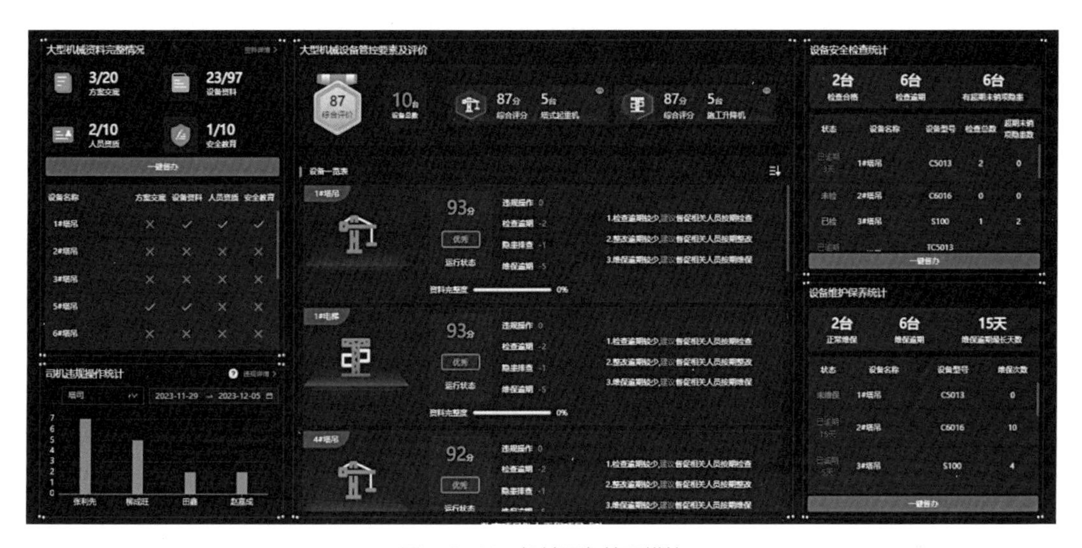

图7–2–10　机械设备管理模块

1）智能塔机设备

塔机是在建筑工地中常用的起重设备，但在操作过程中存在一定风险。通过给塔机加装各类传感器及智能设备，能保障塔机安全运行，如图7–2–11所示。

①司机身份识别认证：司机在监控设备中进行人脸验证身份后才能进行设备操作，可通过监控设备精准统计塔机司机作业时间。该功能不仅结算精准，为项目节约塔机租赁成本，还能通过与吊装循环的结合，统计司机吊装效率，科学分析数据，合理调配司机，提高塔机生产效率。

②数据监测和预警：通过传感器实时监测现场的塔机载重、力矩、高度、幅度、回转角度、风速等数据，如果以上数据超过预设临界值，便会自动报警，保证塔机工作安全。

③群塔防碰撞：通过对每台塔机运行数据进行监测，系统自动划定群塔作业碰撞区间，一旦发生碰撞风险，系统自动预警，提醒司机注意操作，保证司机与塔机的安全。

④吊钩可视化：安装在塔机上的摄像头能实时跟踪吊钩下方吊物的情况，并能根据

塔机常见事故分析

无证上岗
人员未经许可擅自开启塔机

螺栓松动
塔机链接螺栓松动

起吊超重
起重吊物重量不明，强制起吊

钢丝绳断裂
钢丝绳断丝、断股、丝股挤压变形

违规操作、指挥不明
违章吊装，群塔作业协调不力，指挥失误

盲吊
视线距离远，夜间看不清吊钩，信号工与塔司沟通难

安全监管不力
监管不到位，未能及时发现安全隐患

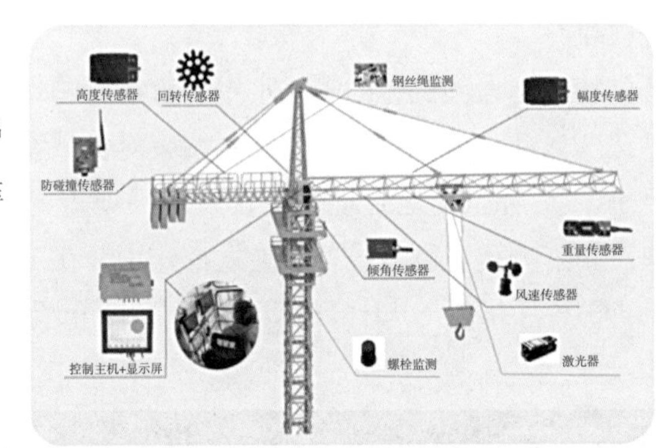

应对策略

身份识别
人脸、指纹、应急卡认证

螺栓监测
自锁螺母，松动监测

重量传感器
实时监测并显示起吊重量

钢丝绳监测
监测钢丝绳断丝断股状态超限报警

群塔防碰撞
三维群塔防碰撞算法避免危险动作

吊钩可视化、塔机激光定位
自动变焦摄像头，全面了解现场；激光辅助定位

远程实时监管
数据对接智慧工地平台，实时查看，自动预警

图7-2-11 塔机设备功能

吊钩的位置自动调整摄像头的倍率，保证司机可以清晰地看到吊钩吊载运行的情况，提高司机操作效率及吊钩下方人员安全。

⑤钢丝绳损伤监测：可以检测钢丝绳内部断丝断股等损伤情况，并将数据传输至智慧工地管理系统，实现钢丝绳自动化监测以及远程管控，保证钢丝绳使用安全。

⑥螺栓松动监测：通过安装在螺栓上的非侵入式无线传感器，测量螺栓旋出角度，能够快速、准确地判定螺栓的紧固状态以及松动趋势，及时向管理人员推送预警信息。

⑦塔机激光定位系统：通过安装在塔机小车上的激光发射器，辅助司机在夜间施工环境下准确定位吊钩位置，保障塔机安全规范作业。

⑧数据远传功能：系统能与监控平台对接，通过监控平台可以对塔机的运行情况进行远程实时监控，设备运行记录、历史数据和报警信息能够在监控平台完整显示。

2）智能塔机管理

在智慧工地管理系统的智能塔机管理功能中，能够结合塔机模型实时显示多维度监测数据，同时可实时查看吊钩监控画面，对塔机运行状态进行多方位监控。以下是智慧工地管理系统中智能塔机管理功能介绍：

①直观呈现塔机违章数量及监测状态，分析现场塔机的整体运行情况，协助项目管理人员掌握塔机日常运行状况，如图7-2-12、图7-2-13所示。

②通过对项目指定时间内每台塔机的吊装循环次数进行统计，掌握每台塔机的使用频次及工作饱和度，使工作结果透明化，以数据为支撑对塔机司机工作状况进行客观评价，协助项目管理人员掌握塔机司机工作状态，以及分析判断当前生产任务安排是否合理、物料堆放地点选择是否正确等，以便采取措施提升塔机工作效率，从而提高项目生产效率，如图7-2-14所示。

③当识别到塔机司机违章操作或者疲劳驾驶后，可以第一时间通过系统进行远程沟

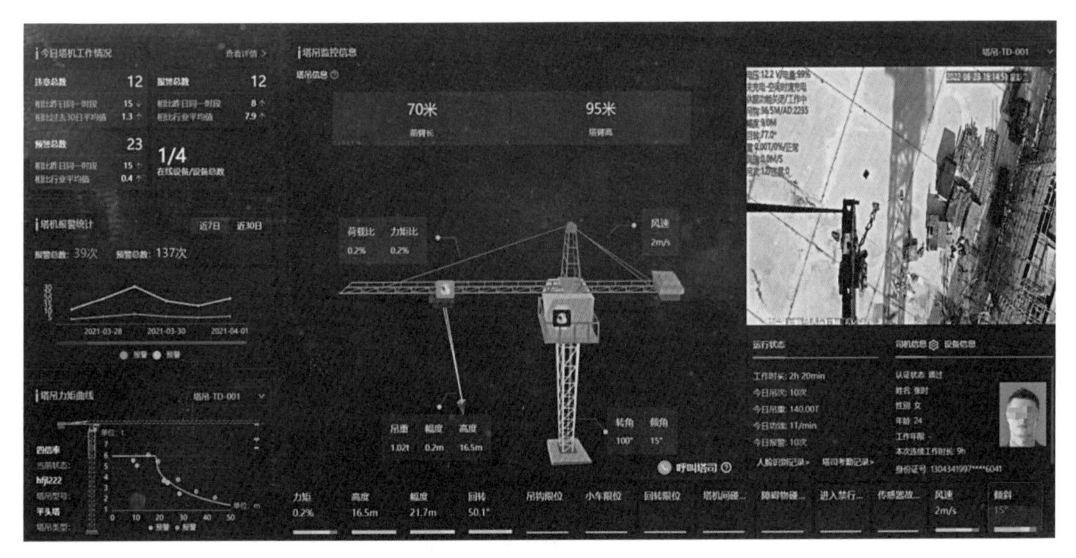

图7-2-12　智能塔机管理

群塔报警近7天对比分析

结论分析:

近7天共对塔司进行了 472 次告警（预警+报警）安全提示,有效提醒了塔司安全作业,保障起重吊装作业安全。

根据数据统计分析,报警次数共 357 次,较近4周平均值（363次）上升 16%,

报警类别方面,力矩 报警次数最多达 105 次,占比 29%,较近4周平均值（75次）增加 40%,

报警设备方面,5#塔吊 报警频次最多达 94 次,占比 26%,较近4周平均值（84次）增加 11%,

塔吊名称	汇总		塔吊间碰撞报警		力矩报警		限位报警		障碍物报警		倾斜报警		风速报警		超重报警	
时间/塔吊	近4周周平均值	近7日	近4周周平均值	近7日	近4周周平均值	近7日	近4周周平均值	近7日	近4周周平均值	近7日	近4周周平均值	近7日	近4周周平均值	近7日	近4周周平均值	近7日
1#塔吊	59	↓45	6	↓5	5	↑13	9	↓5	11	↓5	8	↓6	12	↓7	8	↓4
2#塔吊	61	↓52	4	↓2	4	↑16	14	↓11	10	↓3	11	↓8	8	↓6	10	↓6
3#塔吊	55	↓40	8	↓6	13	↓10	5	↓3	5	↓4	8	↓6	5	↓3	11	↓8
4#塔吊	49	↓46	6	↓4	13	↑23	8	↓3	3	↑5	7	↓4	6	↓4	6	↓3
5#塔吊	84	↑94	7	7	22	↓20	11	↓6	9	↑19	14	↓13	15	↓11	6	↑18
6#塔吊	55	↑80	8	↑12	18	↑22	8	↑10	6	↑11	5	↑10	6	↑7	4	↑8

图7-2-13　塔机报警分析

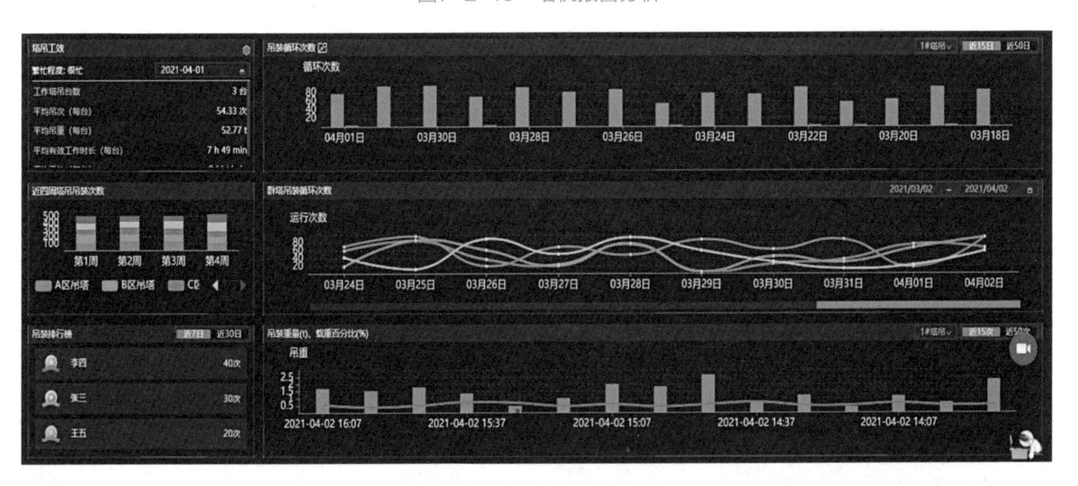

图7-2-14　塔机工效分析

通，提高对塔机司机的指挥调度效率，降低塔机安全事故发生概率。

④对群塔进行综合管控，可从平面、立面等视角实时展示群塔工作情况，避免发生碰撞风险，如图7-2-15所示。

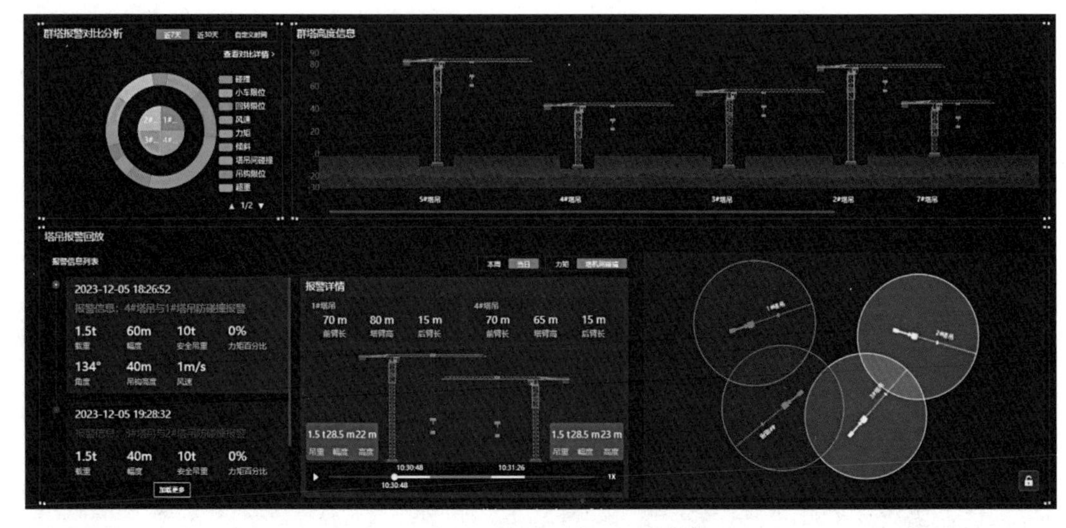

图7–2–15 群塔综合管控界面

通过智能塔机管理功能，不仅能有效保障人员及塔机运行安全，而且能通过采集的数据对塔机工效进行分析，辅助管理人员进行资源调配，提高生产效率，保证了工程项目的进度与安全。

（3）材料物资管理模块

工程材料物资通常包括脚手架、模板、钢筋、水泥、砖、门窗框、玻璃、石材等，种类繁多且体量通常较大，材料物资的管理水平直接影响工程项目的质量和进度。材料物资管理模块主要实现材料进场及验收记录、物料采购计划与进度跟踪、物料数据电子标签化、物料进场定置管理及领用监控等功能需求，如图7–2–16所示。

7–5 智慧工地管理系统及应用（下）

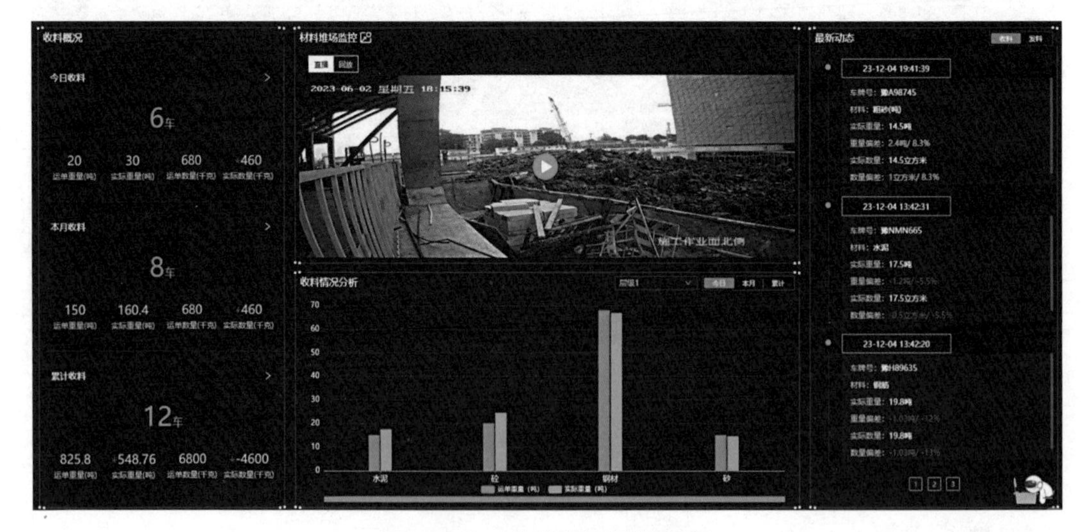

图7–2–16 材料物资管理模块界面

以下主要介绍材料进场环节智能地磅的应用。

图7-2-17　智能地磅

智能地磅是一种结合了物联网、大数据和人工智能等技术手段，对车辆高效、准确、便捷进行称重和管理的系统，可以提高工地管理的效率和质量，降低管理成本和安全风险。它通常由称重传感器、秤台、信号传输设备、数据处理和分析系统组成，如图7-2-17所示。

1）智能地磅的主要功能

①实时监测：智能地磅可以实时监测工地中的货物运输车辆的重量，通过传感器和信号传输设备将称重数据传输到数据处理和分析系统中，实现对工地货物进出的实时监控和管理。

②防止超载：智能地磅可以通过设置载荷限制，对运输车辆进行防超载保护。当运输车辆的重量超过设定载荷限制时，系统会自动发出报警提示，提醒管理人员及时处理，避免了因超载而引起的安全事故。

③数据管理：智能地磅可以自动记录每辆车的重量、车牌号、进出时间等信息，并存储在系统中。管理人员可以通过系统查询、筛选和分析数据，以便更好地了解工地的货物进出情况。

④远程监控：通过互联网技术，智能地磅可以实现远程监控和管理。管理人员可以在办公室或家中通过电脑或手机等设备随时掌握工地货物进出情况，以便更好地调配资源和安排工作计划。

⑤报警提示：智能地磅可以对异常称重情况自动报警提示，如长时间等待、货物重量异常等。管理人员可以根据报警提示及时处理问题，确保工地运输的顺畅和安全。

⑥统计分析：智能地磅可以生成各类统计报表和分析图表，帮助管理人员更好地了解工地的运营情况。例如，统计一段时间内货物进出数量、重量等信息，以便更好地评估工地的运营效率和经济效益。

2）智能地磅的优势

①提高称重效率：通过自动化手段进行称重和数据管理，大大提高了称重效率。

②降低管理成本：减少了人工干预和纸质单据的使用，降低了管理成本。

③提高数据准确性：通过自动化手段进行称重和数据管理，减少了人为错误和误差，提高了数据的准确性。

④远程监控和管理：通过互联网技术，实现了对地磅的远程监控和管理，方便管理人员随时掌握车辆称重情况。

⑤报警提示：对于异常称重情况，系统会自动发出报警提示，提醒管理人员及时处理。

（4）施工过程管理模块

施工过程管理模块主要针对项目质量、进度与安全进行管理，实现保证施工质量，提高施工效率与保障施工安全的目的。其主要包含三项功能：质量管理功能、进度管理功能与安全管理功能。

1）质量管理功能

质量管理功能包含质量方案管理、质量检验管理、实测实量管理、质量巡检、整改分析、质量验收、工艺样板标准库等内容，如图7-2-18、图7-2-19所示。

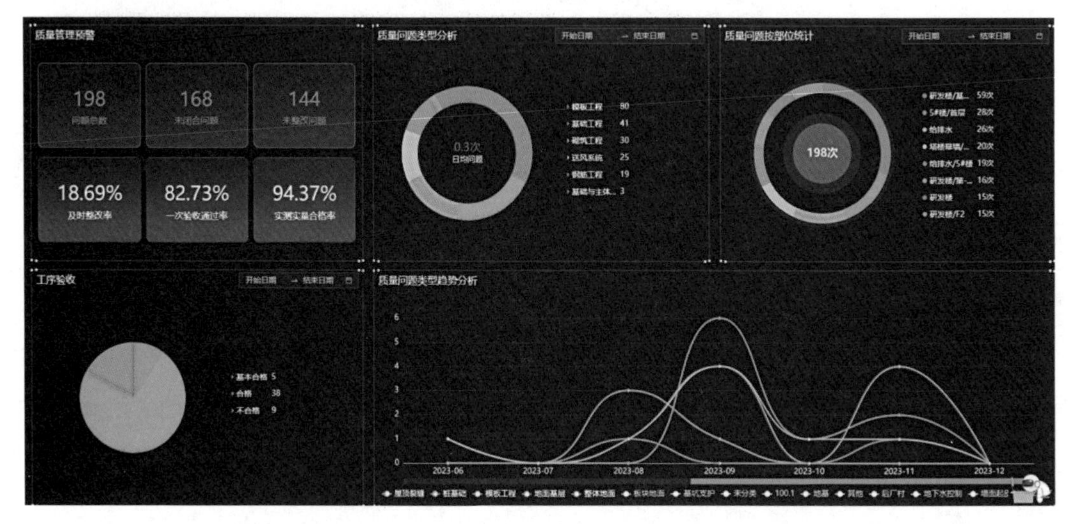

图7-2-18　质量管理界面

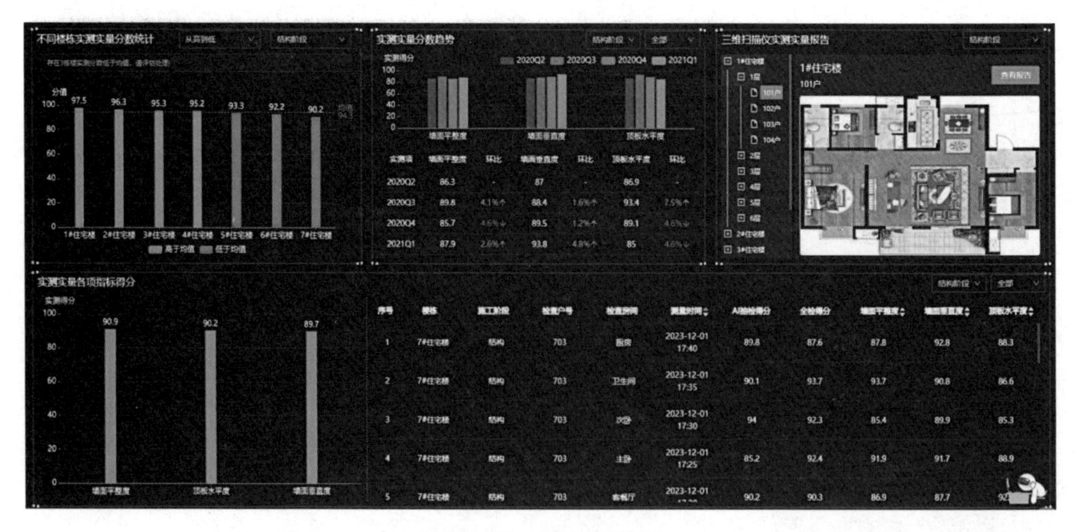

图7-2-19　实测实量管理

以下主要介绍质量巡检部分。

在质量巡检环节，系统针对项目现场常见质量问题，形成经验检查清单。甲方和监理根据检查清单进行质量安全问题巡查和销项跟进，将巡检过程中发现的隐患信息（隐患情况描述、照片或视频、具体位置、责任单位和人员以及整改时限等）通过手机客户端上传至系统，自动生成整改单。系统指定相关责任人在规定的时限内完成对应问题的整改。相关责任人完成整改后，对整改点进行现场拍照、录像并上传图片或影像资料以供审核备案，由管理人员审核确认后完成整改闭环。若在规定时间内未完成整改，系统将提醒相关责任人并自动把该项信息发送给相关管理者。通过质量巡检环节，能够及时发现质量问题，保证工程质量数据的准确性，提升员工技能和质量意识，有效防止质量事故的发生和扩大，为工程质量保驾护航，质量巡检流程如图7–2–20所示。

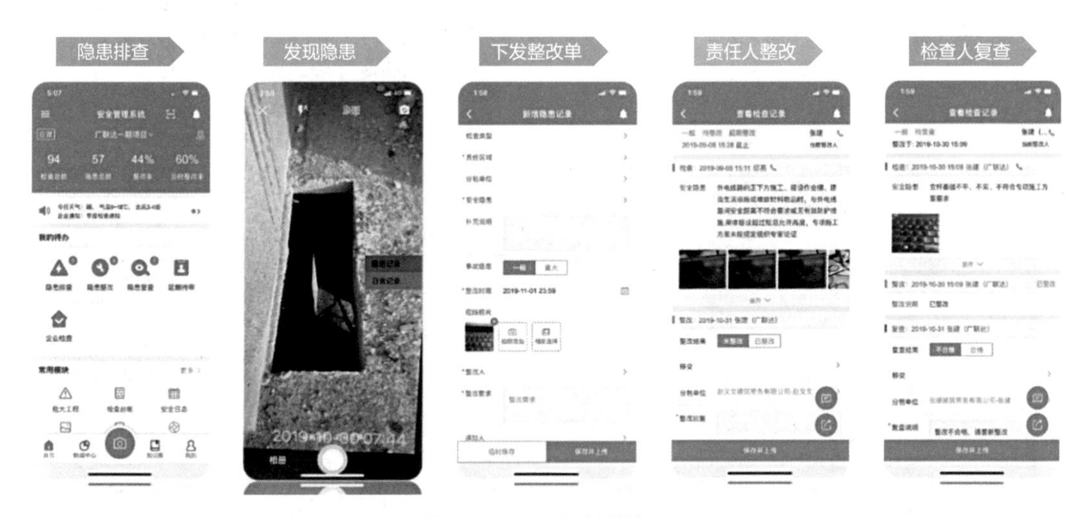

图7–2–20　质量巡检流程

2）进度管理功能

进度管理功能主要由进度呈现与风险预警两部分组成。

①在进度呈现模块中，可通过智慧工地管理系统实时查看项目中每个分区地块和每栋主体建筑的进度信息，进度信息可通过BIM三维模型展示，辅以布置在工地中合理位置的摄像头进行实景观察，使管理者能及时掌握项目进度，避免进度误判，如图7–2–21、图7–2–22所示。

②在风险预警模块中，平台可对采集到的进度数据进行处理和分析，将实际进度与计划进行对比，以图表等形式展示进度偏差情况，预测未来的施工趋势和可能的风险点，并在调整计划或资源配置等方面提出改进措施。企业可参考改进措施指定相关责任人纠偏并进行进度跟踪，确保施工进度不受影响，如图7–2–23所示。

3）安全管理功能

由于工地现场作业的复杂程度高，人员、物料与机械等生产要素流动性大，可利用红外线与视频监控等方式监控施工作业过程，对动火作业、高支模搭设作业、吊装作业等危险程度较大的施工过程进行全方位监控。同时，结合人员管理与机械设备管

图7-2-21　进度呈现（1）

图7-2-22　进度呈现（2）

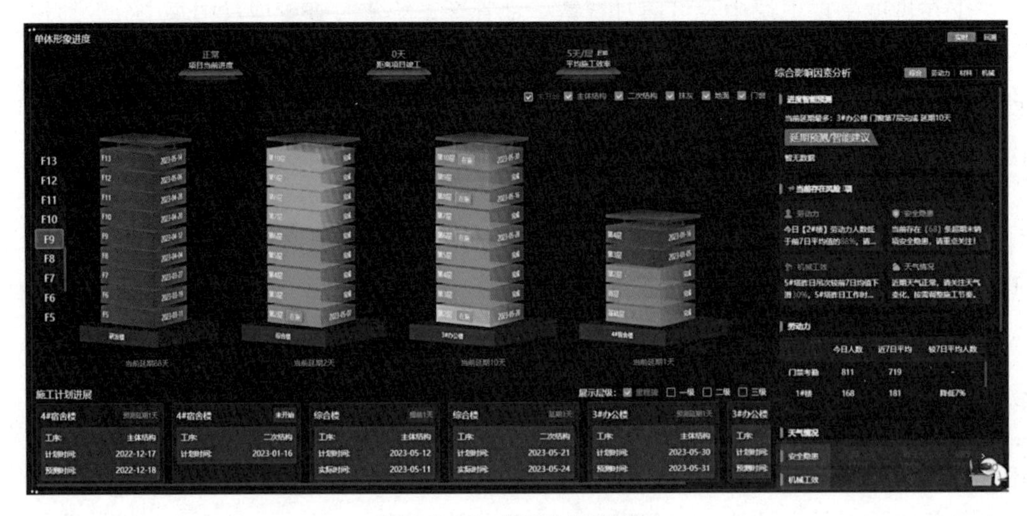

图7-2-23　进度分析及预警

理模块，重点关注人的不安全行为和机械的违规操作，如工人是否穿戴安全帽、反光衣等安全防护用品，及时发现和纠正安全隐患，保障工程生产活动的顺利实施，如图7–2–24 ~ 图7–2–28所示。

（5）环境管理模块

智慧工地环境管理模块是利用信息化、智能化、数据化等技术手段，对施工现场的环境进行全面、实时、动态地管理和监控。主要功能范围为扬尘治理、噪声控制、空气质量监测、污水排放监测、垃圾分类与处理等。通过环境管理模块，可以有效地降低施工现场的环境污染，提高环境保护意识，实现绿色施工，如图7–2–29所示。

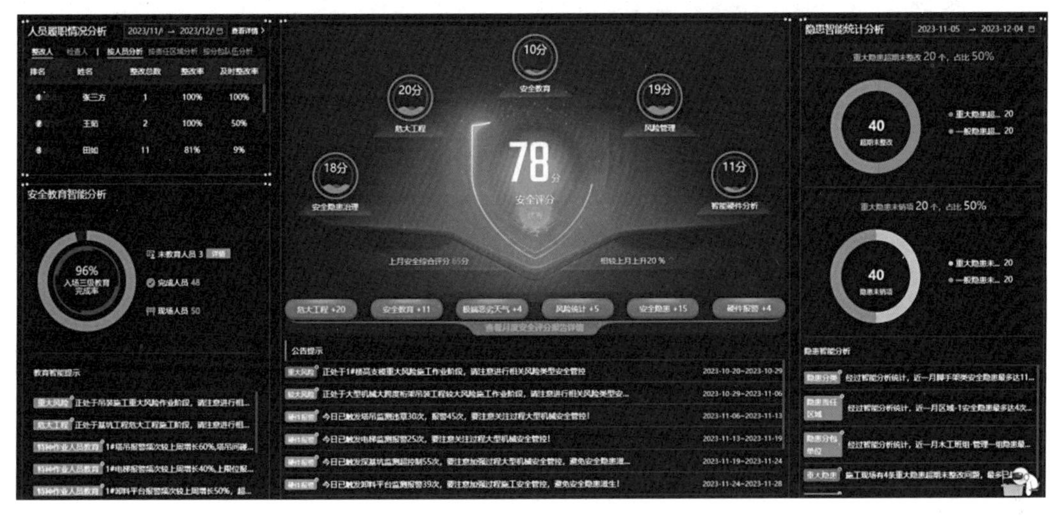

图7–2–24　智能安全管理界面

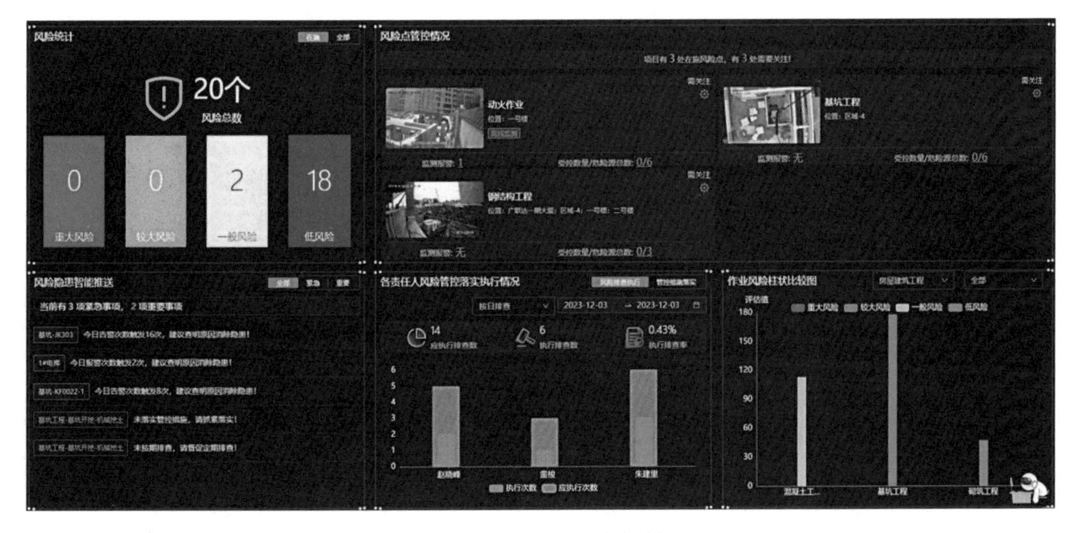

图7–2–25　安全风险点管控

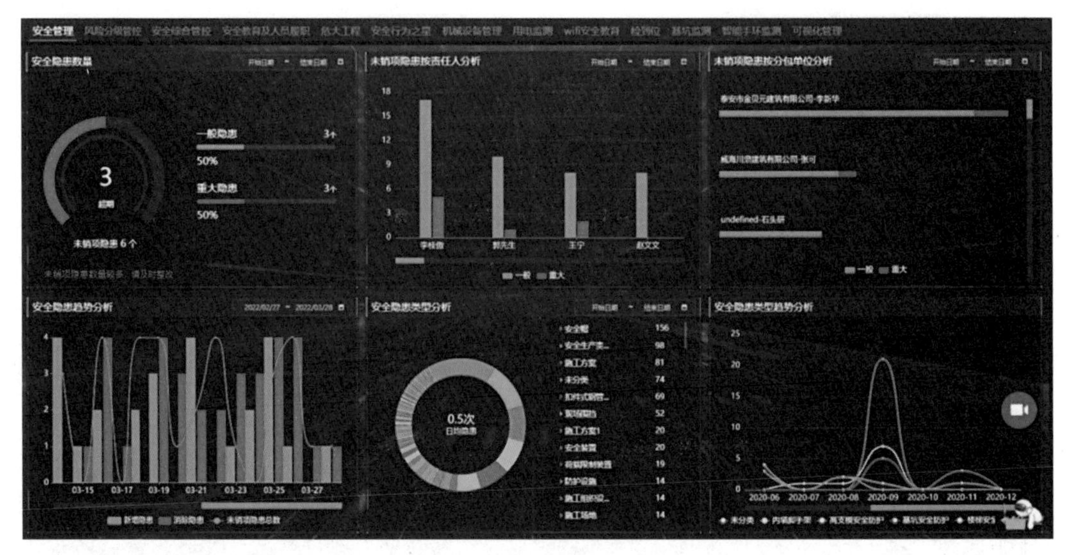

图7-2-26　安全隐患分析

图7-2-27　安全帽监测

图7-2-28　反光衣监测

图7-2-29　环境管理模块

以下主要介绍环境管理模块中扬尘治理的应用。扬尘治理功能包含扬尘监测、数据采集与传输、环保预警和信息公示四个部分。

1）扬尘监测

在施工现场布置扬尘监测设备，实时监测现场的PM2.5、PM10等颗粒物浓度，以及温度、湿度、风速、风向等气象数据。在设备选型上，根据施工现场的具体情况和监测需求，选择合适的扬尘监测设备，确保数据的准确性和可靠性，如图7–2–30所示。

图7–2–30　扬尘监测

2）数据采集与传输

通过物联网技术，实现扬尘监测设备与智慧工地管理平台的自动连接，实时采集监测数据。对于一些需要人工采集的数据，如视频监控图像等，安排人员进行定期或不定期的数据采集。数据采集完成后，通过无线通信技术，将采集到的扬尘监测数据传输到智慧工地管理平台。对于一些稳定性要求较高的数据，采用网线、光纤等有线传输方式进行数据传输，如图7–2–31所示。

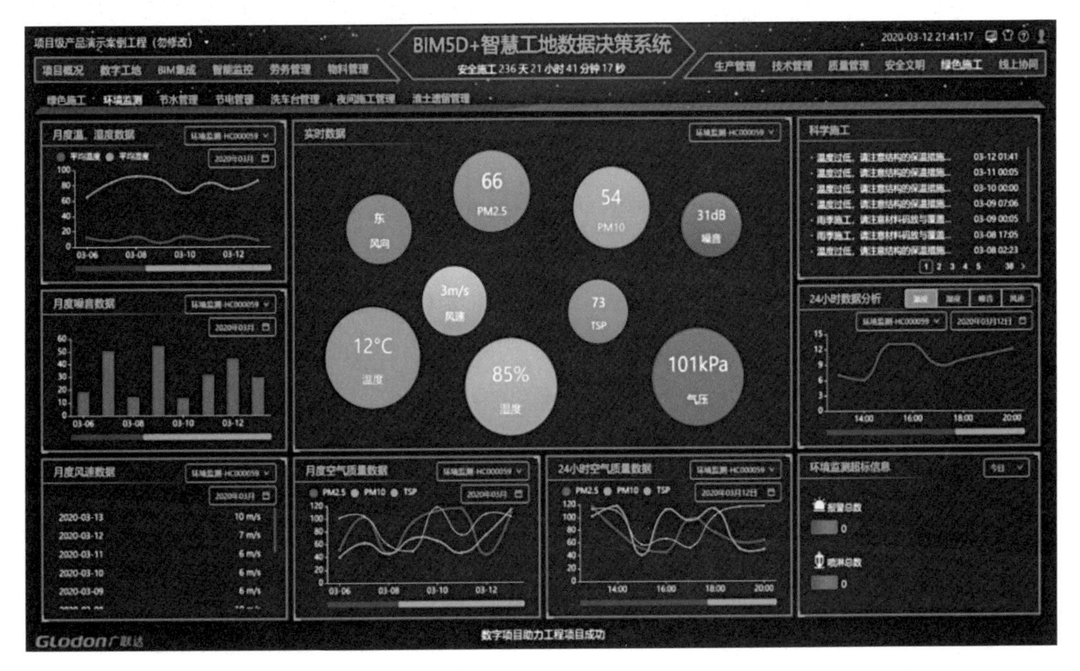

图7–2–31　环境管理模块界面

3）环保预警

根据国家和地方的相关环保标准，在系统设定扬尘污染物的阈值。根据超过阈值的情况，划分不同的预警等级，如橙色预警、红色预警等。在施工过程中一旦发现扬尘污染物达到预警阈值，系统及时向管理人员推送预警信息，提醒采取相应的治理措施，如图7-2-32所示。

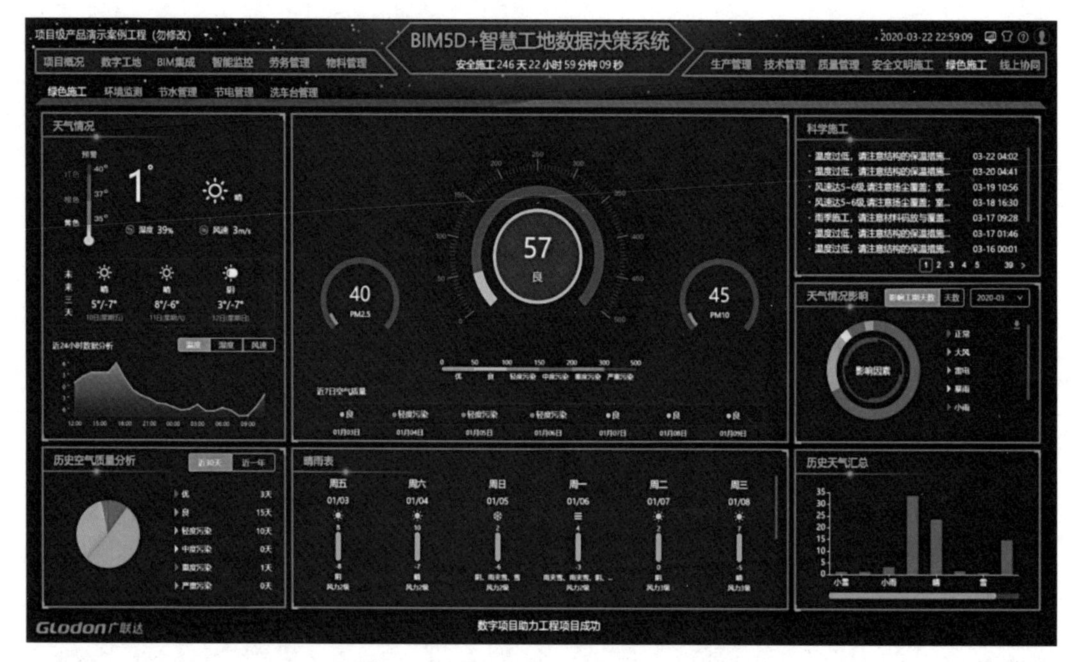

图7-2-32　环保预警

4）信息公示

系统将监测到的扬尘数据和预警信息及时公示，让企业相关部门和人员了解施工现场的扬尘情况。对于出现的问题和整改情况，在系统进行通报和公示，起到警示和提醒的作用。对于治理有效、改进明显的施工现场，在系统中进行成果展示和宣传，树立榜样和典型。

智慧工地扬尘治理通过运用物联网、大数据、人工智能等技术手段实现对建筑施工现场扬尘的全面监测、精准治理和持续优化，能够提高企业的监管能力，提升工地自主防污治污的能力，实现全方位联网预警，强化施工现场管理，提高员工环保意识，对于提高施工现场的环境质量和管理水平具有重要意义，为推动绿色施工和可持续发展提供了强有力的支持。

案例拓展1

全球首个绿色智慧工地落户长沙，可实现全流程无人数字化闭环

2022年12月17日，湖南长沙全球施工领域首个绿色智慧工地启动，该工地由中联重科股份有限公司（以下简称中联重科）打造，可实现全流程无人数字化闭环。

中联重科在行业内率先全面打通“单机智能化—机群智能化—智慧施工”技术路径，首创了全流程无人数字化闭环施工新模式，并打造了智慧施工成套解决方案。

该智慧工地由行业内最先进、最齐全之一的智能工程机械集群组成，包括了11款纯电动智能工程机械，可协同实现“挖掘—浇筑—吊装—装饰”全流程建造的自主、无人化施工，打造绿色智慧工地新形态。比如，在智慧工地上，塔机与泵车可语音交流、相互协作，自动调整各自姿态，在狭小空间内完美、安全“错身”，使吊物快速到达目标位置上方，由智能调姿吊具自主进行构件位置调整，协助塔机，实现吊装构件精准、稳定就位。

让机器“说话”、自主协同施工的技术源头，是中联重科自主研发的，由iCES智能调度系统、MAS多智能体协同系统、4DT数字孪生系统等构成的智慧施工大脑核心。

智慧施工系统可驱动施工任务全流程全无人智慧施工。iCES智能调度系统，助力BIM任务毫秒解析，准确率达100%。此外，还包括施工任务一键下发，全数字化任务交底，相对人工，交底时间可减少90%，施工等待时间可减少28%。MAS多智能体协同系统，助力多装备实现动作精准协同、全域主动防碰撞。4DT数字孪生可视化系统，助力实现“掌上工地”，可随时随地监控孪生工地，通过智能辅助决策，助力施工周期缩短30%，人工能效提高300%。

案例拓展2

上海建工四建集团在建筑人工智能上的应用

2020年，住房和城乡建设部等13部门发布《关于推动智能建造与建筑工业化协同发展的指导意见》提出，要以大力发展建筑工业化为载体，以数字化、智能化升级为动力，创新突破相关核心技术，加大智能建造在工程建设各环节应用，形成涵盖科研、设计、生产加工、施工装配、运营等全产业链融合一体的智能建造产业体系。

上海建工四建集团组建成立的建筑人工智能研究室，已经自主研发了30余款建筑人工智能软硬件产品，主要面向建筑施工、历史建筑保护修缮两个领域。下面以两款产品为例。

1. “钢筋/钢管云点数”小程序

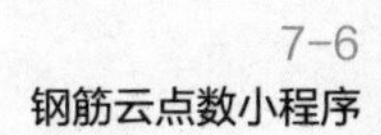

在施工现场，使用规模庞大的钢筋/钢管两种建筑材料，还主要是采用分批次人工点数方式完成，属于耗时耗力、效率低下的高度重复性工作，且点数结果准确率受人为因素影响大，存在恶意篡改结果的风险。上海建工四建集团为破解痛点，自主开发了基于计算机视觉、深度学习与5G技术的“钢筋云点数”微信小程序，通过手机拍照，仅用时2.3秒便可自动完成钢筋钢管点数。如图7-2-33所示。

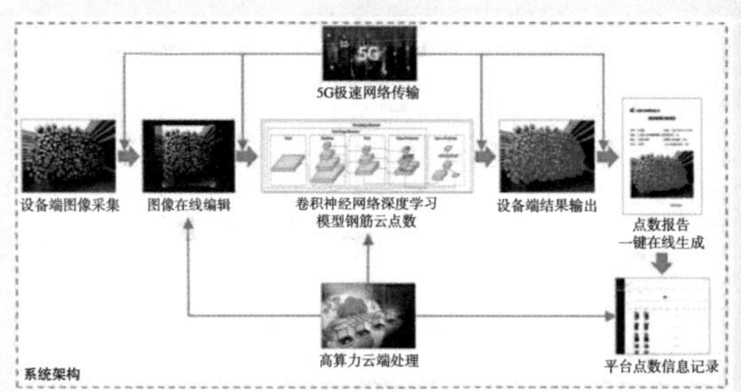

图7-2-33 “钢筋/钢管云点数”小程序

2. 历史建筑材料配比智能分析系统

7-7
水磨石配比信息智能分析仪

水磨石与水刷石是历史建筑中常见的特色材料，修缮时需依靠有经验的工人把水泥、石子等材料按比例试配，经过多次调试选出最符合建筑原样的小样。为此，上海建工四建集团研发了水磨石配比分析仪与水刷石配比分析软件，替代了人工重复试配比对的操作流程，仅需1分钟，自动生成水磨石/水刷石配比报告。如图7-2-34所示。

■ 水磨石配比智能分析仪

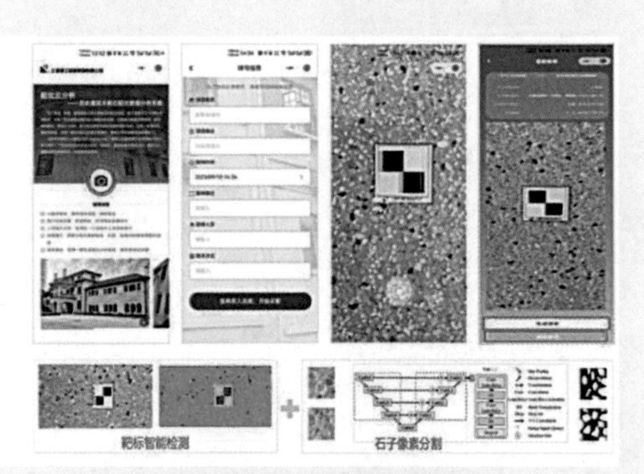

■ 水刷石配比智能分析仪小程序

图7-2-34 水磨石配比智能分析仪、水刷石配比智能分析软件

评价反馈

1．学生以小组为单位，对以上学习情境的学习过程及成果进行互评。

生生互评表

班级：	姓名：	学号：	
评价项目	项目7　初识智能建造		
评价任务	评价对象标准	分值	得分
了解智能建造的概念与内涵	能够复述智能建造的概念与内涵。	10	
了解智能建造在工程中的应用	能够列举智能建造在工程中的有哪些应用场景。	10	
理解智慧工地的概念	能够复述智慧工地的概念以及简述智慧工地的背景与发展。	10	
熟悉智慧工地管理系统的功能	能够复述智慧工地管理系统的5个模块及每个模块的大致功能。	30	
学习纪律	态度端正、认真，无缺勤、迟到、早退现象。	10	
学习态度	能够按计划完成任务。	10	
成果质量	任务完成质量。	10	
协调能力	是否能合作完成任务。	5	
表达能力	是否能在发言中清晰表达观点。	5	
合计		100	

2．教师对学生学习过程与成果进行评价。

教师综合评价表

<table>
<tr><td colspan="2">班级：</td><td colspan="2">姓名：　　学号：</td></tr>
<tr><td>评价项目</td><td colspan="3">项目7　初识智能建造</td></tr>
<tr><td>评价任务</td><td>评价对象标准</td><td>分值</td><td>得分</td></tr>
<tr><td>了解智能建造的概念与内涵</td><td>能够复述智能建造的概念与内涵。</td><td>10</td><td></td></tr>
<tr><td>了解智能建造在工程中的应用</td><td>能够列举智能建造在工程中的有哪些应用场景。</td><td>10</td><td></td></tr>
<tr><td>理解智慧工地的概念</td><td>能够复述智慧工地的概念以及简述智慧工地的背景与发展。</td><td>10</td><td></td></tr>
<tr><td>熟悉智慧工地管理系统的功能</td><td>能够复述智慧工地管理系统的5个模块及每个模块的大致功能。</td><td>30</td><td></td></tr>
<tr><td>学习纪律</td><td>态度端正、认真，无缺勤、迟到、早退现象。</td><td>10</td><td></td></tr>
<tr><td>学习态度</td><td>能够按计划完成任务。</td><td>10</td><td></td></tr>
<tr><td>成果质量</td><td>任务完成质量。</td><td>10</td><td></td></tr>
<tr><td>协调能力</td><td>是否能合作完成任务。</td><td>5</td><td></td></tr>
<tr><td>表达能力</td><td>是否能在发言中清晰表达观点。</td><td>5</td><td></td></tr>
<tr><td colspan="2">合计</td><td>100</td><td></td></tr>
</table>

<table>
<tr><td rowspan="2">综合评价</td><td>小组互评（40%）</td><td>教师评价（60%）</td><td>综合得分</td></tr>
<tr><td></td><td></td><td></td></tr>
</table>

项目 8
人工智能技术的应用

学习情景

自20世纪末期以来，人工智能（Artificial Intelligence，简称AI）作为一种新兴技术已经逐渐进入人们的视野。随着科技的不断发展，AI技术在各个领域都取得了许多重大的进展，例如在机器学习、自然语言处理、计算机视觉等领域技术的不断成熟，大大提升了AI应用效率和精度，越来越多的智能化系统、设备出现在我们的日常生活中，随着人工智能的不断发展，人工智能图像分类、物体检测、文本识别、语音识别等技术正在改变我们生活的方方面面。

学习目标

1. 素质目标

人工智能日益发展的背景下，通过学习掌握人工智能技术在日常生活的运用；通过训练人工智能模型，养成细致严谨的好习惯。

2. 知识目标

（1）掌握人工智能图像分类、物体检测、文本识别、语音识别技术的基本原理；

（2）掌握训练模型的原理及方法；

（3）掌握积木块编程的方法与步骤。

3. 能力目标

能够训练人工智能图像分类、物体检测、文本识别、语音识别模型，并将训练好的模型进行积木块编程。

思维导图

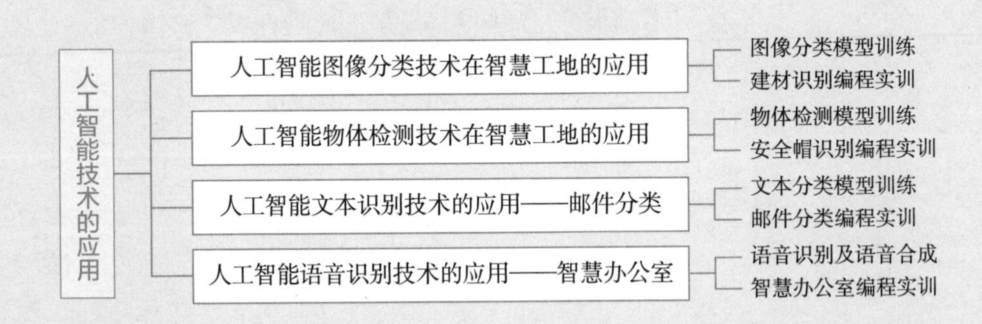

任务 8.1 人工智能图像分类技术在智慧工地的应用

【任务描述】

通过认真阅读本教材任务实施及知识链接，开展调研并收集图片资源，以小组为单位，完成模型训练及程序编程。

【任务成果】

完成并提交学习任务成果8.1。

学习任务成果8.1

搜集钢筋、钢管等建材图片资源，使用AI–Training平台完成建材识别模型训练，并使用AI–T编辑器进行积木块搭接，完成建材识别程序编程，将编程结果粘贴至成果区。

学校				成绩
专业		姓名		
班级		学号		

【任务实施】

在本项目中，我们将使用本书项目4任务4.4中所介绍的AI-Training实训平台，完成模型训练及程序编程。

一、模型训练

8-1
图像分类模型训练

1. 第一步：创建数据集

登录AI-Training平台，点击上方模型训练，进入模型类型选择页面；点击模型类型下拉列表，选择“图像分类”类型，进入图像分类模型页面（图8-1-1）。

图8-1-1 模型训练——图像分类

点击右上角“创建数据集”按钮，输入数据集名称及描述，点击“确定”完成数据集创建（图8-1-2、图8-1-3）。

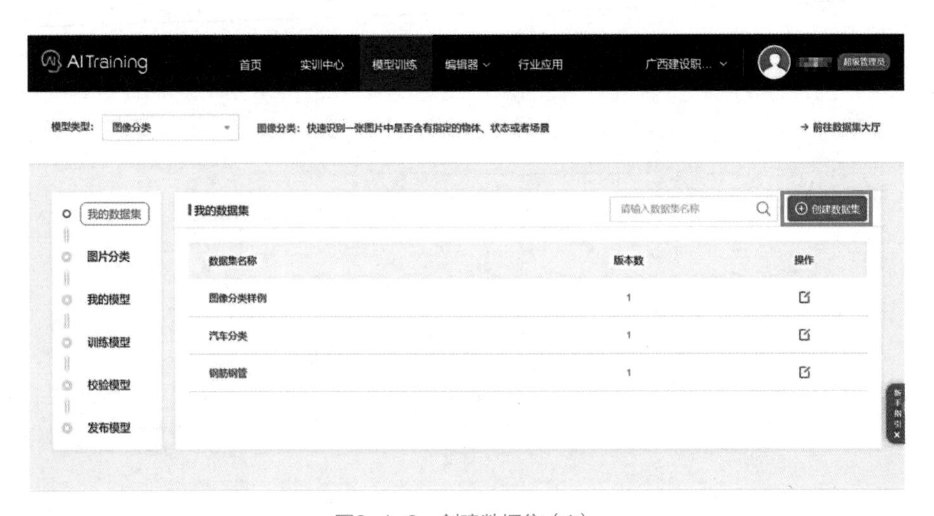

图8-1-2 创建数据集（1）

图8-1-3　创建数据集（2）

2. 第二步：上传图片并对图片进行标签分类

进入“图像分类”页面，选择创建的数据集；点击标签筛选右边的“+”号，创建“SUV”和“BUS”两个标签；分别选中两个标签，点击“本地上传”，按照上传说明从本地将图片上传至对应标签下（图8–1–4、图8–1–5）。

将各标签下图片上传后并进行检查，每个标签的图片数不得小于20张，否则无法正常训练模型（图8–1–6）。

3. 第三步：将数据集进行发布

回到“我的数据集”页面，选择创建的数据集；点击版本数下的“1”，点击操作栏的“发布”，对数据进行发布（图8–1–7、图8–1–8）。

4. 第四步：创建模型并进行训练

点击“我的模型”页面，选择右上角“创建模型”，输入模型名称及描述，点击“确定”完成模型创建（图8–1–9、图8–1–10）。

图8–1–4　数据集导入（1）

图8-1-5　数据集导入（2）

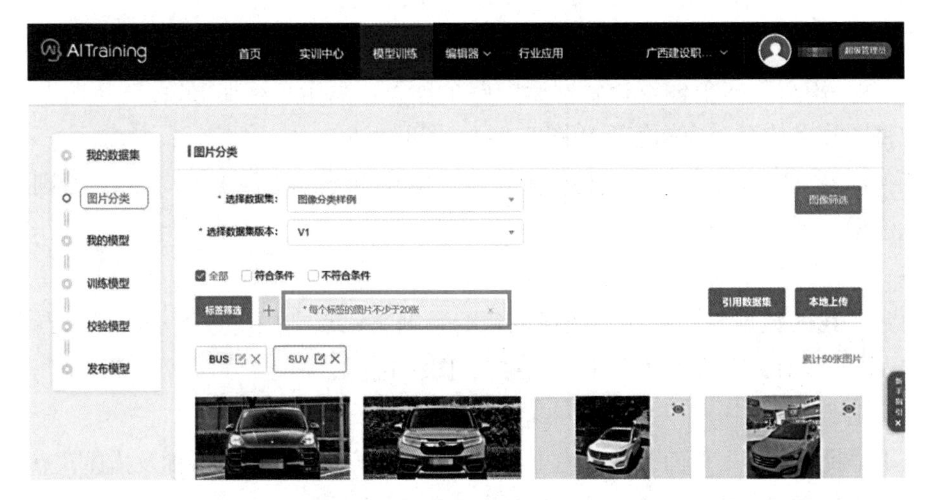

图8-1-6　数据集导入（3）

图8-1-7　数据集发布（1）

图8-1-8　数据集发布（2）

图8-1-9　创建模型（1）

图8-1-10　创建模型（2）

点击“训练”按钮，选择对应的模型、数据集、版本及标签，点击“开始训练”，进入训练状态（图8–1–11、图8–1–12）。

图8–1–11 训练模型（1）

图8–1–12 训练模型（2）

查看模型训练进度：点击“我的模型”，进入我的模型页面，选择模型–版本数，进入该模型的版本详情页面（图8–1–13）。

当模型完成训练后，版本模型状态为“训练完成”（图8–1–14）。

5. 第五步：校验模型

点击“校验模型”按钮，进入模型校验页面，选择校验的模型、模型版本；点击“上传图片”，完成校验图片上传；点击“开始校验”，进行模型校验，在右侧出现校验的结果（图8–1–15）。

图8-1-13　训练模型（3）

图8-1-14　模型训练（4）

图8-1-15　模型校验

6．第六步：发布模型

点击左侧“发布模型”按钮，选择发布的模型、版本号；点击“发布模型”，完成模型发布（图8-1-16、图8-1-17）。

图8-1-16　模型发布（1）

图8-1-17　模型发布（2）

二、程序编程

1．第一步：进入AI-T（积木模式）编辑器

登录AI-Training平台，点击上方“编辑器”，点击“AI-T编辑器（积木模式）”（图8-1-18）。

2．第二步：创建项目

选择“新建项目”，将信息填入，单击“新建”完成项目创建（图8-1-19）。

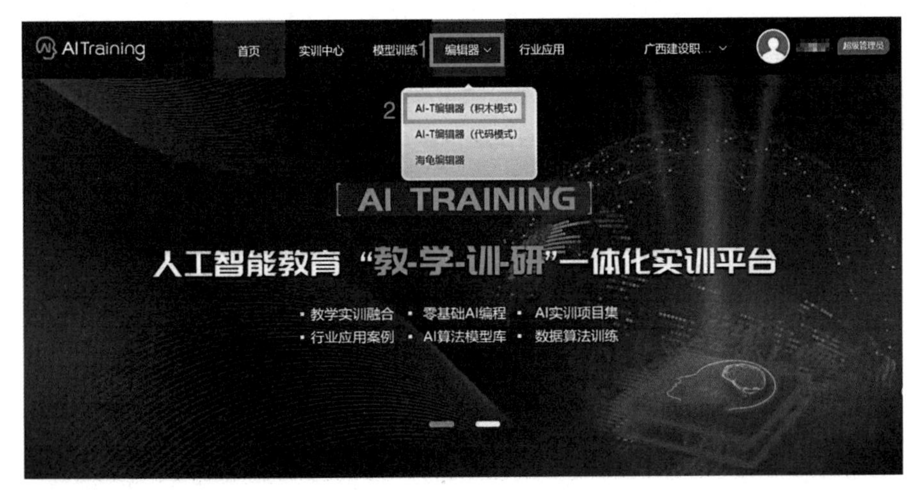

图8-1-18　AI-T编辑器（积木模式）登录

图8-1-19　项目创建

3．第三步：对程序的必要文字进行打印

在编辑器页面左侧单击“事件”，在出现的列表中选择“打印”积木块，将其拖动至编程区并输入文字（图8–1–20）。

4．第四步：上传待校验图片文件

在编辑器页面左侧单击“媒体”，在图片栏单击“+”号，将图片上传（图8–1–21）。

5．第五步：显示图片文件

在编辑器页面左侧单击“事件”，在列表中选择“显示”，将“显示”积木块拖动至编程区，并将要显示的图片拖动至“显示”积木块内（图8–1–22）。

6．第六步：创建变量并赋值

在编辑器页面左侧单击“变量”页面，选择创建变量，输入变量名称后单击“确定”完成变量创建（图8–1–23）。

图8-1-20　打印积木块使用

图8-1-21　图片上传

图8-1-22　显示积木块使用

图8-1-23　创建变量

在编辑器页面左侧单击“变量”页面，选择赋值积木块，拖动至编程区，把需要赋值的积木块拖动至赋值积木块后，完成赋值（图8–1–24）。

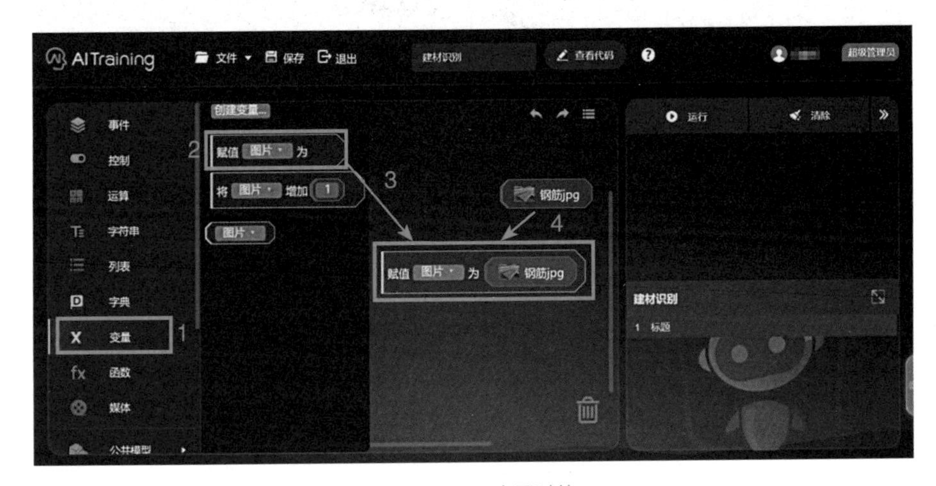

图8-1-24　变量赋值

7．第七步：创建等待执行过程

在编辑器页面左侧单击“控制”页面，将“等待”积木块拖动至编程区，填入需要等待的时间，将积木块插入程序之中，完成“等待命令”的插入（图8–1–25）。

8．第八步：使用建材识别模型，并赋值结果

在编辑器页面左侧单击“公共模型”页面，选择训练好的“建材识别”模型，拖动“标签”“置信度”两个积木块至编程区，并将“图片”插入积木块进行识别，对两个识别结果分别进行赋值（图8–1–26）。

9．第九步：创建音频播放变量并将文字合成为语音

在编辑器页面左侧单击“基础模型”页面，选择“语音合成”模型，拖动第一个积木块至编程区，输入相应文字并将其赋值（图8–1–27）。

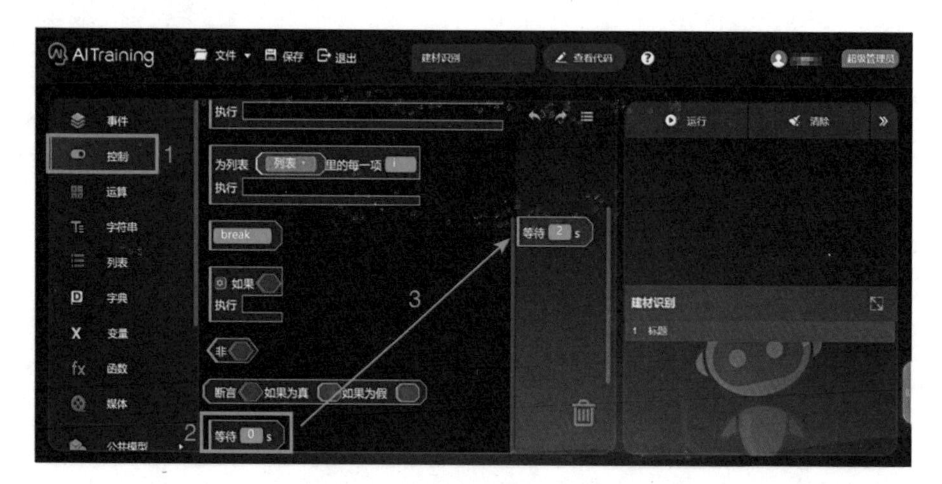

图8-1-25　等待积木块使用

图8-1-26　建材识别积木块使用

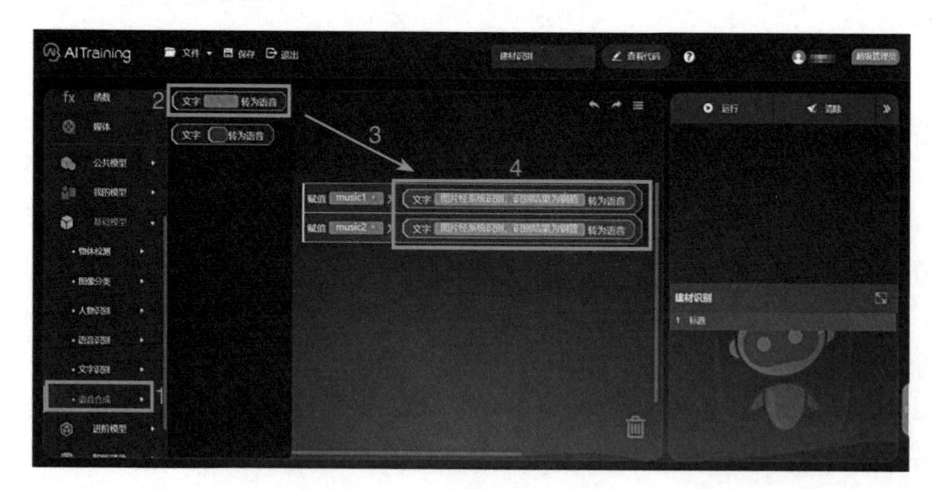

图8-1-27　语音合成积木块使用

10．第十步：根据识别结果进行条件判断，打印结果并播放音频

在编辑器页面左侧单击“控制”页面，选择“如果/执行”积木块，拖动积木块至编程区（图8–1–28）。

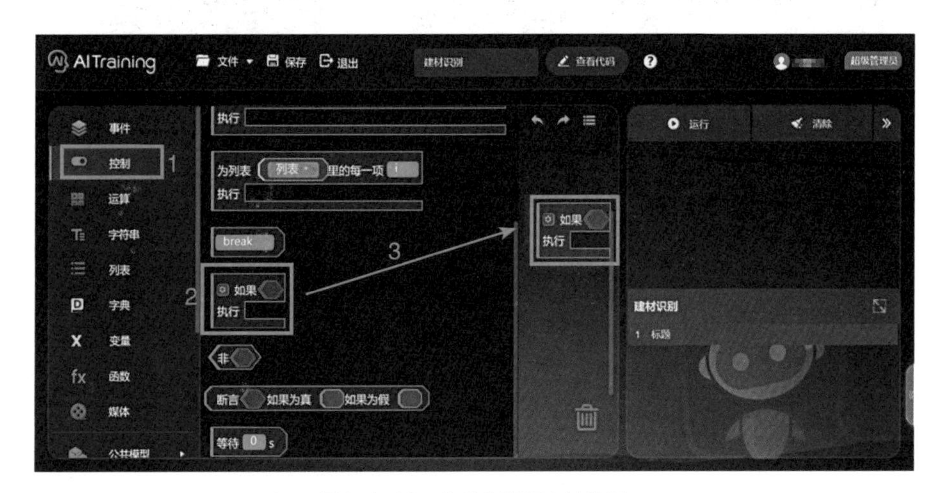

图8–1–28　条件判断积木块使用

点击积木块“如果”旁蓝色按钮，在出现的显示框中将“否则”拖入“如果”之下，完成条件判断语句搭建（图8–1–29）。

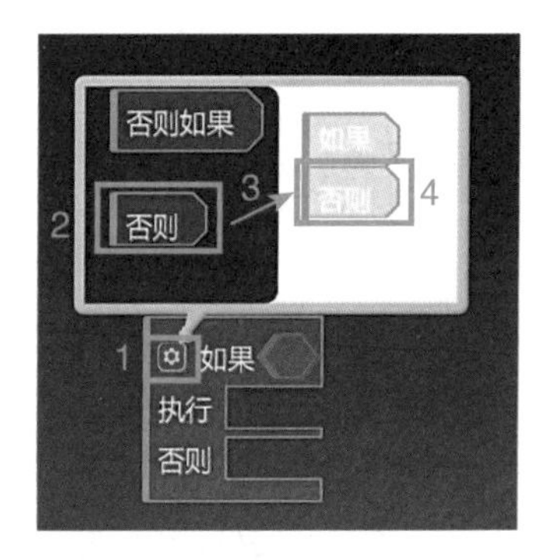

图8–1–29　加入“否则”条件

在编辑器页面左侧单击“列表”页面，选择“某数据存在于某数据”积木块，将积木块拖动至“如果/执行”积木块中，作为判断条件（图8–1–30）。

依据输出结果的不同打印、播放相对应的文字、置信度、音频（图8–1–31）。

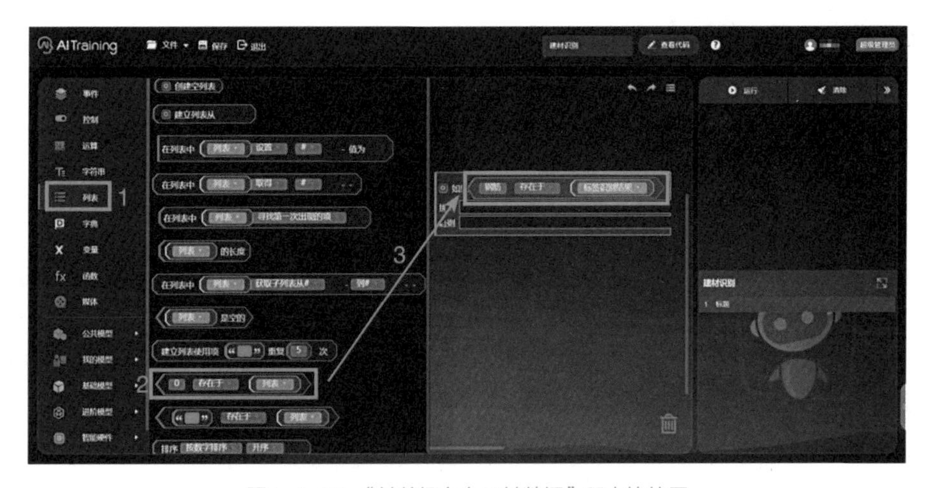

图8–1–30　“某数据存在于某数据”积木块使用

11. 第十一步：点击右上角运行按钮，查看程序是否成功运行（图8-1-32）

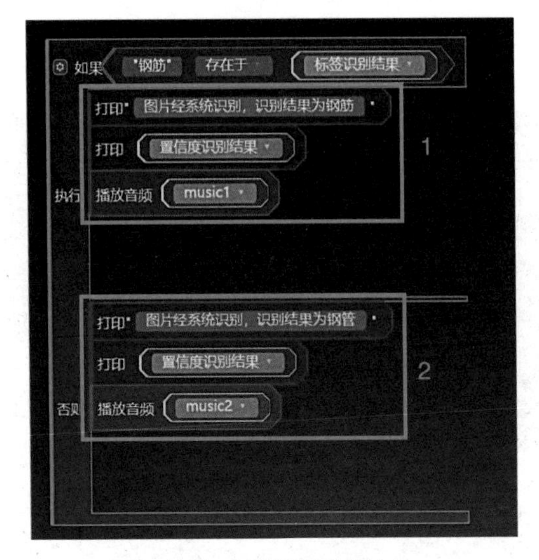

图8-1-31 “条件判断”积木块

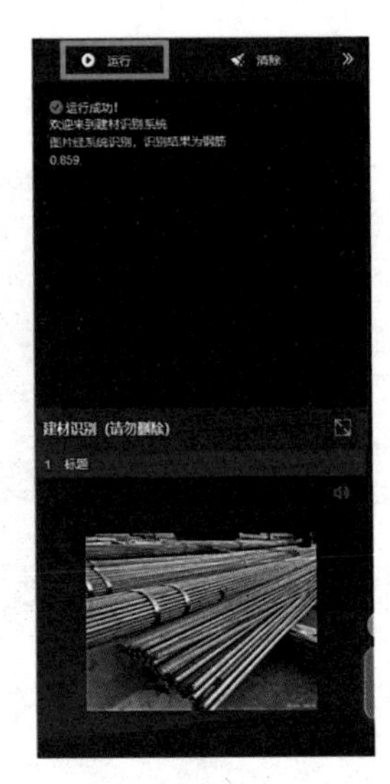

图8-1-32 建材识别程序运行结果

【知识链接】

知识点一：什么是人工智能图像分类技术

图像分类，根据各自在图像信息中所反映的不同特征，把不同类别的目标区分开来的图像处理方法。它利用计算机对图像进行定量分析，把图像或图像中的每个像元或区域划归为若干个类别中的某一种，以代替人的视觉判读。

一般来说，图像分类技术可以分为参数和非参数、有监督和无监督以及硬分类器和软分类器。对于有监督分类，该技术基于所建立的决策边界来传递结果，决策边界主要依赖于训练模型时所提供的输入和输出；对于无监督分类，该技术根据对输入数据集本身的分析提供结果，特征不会直接输入到模型中。

图像分类技术涉及的主要步骤是：确定合适的分类系统、特征提取、选择好的训练样本、图像预处理和选择合适的分类方法、分类后处理，最后对总体精度进行评估。在这种技术中，输入的通常是特定对象（如图8-1-33中的狗、猫）的图像，输出的是定义和匹配输入对象的预测类。卷积神经网络（CNNs）是目前最常用于图像分类的神经网络模型之一。

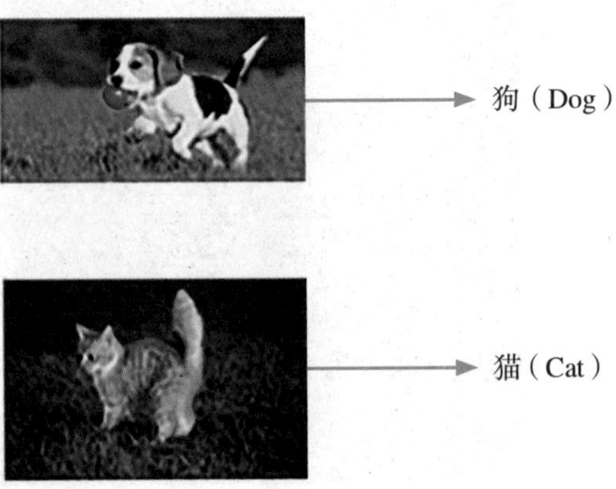

图8-1-33 图像归类

知识点二：相关积木块介绍（表8-1-1）

建材识别相关积木块含义表　　表8-1-1

积木类型	积木	含义
事件	打印	输出内容在运行区。
控制	如果 执行 否则	如果满足条件，则执行条件下的代码；如果不满足条件，则不执行。
控制	等待 0 s	上下积木执行时间间隔。
控制	显示	显示内容在显示区。
列表	0 存在于 列表	一个字符串不存在另一个结果中返回“真”，否则返回“假”。
语音合成	文字 转为语音	对文字进行识别，并转为音频文件。
媒体	播放音频	播放一段音频。
变量	列表	创建一个变量。
变量	赋值 列表 为	为变量赋值。
建材识别标签模型	的建材识别（钢筋钢管）标签	通过调用该算法模型对应的函数，可检测图像里对应的标签。
建材识别置信度模型	的建材识别（钢筋钢管）置信度	通过调用该算法模型对应的函数，可检测图像对应标签的置信度。

【知识拓展】

你知道吗？上述积木块是由Phtyon语言经封装而成，脱离编程积木块，我们仍能使用Phtyon代码对建材识别程序进行编写，下面我们一起来试一试吧！

1．第一步：进入AI-T（代码模式）编辑器

登录AI-Training平台，点击上方“编辑器”，点击“AI-T编辑器（代码模式）”（图8-1-34）。

图8-1-34　AI-T编辑器（代码模式）登录

2．第二步：创建项目

选择“新建项目”，将信息填入，单击“新建”完成项目创建（图8-1-35）。

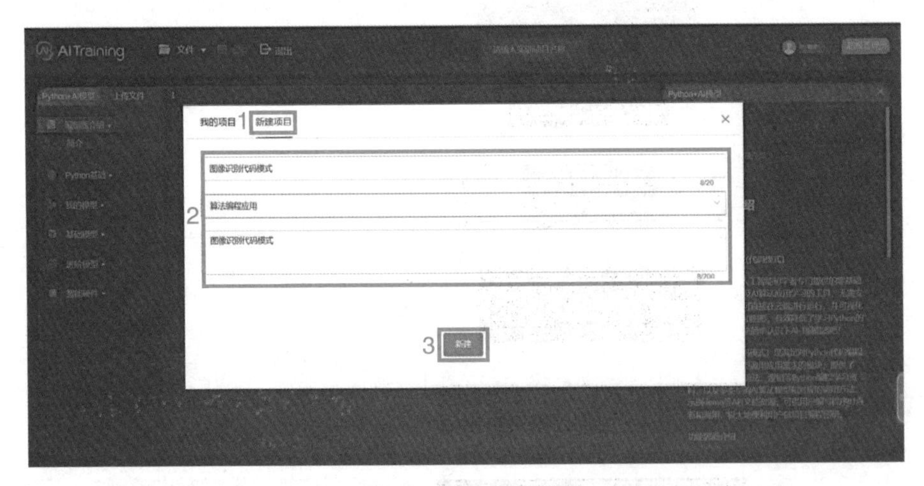

图8-1-35　项目创建

3．第三步：创上传待检测图片，获取图片地址

点击左侧“上传文件”页面，在图片栏单击“+”号，将图片上传（图8-1-36）。

上传成功后点击“复制地址”按钮，此时图片地址已被复制到剪贴板，可供编程使用（图8-1-37）。

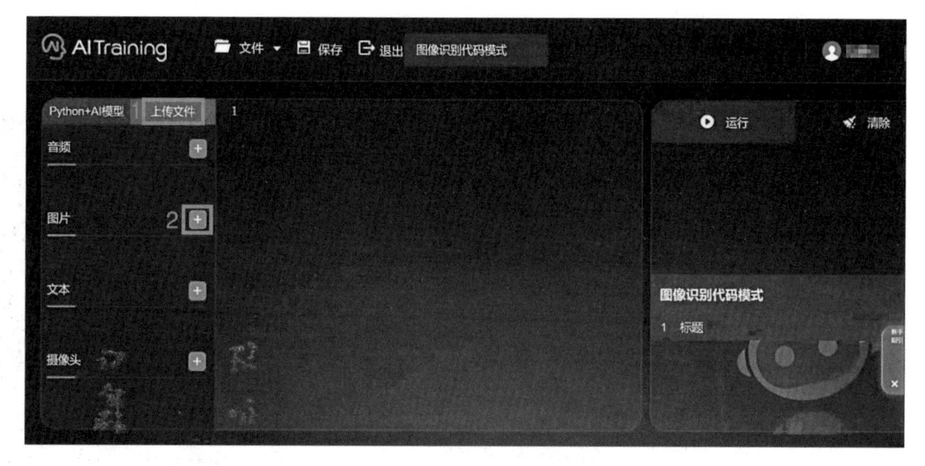

图8-1-36　图片上传

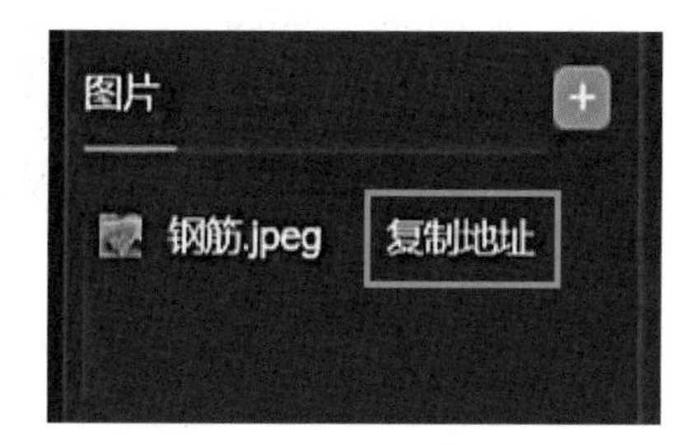

图8-1-37　复制图片地址

4．第四步：打印必要项目描述信息

print（"欢迎来到建材识别系统"）

5．第五步：创建等待执行过程

GTAFunWait（2）

6．第六步：显示图片

GTAPrint（"https://image.gtafe.com/aishixun/20230501/11/d8e27c39995a452e932d0b6e1b012c04.jpeg"）

注：该图片地址为平台自动生成。

7．第七步：创建变量并赋值

Photo = "https://image.gtafe.com/aishixun/20230501/11/d8e27c39995a452e932d0b6e1b012c04.jpeg"

Label = GTAFunGetClassifyLabel（Photo，'e4da55bec55b49289f350cc95196255e'）

Confidence = GTAFunGetClassifyConfidence（Photo，'e4da55bec55b49289f350cc95196255e'）

8．第八步：利用语音合成技术定义两段识别语音音频

music1 = GTAFunTextToSpeech（text= '图片经系统识别，识别结果为钢筋'）

music2 = GTAFunTextToSpeech（text= '图片经系统识别，识别结果为钢管'）

9．第九步：根据识别结果进行条件判断，打印识别结果到运行区，并同时进行语音播报

if（"钢筋"in Label）：

print（"图片经系统识别，识别结果为钢筋"）

print（Confidence）

GTAFunAudio（url=music1，attribute= 'play'，volume=0.2）

else：

print（"图片经系统识别，识别结果为钢管"）

print（Confidence）

GTAFunAudio（url=music2，attribute= 'play'，volume=0.2）

10．第十步：点击右上角运行按钮，查看程序是否成功运行（图8-1-38）

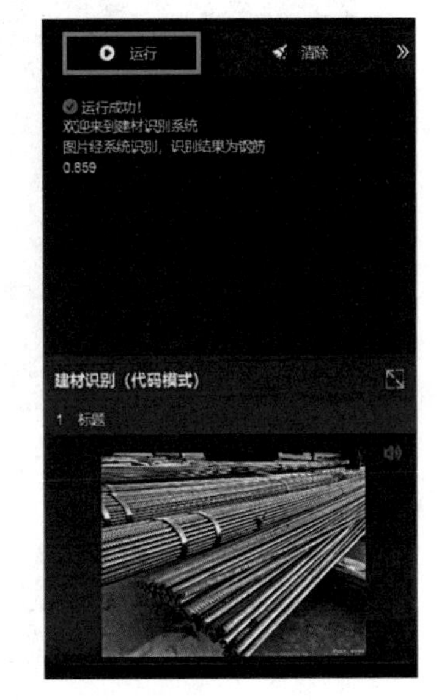

图8-1-38 建材识别代码程序运行结果

任务 8.2 人工智能物体检测技术在智慧工地的应用

【任务描述】

通过认真阅读本教材任务实施及知识链接，开展调研并收集图片资源，以小组为单位，完成模型训练及程序编程。

【任务成果】

完成并提交学习任务成果8.2。

学习任务成果8.2

搜集安全帽佩戴情况的图片资源，使用AI-Training平台完成安全帽识别模型训练，并使用AI-T编辑器进行积木块搭接，完成安全帽识别程序编程，将编程结果粘贴至成果区。

学校				成绩
专业		姓名		
班级		学号		

【任务实施】

一、模型训练

1. 第一步：创建数据集

登录AI–Training平台，点击上方模型训练，进入模型类型选择页面；点击模型类型下拉列表，选择“物体检测”类型，进入物体检测模型页面（图8–2–1）。

点击右上角“创建数据集”按钮，输入数据集名称及描述，点击“确定”完成数据集创建。

2. 第二步：标注数据

进入“数据标注”页面，选择数据集；点击“上传图片”，按照上传说明从本地将图片上传（图8–2–2）。

图8–2–1　模型训练——物体检测

图8–2–2　数据集导入（1）

点击“+”号，添加标签（图8–2–3）。

在标签栏选中某一标签，在图片区框选需要标注的图像区域，点击“保存”，完成该图片标注，再返回“我的数据集”中将数据集发布即可供模型调用（图8–2–4）。

图8–2–3　数据集导入（2）

图8–2–4　数据集导入（3）

注：（1）每一次框选标注后都要点击“保存”按钮，标注信息才会被记录；（2）同一张图片需要标注多个标签时，可切换标签后进行标注；（3）每个标签下的图片标注数需要不少于40张，才能满足后续的模型训练。

3. 第三步：创建模型

点击“我的模型”按钮进入模型创建页面，单击右上方创建模型，输入模型名称与模型描述，点击“确定”完成模型创建（图8–2–5）。

4. 第四步：训练模型

点击“训练模型”按钮，进入训练模型界面，选择训练的模型、模型数据及版本号，勾选需要训练的模型标签后，开始训练（图8–2–6）。

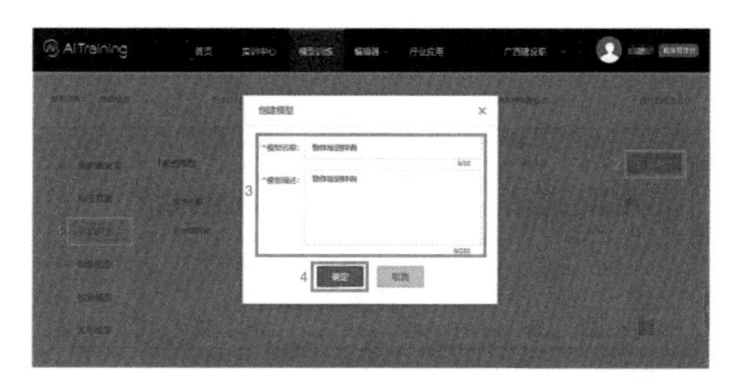

图8–2–5　创建模型

图8–2–6　训练模型

查看模型训练进度：点击“我的模型”，进入我的模型页面，选择模型–版本数，进入该模型的版本详情页面。

当模型完成训练后，版本模型状态为“训练完成”。

注：（1）评估报告：显示该版本模型的总体性能，作为评估模型的一个参考指标；（2）下载模型：模型状态为“训练完成”后，后可点击“下载模型”，将模型下载至本地。

5. 第五步：校验模型

点击“校验模型”按钮，进入模型校验页面，选择校验的模型、模型版本；点击“上传图片”，完成校验图片上传；点击“开始校验”，进行模型校验并输出结果（图8–2–7）。

注：勾选识别结果，可显示该校验结果在校验图片上的位置。

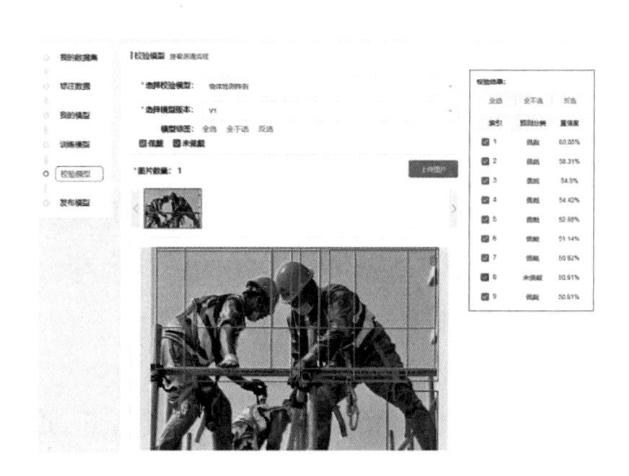

图8–2–7　校验模型

6. 第六步：发布模型

点击左侧“发布模型”按钮，选择发布的模型、版本号；点击“发布模型”，完成模型发布。

在“我的模型”，查看模型状态更改为“已发布”。

将模型公开，训练好的模型即可在AI–T编辑器公共模型中进行使用（图8–2–8）。

二、程序编程

1. 第一步：进入AI-T（积木模式）编辑器

登录AI-Training平台，点击上方“编辑器”，点击“AI-T编辑器（积木模式）”。

图8-2-8 模型发布

2. 第二步：创建项目

选择“新建项目”，将信息填入，单击“新建”完成项目创建（图8-2-9）。

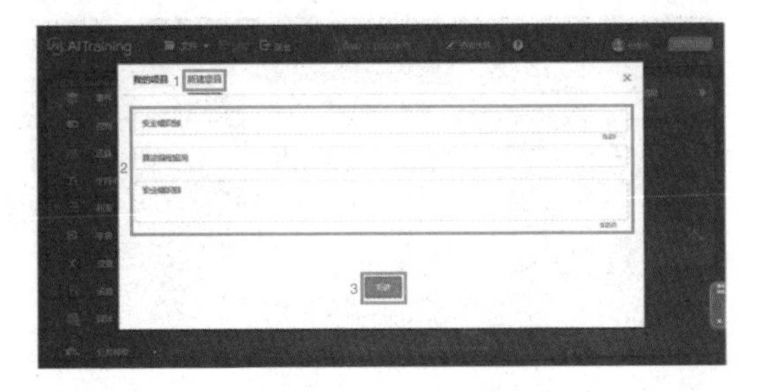

图8-2-9 项目创建

3. 第三步：对程序的必要文字进行打印

在编辑器页面左侧单击“事件”，在出现的列表中选择“打印”积木块，将其拖动至编程区（图8-2-10）。

在编辑器页面左侧单击“字符串”，在出现的列表中选择“文本”积木块，将其拖动至编程区，输入文字后拖动至打印积木块内（图8-2-11）。

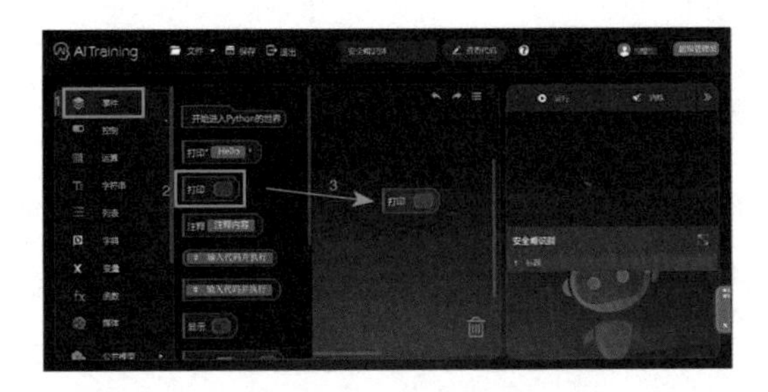

图8-2-10 打印积木块使用

4. 第四步：上传待校验图片文件

在编辑器页面左侧单击“媒体”，在图片栏单击“+”号，将图片上传（图8-2-12）。

5. 第五步：显示图片文件

在编辑器页面左侧单击“事件”，在列表中选择“显示”，将“显示”积木块拖动至编程区，并将要显示的图片拖动至“显示”积木块内（图8-2-13）。

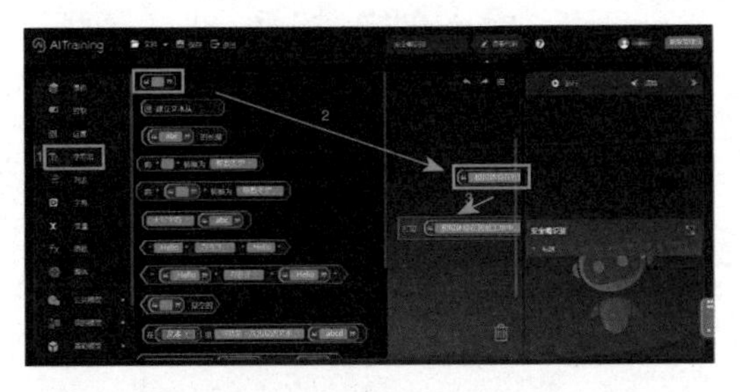

图8-2-11 字符串积木块使用

6. 第六步：创建变量并赋值

在编辑器页面左侧单击“变量”页面，选择创建变量，输入变量名称后，单击“确定”完成变量创建（图8-2-14）。

在编辑器页面左侧单击“变量”页面，选择赋值积木块，拖动至编程区，把需要赋值的积木块拖动至赋值积木块后，完成赋值（图8-2-15）。

图8-2-12 图片上传

图8-2-13　显示积木块使用

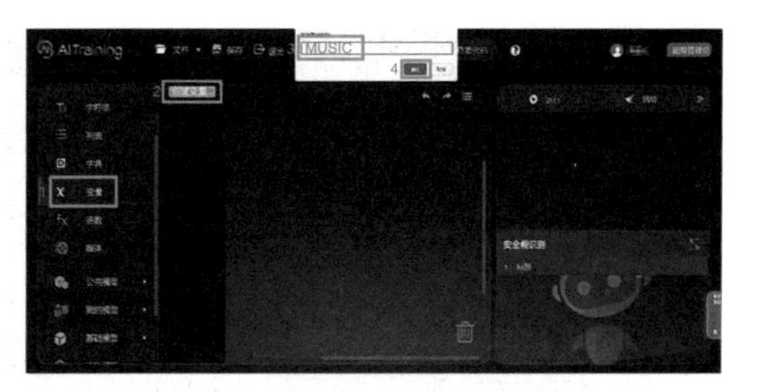

图8-2-14　创建变量

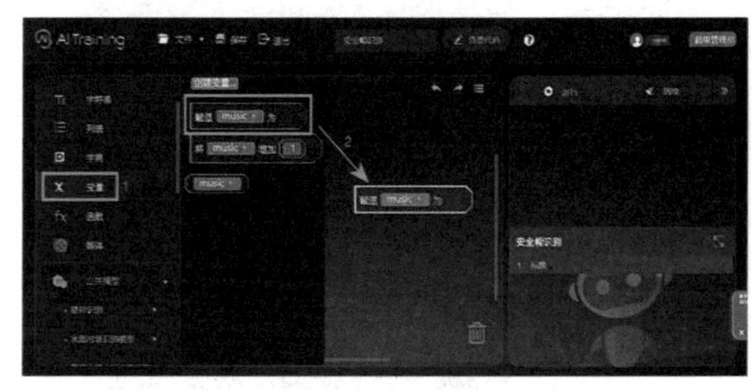

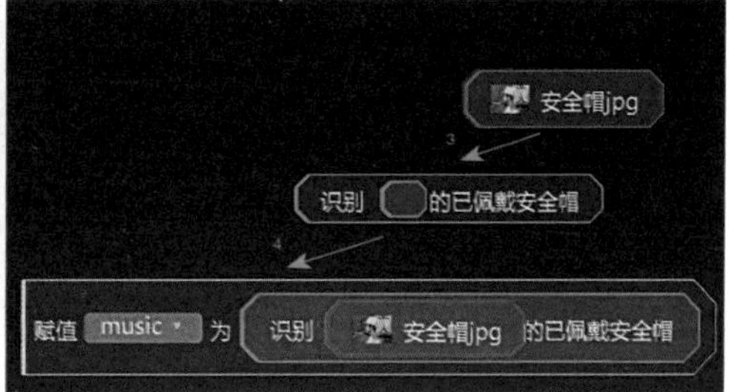

图8-2-15　安全帽识别积木块使用并赋值

7．第七步：创建等待执行过程

在编辑器页面左侧单击“控制”页面，将“等待”积木块拖动至编程区，填入需要等待的时间，将积木块插入程序之中，完成“等待命令”的插入（图8-2-16）。

8．第八步：创建音频播放变量并将文字合成为语音

在编辑器页面左侧单击“基础模型”页面，选择“语音合成”模型，拖动第一个积木块至编程区，输入相应文字并将其赋值（图8-2-17）。

图8-2-16　等待积木块使用

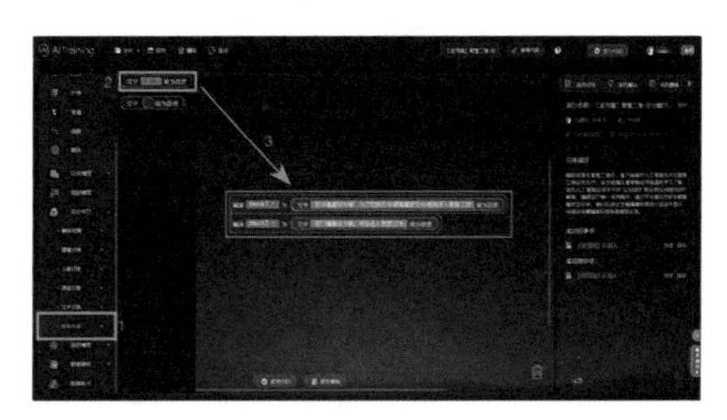

图8-2-17　语音合成积木块使用

9．第九步：根据识别结果进行条件判断，打印结果并播放音频（图8-2-18）

10．第十步：点击右上角运行按钮，查看程序是否成功运行（图8-2-19）

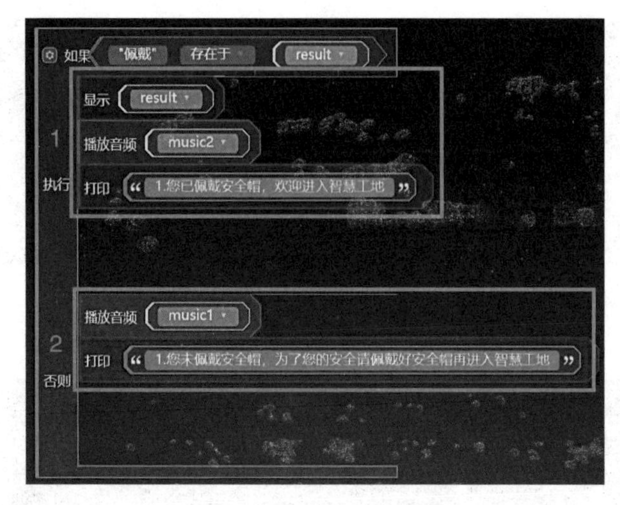

图8-2-18 “条件判断”积木块

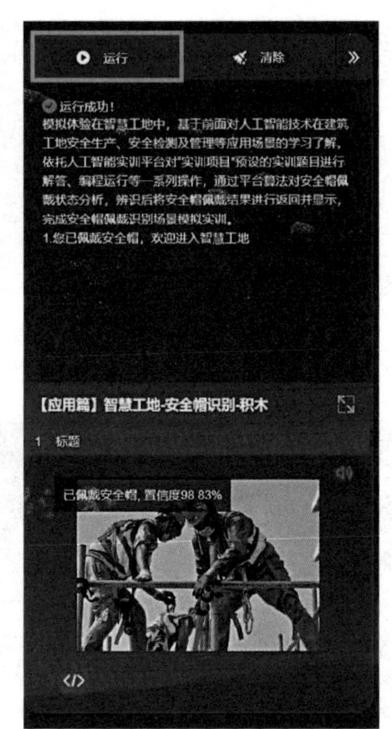

图8-2-19 安全帽识别程序运行结果

【知识链接】

知识点一：什么是人工智能物体检测技术

物体检测是计算机视觉中的经典问题之一，其任务是用框去标出图像中物体的位置，并给出物体的类别，可以定制的识别出图片中每个物体的位置、标记的点的名称等，适合识别图片中有多个物体的一些场景，如图8-2-20所示。从传统的人工设计特征加浅层分类器的框架，到基于深度学习的端到端的检测框架，物体检测一步步变得愈加成熟。

图8-2-20 物体检测技术

物体检测能够搜索特定目标种类，目前该技术已被应用至社会方方面面，常见场景如下：

（1）人脸识别：基于面部特征进行身份识别的生物技术，人脸识别可对情绪或表情进行分类，并将生成的矩形框提供给图像检索系统，以识别群体中的特定人。

（2）自动驾驶：自动驾驶汽车使用物体检测识别道路上的行人、其他汽车与障碍物，以便安全出行。配备激光雷达的自动驾驶汽车也会使用3D对象检测。

（3）医疗手术：在手术过程中从窥镜内获取的视频数据非常嘈杂，物体检测可帮助医生发现难以看到的部位，如需要外科医生立即关注的息肉或器官病变，此外它还可以检测手术的状态，及时提醒医生。

（4）OCR识别：OCR是指电子设备（如扫描仪或数码相机）检查纸上打印的字符，通过检测暗、亮的模式确定其形状，然后用字符识别方法将形状翻译成计算机文字的过程，简单来讲就是将纸质文档中的文字转换成为黑白点阵的图像文件，并通过识别软件将图像中的文字转换成文本格式，供文字处理软件进一步编辑加工的技术。和其他文本相比，通常以最终识别率、识别速度、版面理解正确率及版面还原满意度4个方面作为OCR技术的评测依据。随着深度学习在图像识别等领域内的广泛应用，基于深度学习算法的OCR技术逐渐取代传统算法。随着客观大环境的急速转换，云上办公也被加速推进，对于基于人工智能技术的OCR系统来说，市场的需求量也与日俱增。OCR技术可应用于银行票据、大量文字资料、档案卷宗、文案的录入和处理领域等，适合于银行、税务等行业大量票据表格的自动扫描识别及长期存储。

（5）行人检测：作为机器人、视频监控与车辆辅助驾驶系统最重要的计算机视觉任务之一，行人检测利用计算机视觉技术判断图像或者视频序列中是否存在行人并给予精确定位。该技术可与行人跟踪、行人重识别等技术结合。

【知识拓展】

资源名称	安全帽识别相关积木块含义表	Phtyon代码编写安全帽识别程序
资源类型	文档	文档
资源二维码		

任务 8.3 人工智能文本识别技术的应用——邮件分类

【任务描述】

通过认真阅读本教材任务实施及知识链接，开展调研并收集相关邮件信息，以小组为单位，完成模型训练及程序编程。

【任务成果】

完成并提交学习任务成果8.3。

学习任务成果8.3

搜集正常邮件和垃圾邮件文本资源，使用AI-Training平台完成邮件分类模型训练，使用AI-T编辑器进行积木块搭接，完成邮件分类程序编程，将编程结果粘贴至成果区。

学校				成绩
专业		姓名		
班级		学号		

【任务实施】

一、模型训练

8-5
文本分类模型训练

1．第一步：创建数据集

登录AI–Training平台，点击上方模型训练，进入模型类型选择页面；点击模型类型下拉列表，选择“文本分类”类型，进入图像分类模型页面（图8–3–1）。

点击右上角“创建数据集”按钮，输入数据集名称及描述，点击“确定”完成数据集创建。

2．第二步：上传文本并对文本进行标签分类

进入“文本分类”页面，选择创建的数据集；点击标签筛选右边的“+”号，创建“积极评论”和“消极评论”两个标签；分别选中两个标签，点击“本地上传”，按照上传说明将文本上传至对应标签下（图8–3–2）。

图8–3–1　模型训练——文本分类　　　　图8–3–2　数据集导入

将各标签下文本上传后进行检查，每个标签的文本数不得小于20个，否则无法正常训练模型。

3．第三步：将数据集进行发布

回到“我的数据集”页面，选择创建的数据集；点击版本数下的“1”，点击操作栏的“发布”，对数据进行发布（图8–3–3）。

4．第四步：创建模型并进行训练

点击“我的模型”页面，选择右上角“创建模型”，输入模型名称及描述，点击“确定”完成模型创建（图8–3–4）。

图8–3–3　数据集发布

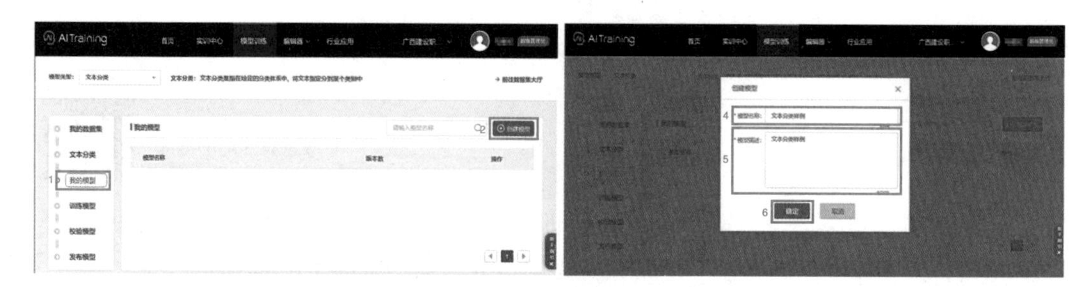

图8-3-4 创建模型

点击“训练”按钮，选择对应的模型、数据集、版本及标签，点击“开始训练”，进入训练等待（图8–3–5）。

图8-3-5 模型训练

查看模型训练进度：点击“我的模型”，进入我的模型页面，选择模型–版本数，进入该模型的版本详情页面。

当模型完成训练后，版本模型状态为“训练完成”。

5．第五步：校验模型

点击“校验模型”按钮，进入模型校验页面，选择校验的模型、模型版本；点击“上传文本”，完成校验文本上传；点击“开始校验”，进行模型校验，在右侧出现校验的结果（图8–3–6）。

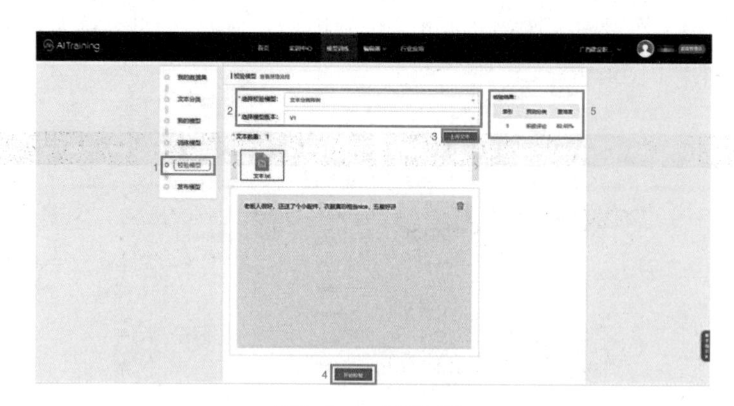

图8-3-6 模型校验

6．第六步：发布模型

点击左侧“发布模型”按钮，选择发布的模型、版本号；点击“发布模型”，完成模型发布。

二、程序编程

1．第一步：进入AI-T（积木模式）编辑器

登录AI-Training平台，点击上方“编辑器”，点击“AI-T编辑器（积木模式）”。

2．第二步：创建项目

选择“新建项目”，将信息填入，单击“新建”完成项目创建（图8-3-7）。

3．第三步：上传待校验文本文件

在编辑器页面左侧单击“媒体”，在文本栏单击“+”号，将文本上传（图8-3-8）。

图8-3-7　打印积木块使用

图8-3-8　文本上传

4．第四步：显示文本文件

在编辑器页面左侧单击“事件”，在列表中选择“显示”，将“显示”积木块拖动至编程区，并将要显示的文本拖动至“显示”积木块内（图8-3-9）。

5．第五步：使用邮件分类模型，并赋值结果

在编辑器页面左侧单击“公共模型”页面，选择训练好的“邮件分类”模型，拖动“标签”“置信度”两个积木块至编程区，并将“文本”插入积木块进行识别，将两个识别结果分别进行赋值（图8-3-10）。

图8-3-9　显示积木块使用

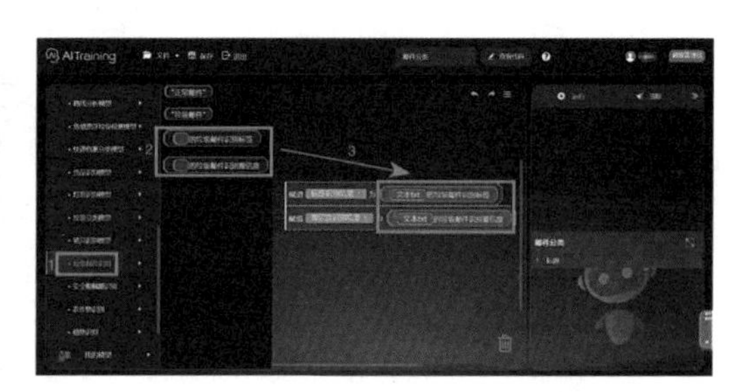

图8-3-10　邮件分类模型使用并赋值

6．第六步：根据识别结果进行条件判断，打印结果并播放音频（图8-3-11）

7．第七步：点击右上角运行按钮，查看程序是否成功运行（图8-3-12）

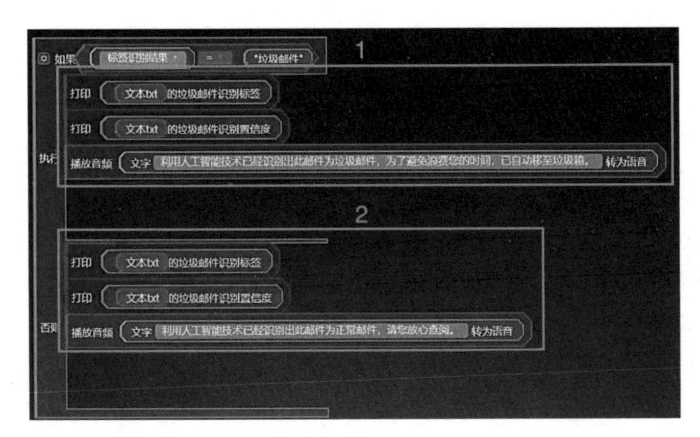

图8-3-11 “条件判断”积木块

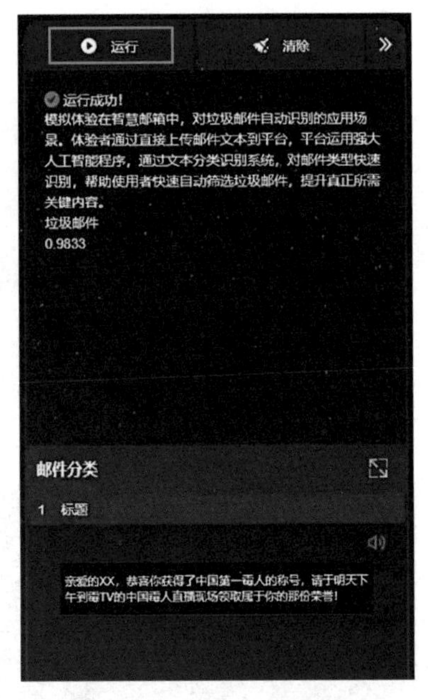

图8-3-12 邮件分类程序运行结果

【知识链接】

知识点一：什么是人工智能文本分类技术

文本分类即用电脑对文本集（或其他实体或物件）按照一定的分类体系或标准进行自动分类标记（图8–3–13）。它可以根据一个已经被标注的训练文档集合，找到文档特征和文档类别之间的关系模型，然后利用这种学习得到的关系模型对新的文档进行类别判断。文本分类从基于知识的方法逐渐转变为基于统计和机器学习的方法。

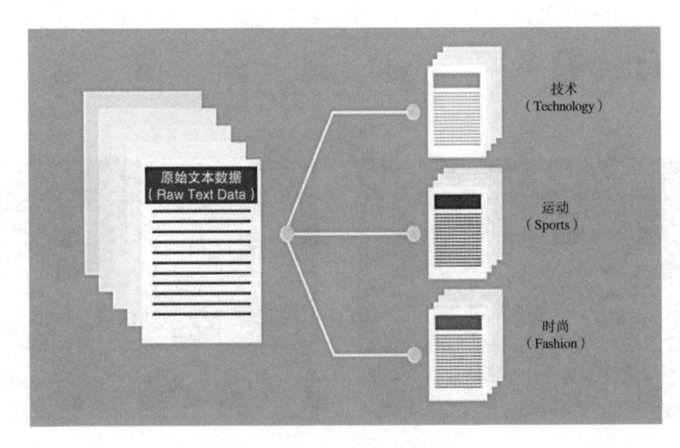

图8–3–13 文本分类

【知识拓展】

资源名称	邮件分类相关积木块含义表	Phtyon代码编写邮件分类程序
资源类型	文档	文档
资源二维码		

任务 8.4 人工智能语音识别技术的应用——智慧办公室

【任务描述】

通过认真阅读本教材任务实施及知识链接，开展调研，以小组为单位，完成程序编程。

【任务成果】

完成并提交学习任务成果8.4。

学习任务成果8.4

使用AI–T编辑器进行积木块搭接，完成智慧办公室程序编程，将编程结果粘贴至成果区。

学校				成绩
专业		姓名		
班级		学号		

【任务实施】

8-6
人工智能语音识别技术的
应用——智慧办公室

一、程序编程

1．第一步：进入AI-T（积木模式）编辑器

登录AI-Training平台，点击上方“编辑器”，点击“AI-T编辑器（积木模式）”。

2．第二步：创建项目

选择“新建项目”，将信息填入，单击“新建”完成项目创建。

3．第三步：对程序必要文字进行打印

在编辑器页面左侧单击“事件”，在出现的列表中选择“打印”积木块，将其拖动至编程区并输入相关文字（图8-4-1）。

图8-4-1　打印积木块使用

4．第四步：上传音频并播放音频

在编辑器页面左侧单击“媒体”，在音频栏单击“+”号，将音频上传（图8-4-2）。

图8-4-2　音频上传

将“播放音频”积木块及上传的音频拖入编程区，并将音频拖入“播放音频”积木块中，实现音频播放（图8–4–3）。

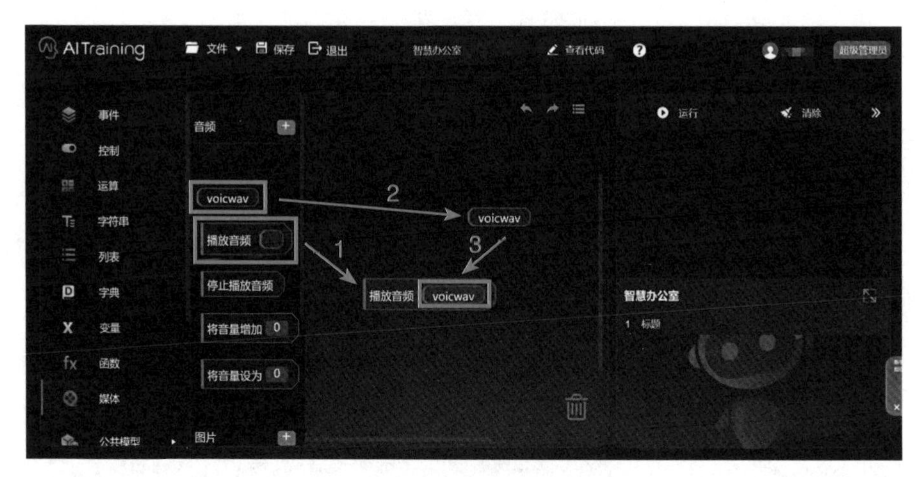

图8–4–3 音频播放积木块使用

5. 第五步：创建等待执行过程

在编辑器页面左侧单击“控制”页面，将“等待”积木块拖动至编程区，填入需要等待的时间，将积木块插入程序之中，完成等待执行过程的加入（图8–4–4）。

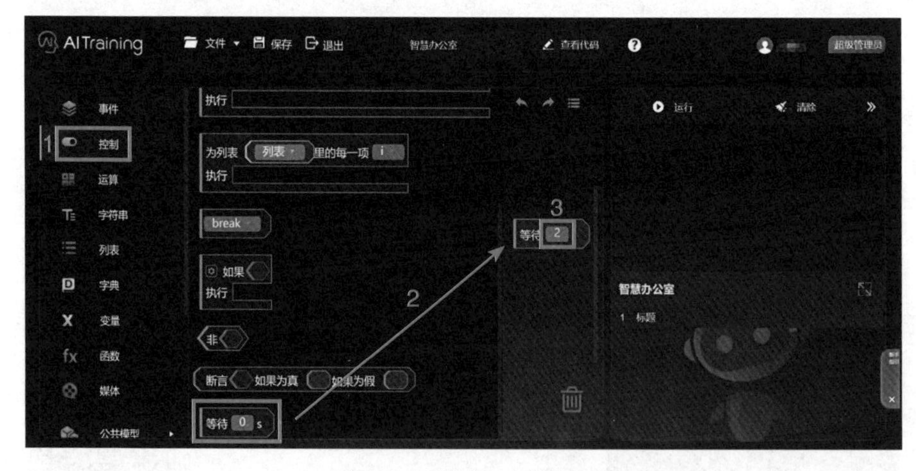

图8–4–4 等待积木块使用

6. 第六步：创建变量并赋值

在编辑器页面左侧单击“变量”页面，选择创建变量，输入变量名称后，单击“确定”完成变量创建（图8–4–5）。

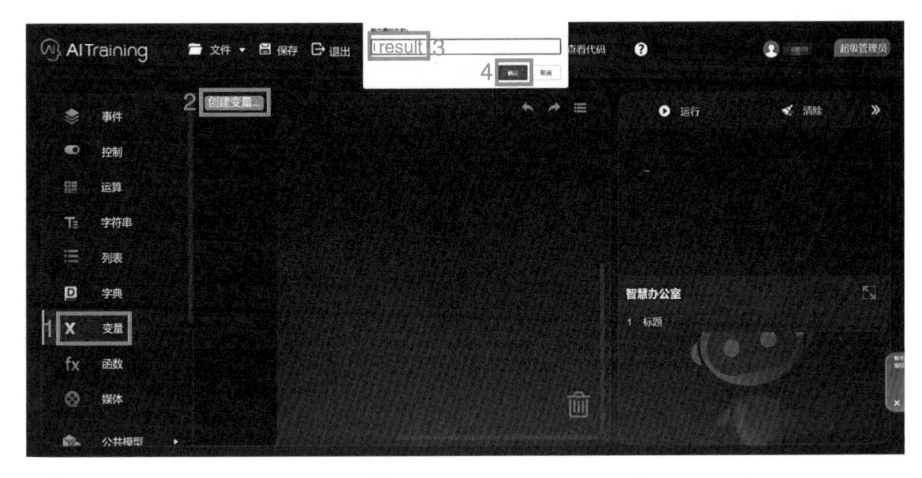

图8-4-5　创建变量

在编辑器页面左侧单击“变量”页面，选择赋值积木块，拖动至编程区，把需要赋值的积木块拖动至赋值积木块后，完成赋值（图8–4–6）。

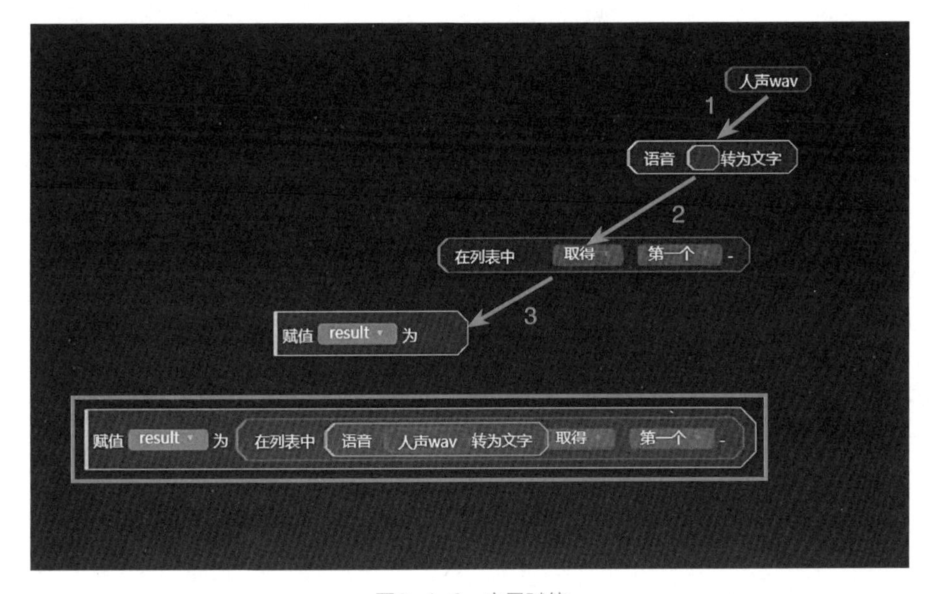

图8-4-6　变量赋值

7．第七步：创建音频播放变量并将文字合成为语音

在编辑器页面左侧单击“基础模型”页面，选择“语音合成”模型，拖动第一个积木块至编程区，输入相应文字并将其赋值（图8–4–7）。

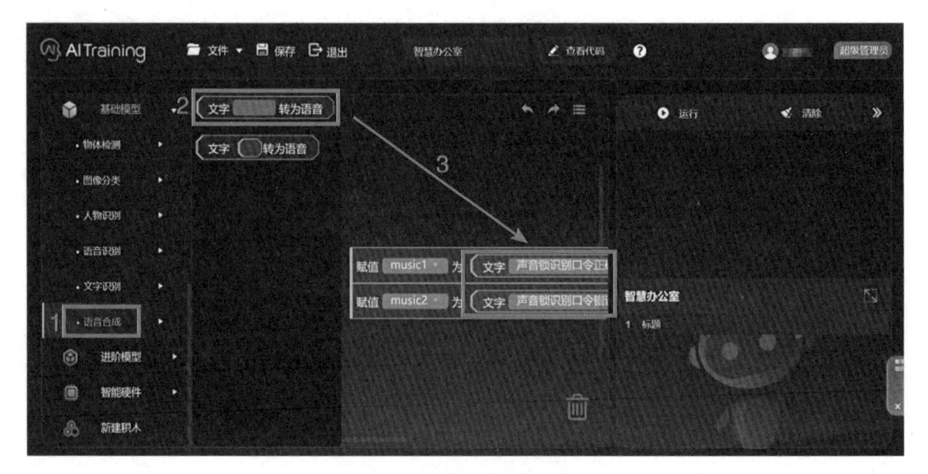

图8-4-7　语音合成积木块使用

8．第八步：根据识别结果进行条件判断，打印结果并播放音频（图8-4-8）

9．第九步：点击右上角“运行”按钮，查看程序是否成功运行（图8-4-9）

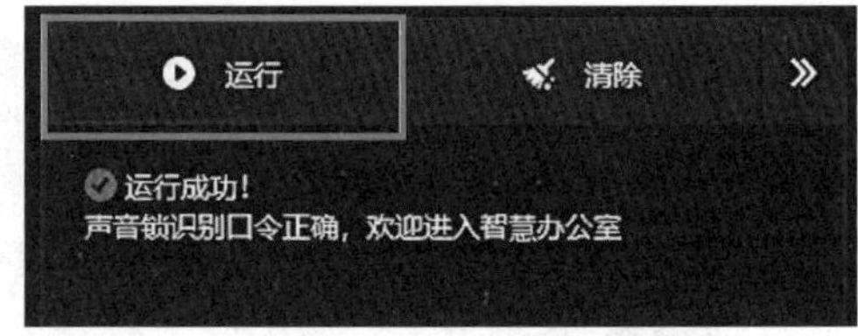

图8-4-9　智慧办公室程序运行结果

图8-4-8　“条件判断”积木块

【知识链接】

知识点一：什么是人工智能语音识别技术

语音识别技术，也被称为自动语音识别（Automatic Speech Recognition，ASR），其目标是将人类语音中的词汇内容转换为计算机可读的输入，例如按键、二进制编码或者字符序列（图8–4–10）。与说话人识别及说话人确

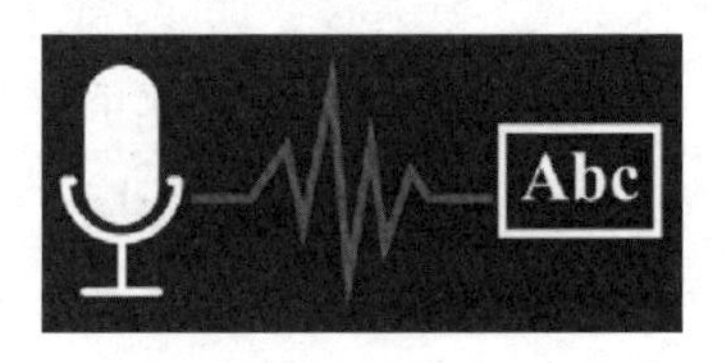

图8-4-10　语音识别

认不同，后者尝试识别或确认发出语音的说话人而非其中所包含的词汇内容。

随着计算机的小型化，键盘、鼠标已经成为计算机发展的一大阻碍。人类的计算机从超大体积发展到现在的“笔记本”，想必未来的计算机可能会有意想不到的小，这时候就需要语音识别来完成命令，这表明了语音识别技术的发展无疑改变了人们的生活。在某些领域，电话正在逐渐地演变成一个服务者而非简单的对话工具，人们可以通过电话使用语音来获取自己想获得的信息，其工作效率也自然而然提高了一个档次。

知识点二：什么是语音合成技术？

语音合成技术，又称文语转换（Text to Speech）技术，能将任意文字信息实时转化为标准流畅的语音朗读出来，相当于给机器装上了人工嘴巴（图8-4-11）。它涉及声学、语言学、数字信号处理、计算机科学等多个学科技术，是中文信息处理领域的一项前沿技术，解决的主要问题就是如何将文字信息转化为可听的声音信息，也即让机器像人一样开口说话。我们所说的“让机器像人一样开口说话”与传统的声音回放设备（系统）有着本质的区别。传统的声音回放设备（系统），如磁带录音机，是通过预先录制声音然后回放来实现“让机器说话”的，这种方式无论是在内容、存储、传输或者方便性、及时性等方面都存在很大的限制。而通过计算机语音合成则可以在任何时候将任意文本转换成具有高自然度的语音，从而真正实现让机器“像人一样开口说话”。

图8-4-11　语音合成

语音合成和语音识别技术是实现人机语音通信，建立一个有“听和讲”能力的口语系统所必需的两项关键技术。使电脑具有类似于人一样的说话能力，是当今时代信息产业的重要竞争市场。和语音识别相比，语音合成的技术相对说来要成熟一些，并已开始向产业化方向成功迈进，大规模应用指日可待。

知识点三：AI数字人

AI数字人指的是利用AI技术，创建的具有自主意识和智能的虚拟人物。它利用计算机算法模拟人的外貌、语言、行为等，实现较高的拟人能力和交互性。目前，常见的AI数字人有以下几种：

1. 虚拟主播

虚拟主播使用AI生成的数字人物，可以自动进行新闻播报，代表作品如新华社的AI新闻主播。

2. 虚拟偶像

如虚拟歌手洛天依，具有自主演唱能力，可以进行实时交互，获得粉丝的喜爱。

3. 游戏NPC

一些游戏中的非玩家角色使用AI赋能，可以实现自主行动、与玩家对话等互动。比如，某游戏中的僵尸模式AI，具有自主寻路和攻击能力等。

4. 智能客服

如腾讯的BabyQ就是一款基于AI的智能客服机器人，可以提供语音或文字对话服务。

5. 社交网络虚拟伴侣

如微软小冰等文字或语音交流的AI伴侣，正在成为社交网络新的玩法。

6. 影视数字角色

使用AI算法生成的数字角色，有望在未来的电影电视作品中大放异彩。

可以预见，随着相关技术的进一步成熟，AI数字人在新闻传播、娱乐互动、商业服务等领域都将有广阔的应用前景。它将以更加人性化和智能化的方式，丰富我们的生活。

【知识拓展】

资源名称	智慧办公室相关积木块含义表	Phtyon代码编写智慧办公室程序
资源类型	文档	文档
资源二维码		

案例拓展

人工智能浪潮下，AI大模型“推波助澜”

AIGC（人工智能生成内容）、人工智能大模型、对话机器人……近年来，人工智能领域技术突破不断，创新成果不断融入社会各个领域，深刻改变着人们的日常工作、生活方式。在博鳌亚洲论坛2023年年会上，多位专家学者、行业领袖围绕人工智能领域技术突破和对人类社会的影响等问题，进行了深度研讨交流。

1．理性看待人工智能颠覆性创新

华为云人工智能领域专家表示，最近人工智能领域前沿技术的巨大突破对社会的影响，或要远远超过当年智能手机的出现。新出现的人工智能技术，不仅改变着人机交互的方式，还极大地提高了生产力。

不过，当前人工智能还有一定的局限性，那就是还未出现拥有人类情感的智能体。人工智能虽然是个“文理通才”，但它仍建立在人类所有知识和理解的基础上，并没有超过人类整个群体的智慧，更不要说拥有自身情感和智慧了。“就比如最近大火的ChatGPT，它的回答水平虽然已经超越很多个体乃至群体，但从机器的视角看，本质上它对于问答了什么一无所知。”小i机器人专家说。

平安银行专家表示，人工智能技术的进步之所以能产生革命性意义，是因为其具有跨界、横向、打通的能力。

“科技的发明具有两面性。”清华大学公共管理学院专家表示，人工智能技术在提高各行各业生产效率的同时，又会对社会结构产生深刻影响，往往会伴随着一些行业的消失与崛起。因此，如何利用新的工具，以适应行业新的发展，成为未来是否能够屹立潮头的重要因素。

人工智能的新产品已经快速融入各行各业，不断塑造新业态、新场景，带来巨大的商业价值。

2．大模型推动AI产业化再加速

AI大模型是近年来最为热门的AI细分领域。相比于小模型，AI大模型具备多个场景通用、泛化和规模化复制等诸多优势，被视为是实现通用人工智能的重要研究方向。无论是ChatGPT，还是文心一言等，都是AI大模型的典型代表，如图8-4-12所示。

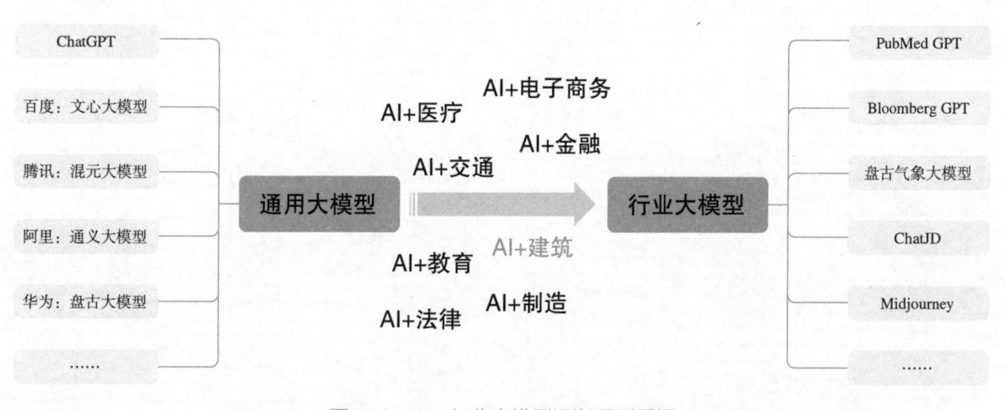

图8-4-12　行业大模型逐渐受到重视

所谓AI大模型，就是经过大规模数据训练后，能够适应一系列任务的模型。深度学习作为人工智能的重要技术，完全依赖模型自动从数据中学习知识，在显著提升性能的同时，也面临着通用数据激增与专用数据匮乏的矛盾。AI大模型兼具“大规模”和“预训练”两种属性，面向实际任务建模前需在海量通用数据上进行预先训练，能大幅提升AI的泛化性、通用性、实用性。

此外，相对于传统的小模型生成模式，AI大模式不仅能够大幅缩减特定模型训练所需要的算力和数据量，缩短模型的开发周期，还能得到更好的模型训练效果。可以说，AI大模型的真正意义在于改变了模型的开发模式，将模型的生产由“小作坊”升级为工业化的“流水线”，而模型开发模式的转变，将使得AI技术能够更广泛地下沉到一些长尾场景。

当然，AI大模型的开发需要具备丰富的开发资源，以及庞大的数据、算力支撑。我国要建构统一架构的多模态AIGC，加快大模型和底层硬件的适配，从而达到降本增效的效果。

评价反馈

1．实训报告

以小组为单位，实现本实训项目的预设目标，完成实训报告撰写，由实训指导老师结合实训内容及实训报告进行综合评价。

实训步骤
（用文字、图片，对实训过程的关键步骤及内容进行记录等）
实训结果
（实现本实训项目预设目标，用文字、图片，对实训结果进行记录等）
实训拓展
（选取实训拓展部分的一点，尝试进行探索实践并记录过程，或者说说自己的思考）
实训总结与体会
（包括实训收获、实训中遇到的难点及解决办法等）

2. 评价反馈

1）学生以小组为单位，对以上学习情境的学习过程与结果进行互评。

生生互评表			
班级：	姓名：	学号：	
评价项目	项目8　了解人工智能技术的应用		
评价任务	评价对象标准	分值	得分
了解人工智能技术	了解人工智能技术的应用场景。	20	
模型训练及积木块编程	掌握相关模型训练方法流程，能够使用积木块对场景下的程序进行编写。	35	
学习纪律	态度端正、认真，无缺勤、迟到、早退现象。	10	
学习态度	能够按计划完成任务。	10	
学习质量	任务完成质量。	10	
协调能力	是否能合作完成任务。	5	
职业素质	是否严格按照规范解决问题。	5	
创新意识	是否能总结操作技巧。	5	
合计		100	

2）教师对学生学习过程与结果进行评价。

教师综合评价表			
班级：	姓名：	学号：	
评价项目	项目8　了解人工智能技术的应用		
评价任务	评价对象标准	分值	得分
了解人工智能技术	了解人工智能技术的应用场景。	20	
模型训练及积木块编程	掌握相关模型训练方法流程，能够使用积木块对场景下的程序进行编写。	35	
学习纪律	态度端正、认真，无缺勤、迟到、早退现象。	10	
学习态度	能够按计划完成任务。	10	
学习质量	任务完成质量。	10	
协调能力	是否能合作完成任务。	5	
职业素质	是否严格按照规范解决问题。	5	
创新意识	是否能总结操作技巧。	5	
合计		100	

项目 9

人工智能机器人在智慧工地施工现场的应用

学习情景

智能建造如何推动建筑业转型升级是当下行业的一大课题，住房和城乡建设部发布《“十四五”建筑业发展规划》明确提出，完善智能建造政策和产业体系、夯实标准化和数字化基础、推广数字化协同设计、大力发展装配式建筑、打造建筑产业互联网平台、加快建筑机器人研发和应用、推广绿色建造方式7项措施。

针对“加快建筑机器人研发和应用”这一措施，目前，工地现场正逐步投入使用一批建筑机器人，如喷涂机器人、BIM放样机器人、幕墙机器人、砌砖机器人、地面抹平机器人、地砖铺贴机器人等。那么机器人是怎么建房子呢？本项目以广东博智林机器人有限公司开发的建筑机器人为例进行介绍。

学习目标

1. 素质目标

建筑业转型升级背景下，了解人工智能机器人研发故事，养成科学钻研的创新精神；通过学习智能机器人操作步骤，养成注重细节的好习惯。

2. 知识目标

（1）了解智慧工地中人工智能机器人的应用；

（2）掌握机器人的分类。

3. 能力目标

能够复述测量机器人、地面抹平机器人、喷涂机器人的操作步骤及其注意事项，实现智能机器人的施工作业。

思维导图

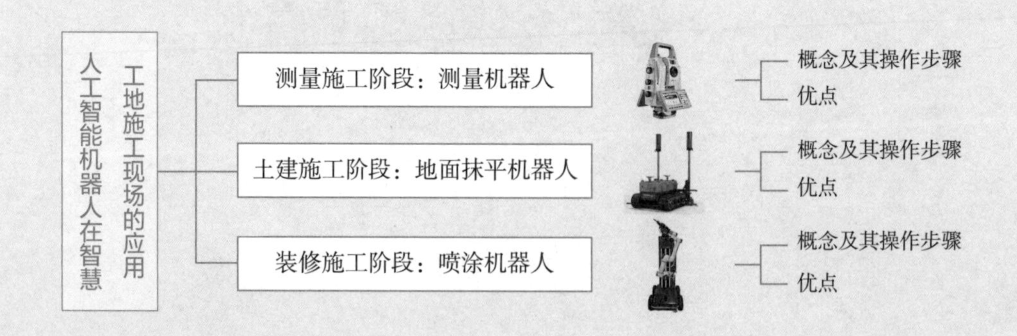

任务 9.1
人工智能测量机器人

【任务描述】

通过认真阅读本教材及建筑测量相关教材的知识点，开展调研，以小组为单位，对传统测量与测量机器人施工对比分析，并完成一份传统测量和人工智能测量对比的分析表。

掌握测量机器人操作步骤。通过教学演示，复述测量机器人的操作步骤及其注意事项，并完成一份测量机器人操作指南。

【任务成果】

完成并提交学习任务成果9.1–1、9.1–2。

学习任务成果9.1–1

分项	传统测量	测量机器人
现场作业图		
施工作业描述		
人工		
工时		
优点		
缺点		
注意事项		

学校				成绩
专业		姓名		
班级		学号		

学习任务成果9.1–2

机器人名称	步骤	分步骤/方法
测量机器人	测前准备	
	设站定向	
	测量	

操作建议（结合小组操作过程中提出机器人操作建议）

学校				成绩
专业		姓名		
班级		学号		

【任务实施】——测量机器人的操作步骤

测量机器人具有Captivate机载软件，能将抽象的点位数据转换为逼真的3D模型。测量机器人的工作流程，主要包括“测前准备”—“设站定向”—“测量”三个步骤。

一、测前准备

1. 新建项目

新建的项目自动位于屏幕中间位置，并呈放大效果状，表示当前正在或将要使用的项目。如果有多个项目时，需要左右滑动项目名称，选择已有的项目名称，居中显示即可（图9-1-1）。

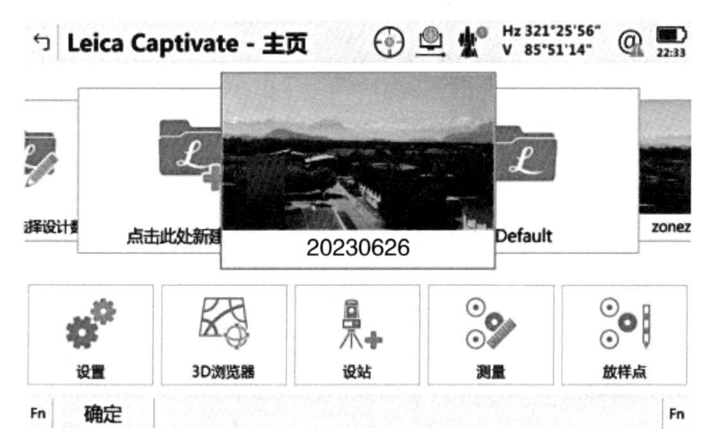

图9-1-1　新建项目

2. 新建坐标点

点击【新建】进行人工输入点坐标。

输入点号及坐标值后，点击【保存】。

在【点】标签页面，选中点，点击【编辑】可以对人工输入的点坐标进行修改。对于测量的点不能修改坐标，只能改点名和查看该点的原始角度、距离等观测值信息（图9-1-2）。

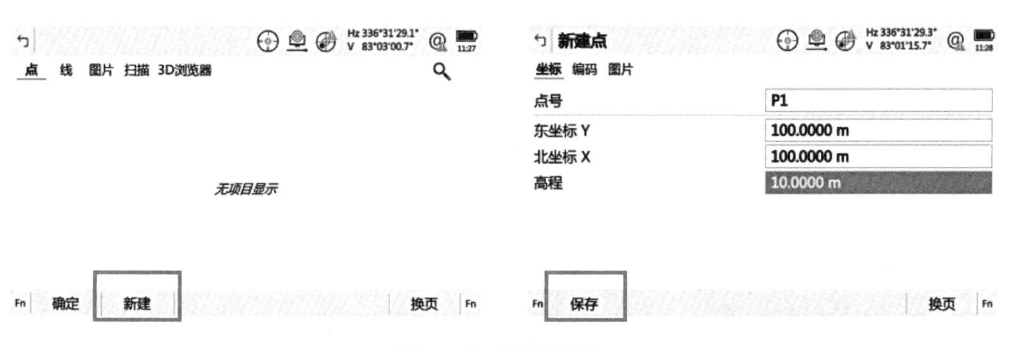

图9-1-2　新建坐标点

3. 设置棱镜类型、测距模式

详细设置可以在Leica Captivate主页—【设置】—【全站仪】—【测量模式和目标】（图9–1–3）。

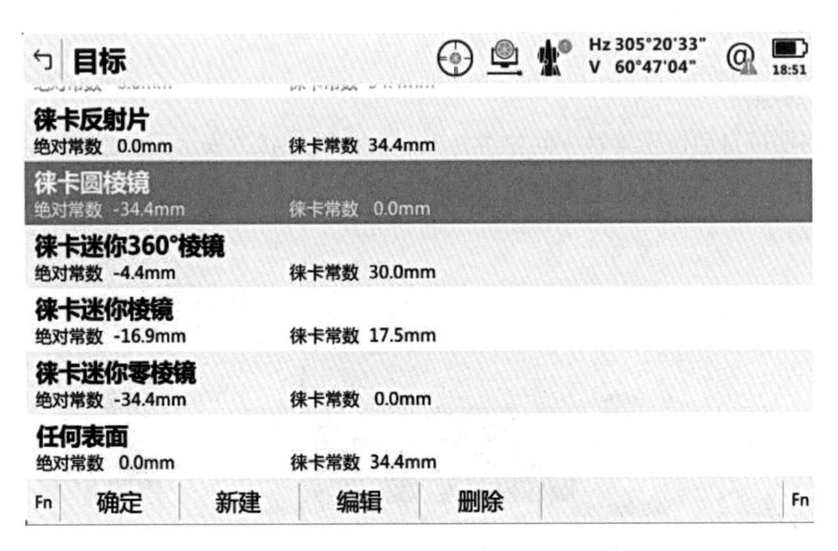

图9–1–3　选择并设置目标棱镜类型

4. 设置气象改正参数

详细设置可以在Leica Captivate主页—【设置】—【全站仪】中进行设置。气象改正包括温度、气压、湿度，设置后自动计算出大气ppm改正值（图9–1–4）。

图9–1–4　设置气象改正参数

二、设站定向

1. 已知后视点方法设站

选择【已知后视点】设站方式，点击【确定】。

选择正确的测站点号，输入正确的仪器高（不需要测量高程值时，仪器高可以默认为0），点击【确定】（图9–1–5）。

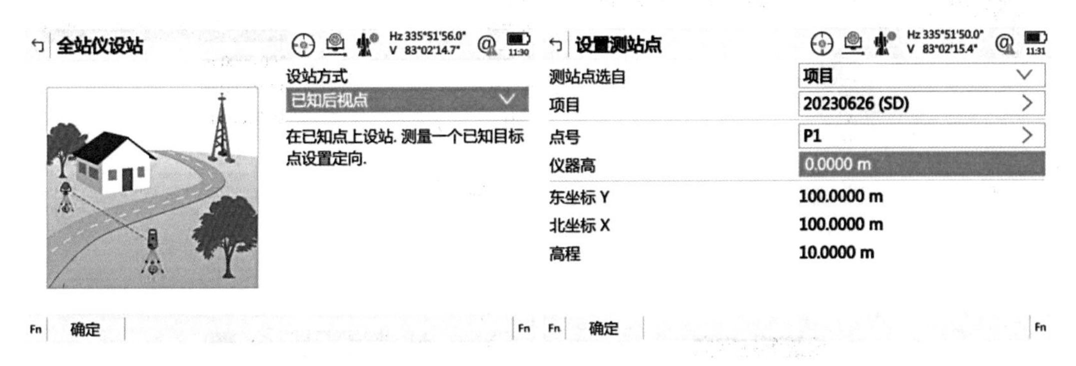

图9–1–5　已知后视点方法设站

选择正确的后视点号，点击【测距】，如果平距差很小，说明架站和已知坐标值相符，否则需要查找原因。无误后点击【设置】。

如果后视点坐标之前未输入，可以选中后视点号这行，再点击【回车】即可进入点编辑管理列表里进行新建点（图9–1–6）。

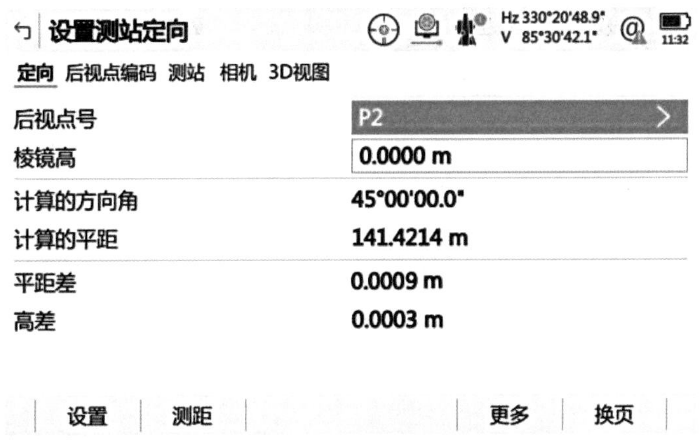

图9–1–6　后视点信息设置

2．设置方位角方法设站

选择【设置方位角】设站方式，点击【确定】。

选择正确的测站点号，输入正确的仪器高（不需要测量高程值时，仪器高可以默认为0），点击【确定】（图9–1–7）。

选择正确的后视点号，输入正确的坐标方位角度数，检查无误后点击【设置】（图9–1–8）。

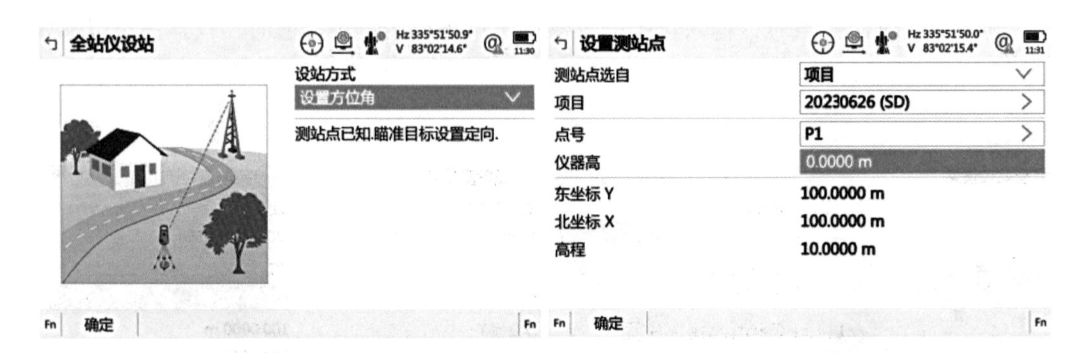

图9–1–7　设置方位角方法设站

图9–1–8　输入坐标方位角度数

3. 后方交会方法设站

选择【后方交会】设站方式，点击【确定】。

输入新的测站点号和正确的仪器高（不需要测量高程值时，仪器高可以默认为0），如果后视已知点不在当前项目中，需要勾选【从不同项目选择目标点】再进行选择，点击【确定】（图9–1–9）。

图9–1–9　后方交会方法设站

三、测量

1. 开始测量

基本参数设置完成后，将当前作业居中显示后，点击【测量】进入测量界面（图9–1–10）。

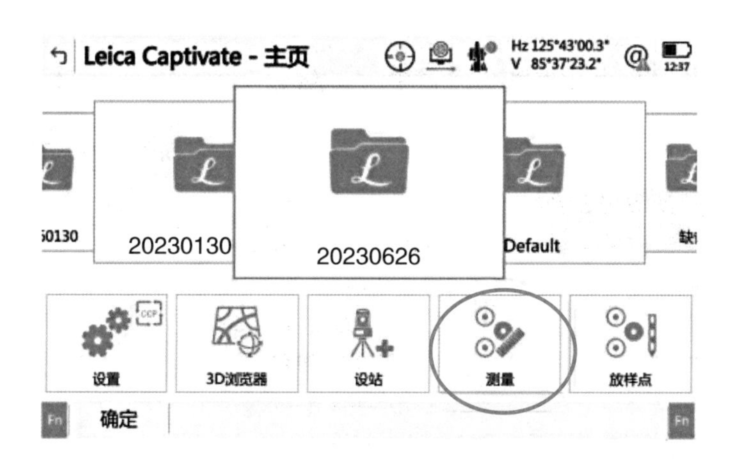

图9–1–10　选择测量界面

输入点号和目标棱镜高后：

（1）点击【测距】，会显示当前距离坐标等观测值信息，但是数据未存储，需要点击【保存】才记录数据到项目里。

（2）点击【测量】，则自动测量并保存数据，自动显示下一待测点点号，无法看到当前观测距离坐标值等信息（图9–1–11）。

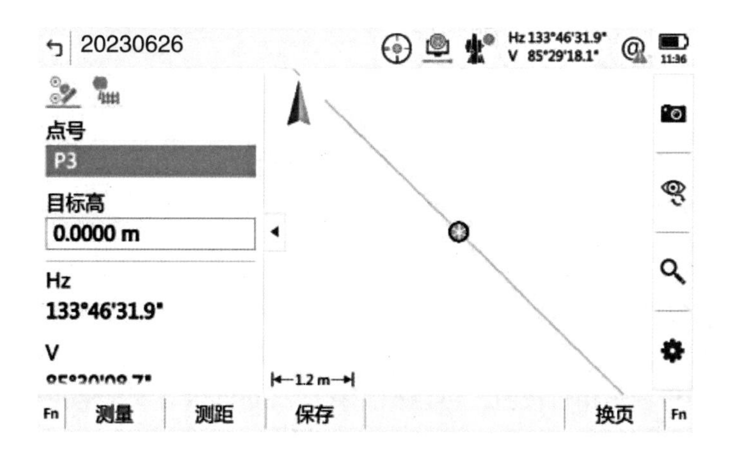

图9–1–11　选择测量、测距界面

2. 修改显示内容

如果要更改当前测量点显示信息或显示顺序，可以在自定义设置中【我的测量界面】进行修改（图9–1–12）。

根据需要调整显示内容和先后顺序，然后点击【确定】。如果要查看已测量过的点信息，可以按【F8】快捷键（提前设置好快捷键）进入点管理列表里查看或编辑（图9–1–13）。

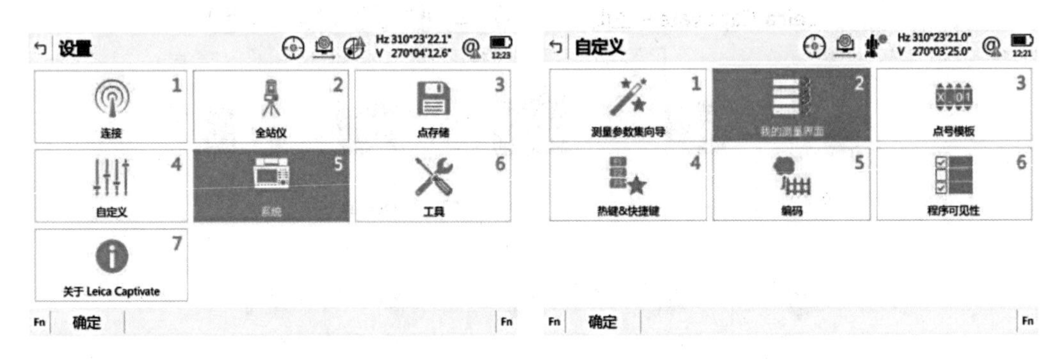

图9–1–12　修改显示内容

图9–1–13　测量界面设置

3. 相机测量、瞄准、对焦

点击测量界面右侧右上角的相机按钮，出现广角相机图像（图9–1–14）。

使用触笔点击图像任意位置，仪器望远镜将自动转动，并照准图像中被点击的目标位置。此时广角相机图像中有大圆圈的十字丝中心，并非望远镜的中心（图9–1–15）。

点击【测距】或【测量】按钮后，广角相机的十字丝（无圆圈）中心才指示为望远镜中心所对应的目标点。测量后的点直接附着在图像上。此刻若转动望远镜超过一定角度时，又自动恢复成左图带圆圈的十字丝，变成非望远镜中心（图9–1–16）。

点击图9–1–17右侧相机按钮，可以拍照存储，并可以与测量的点进行关联，后期在导出的CAD图形中可以直接打开查看。

点击右侧的望远镜相机图标（圆圈所示）就可以出现望远镜相机视图。此时，图像

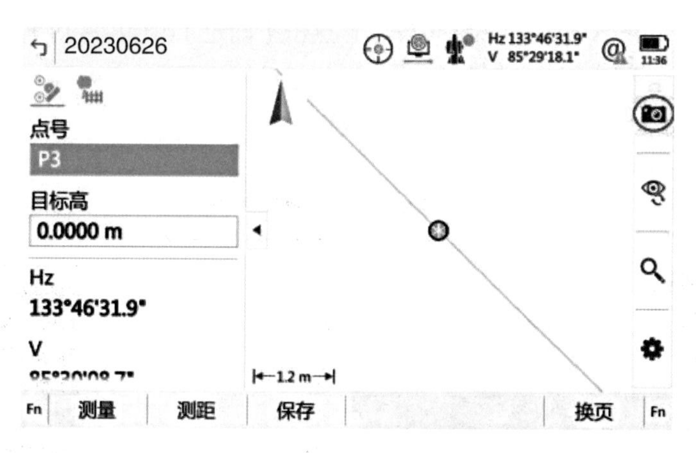

图9-1-14　广角相机图像设置

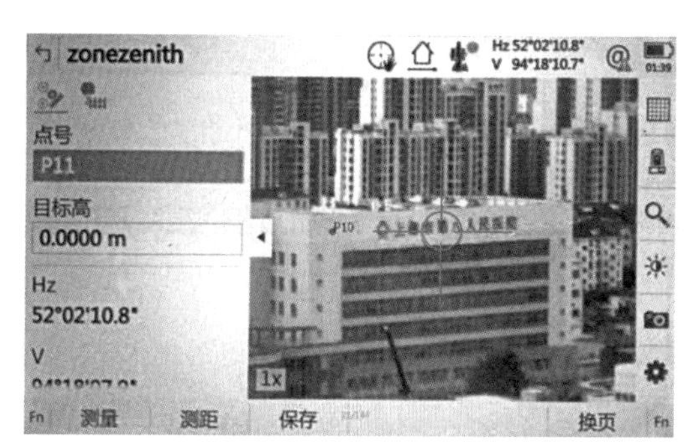

图9-1-15　触笔点击图像

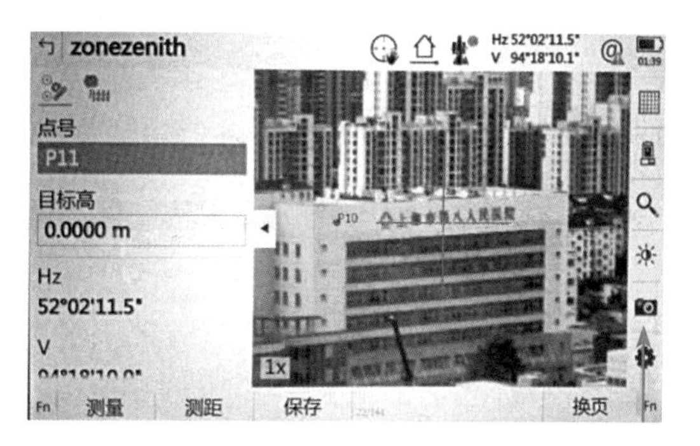

图9-1-16　广角相机中心对应望远镜中心

视野变小，十字丝也变成熟悉的双线十字丝，就可通过图像双线十字丝中心来瞄准目标。如果目标不清晰，可以按全站仪侧面的自动对焦按钮，使目标自动变为清晰图像；或者使用手动调焦按钮调清晰。

点击放大镜按钮，可以放大望远镜相机目标图像，最大可以放大8倍。

4. 置零

该步骤一般是人工测导线时才需要此功能。首先，检查找到【Set orientation】置零插件程序（图9–1–18）。

图9–1–17　望远镜相机视图

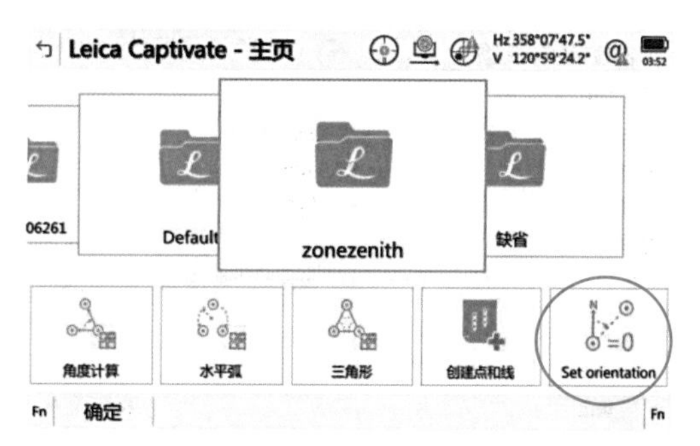

图9–1–18　置零设置选择

然后，找到【TS Set orientation】程序，点击【确定】(图9-1-19)。

接着，在测量界面，直接按【F12】热键，自动进入图9-1-20界面，点击【Az=0】。最后，确认无误后，点击【设置】，自动返回到测量界面。

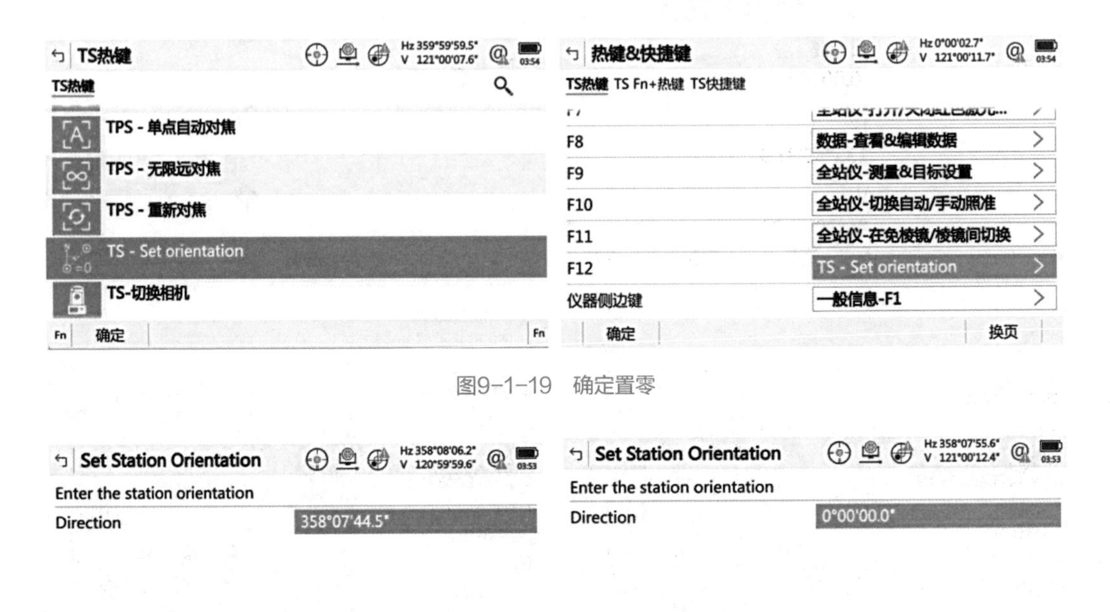

图9-1-19 确定置零

图9-1-20 方位置零

5. 自动点测量

如果需要使用自动点测量，可以按时间间隔或距离间隔等方式进行自动测量。Leica Captivate主页—【设置】—【全站仪】—【测量模式和目标】。先设置好连续测距模式以及启动LOCK锁定跟踪功能（图9-1-21）。

在【自动测量点】标签页面，将【自动测量点】打钩，设置“时间或距离”方式以及【测量间隔】，然后点击【确定】(图9-1-22)。

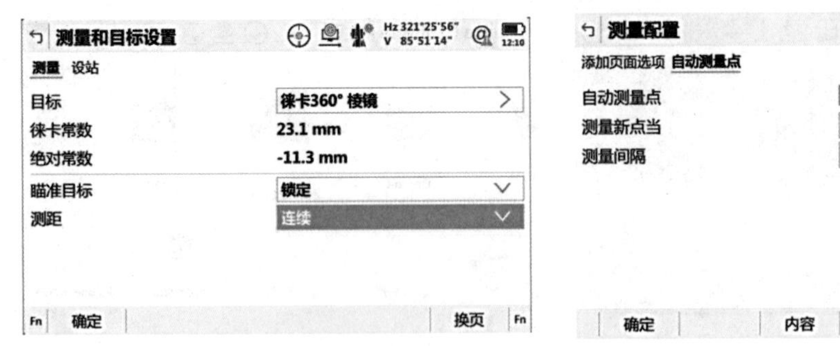

图9-1-21 连续测距模式设置

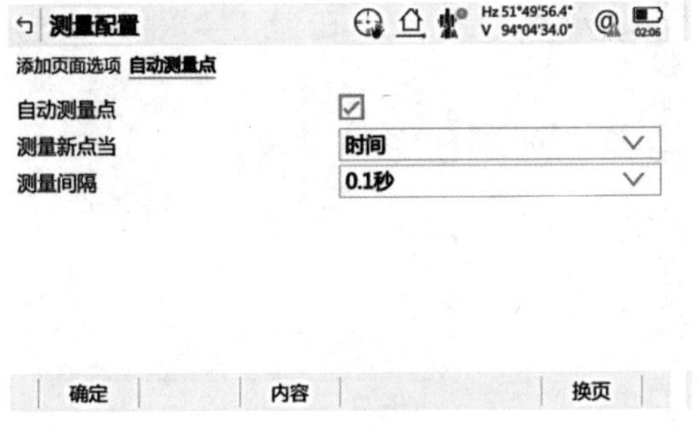

图9-1-22 测量新点当以及测量间隔设置

回到测量界面，第三个自动测量点标签界面，点击【开始】将开始自动测量（图9–1–23）。

6. 悬高测量

在测量界面，先瞄准悬高测量下方的基点目标，点击【测距】，然后按【Fn】键（图9–1–24）。

点击【工具】—【测量悬高点】。垂直转动望远镜，则可以得到悬高点的高程等信息。如果需要保存，则输入点号进行悬高点【保存】。点击【基点】则可重新回到测量界面，进行基点测量（图9–1–25）。

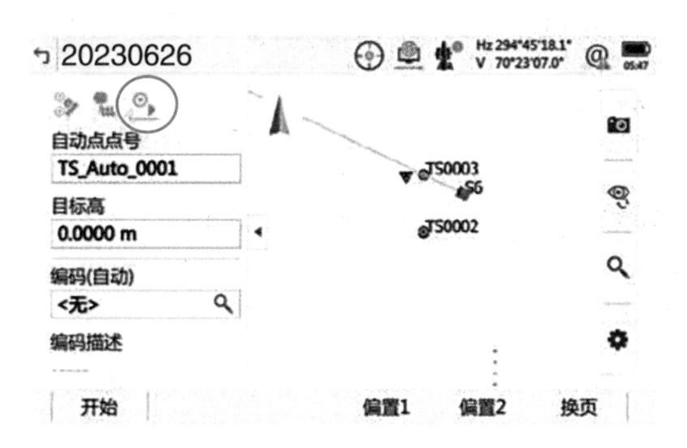

图9–1–23　设置自动测量

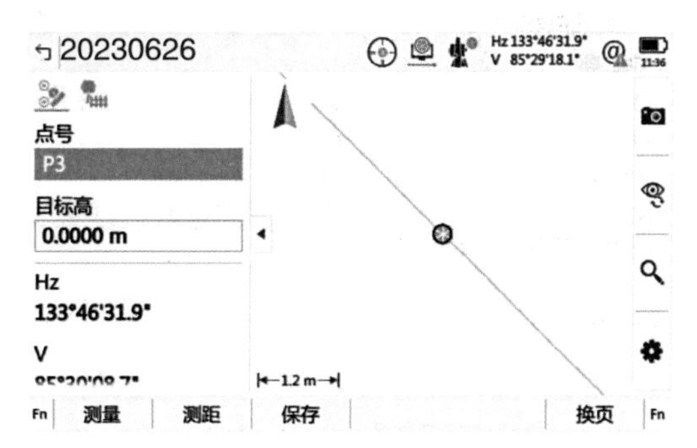

图9–1–24　悬高测量测距设置

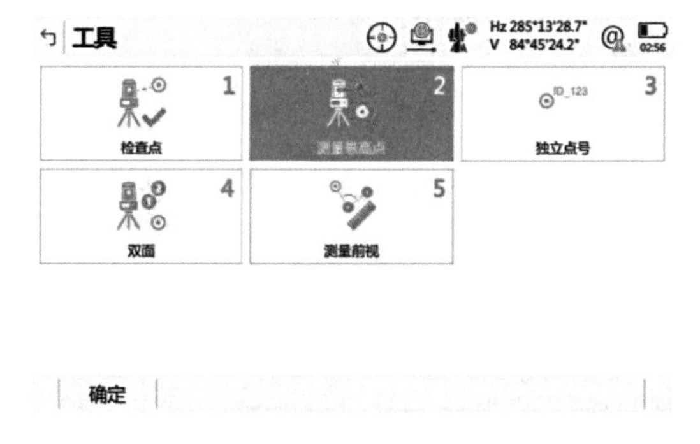

测量悬高点
悬高点

点号	W6
悬-基点高差	-0.0002 m
Hz	285°13'36.1"
V	84°45'29.0"
斜距	6.9580 m
平距	6.9289 m
东坐标 Y	93.3536 m

Fn　保存　基点　Fn

图9–1–25　悬高点信息保存

7. 全景图

当望远镜相机无法完整拍摄整个环境照片时，可以使用本功能。首先，点击键盘【★】，在快捷菜单中点击【全景图】（图9–1–26）。

选择全景图范围方法后，点击【确定】。在【相机】标签页面，转动仪器瞄准第一个对角，点击【增加】。转动仪器，瞄准第二个对角，点击【确定】。在【亮度控制】选择【每张图像】或【首张图像】，点击【开始】（图9–1–27）。最后等待组合照片，点击【保存】。

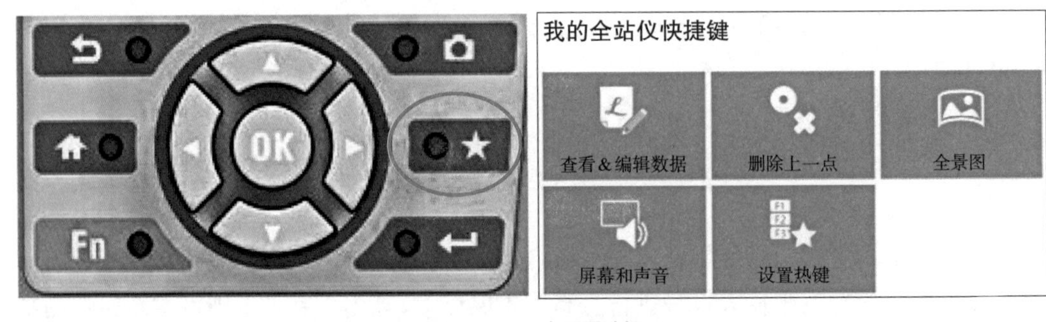

图9-1-26　全景图选择

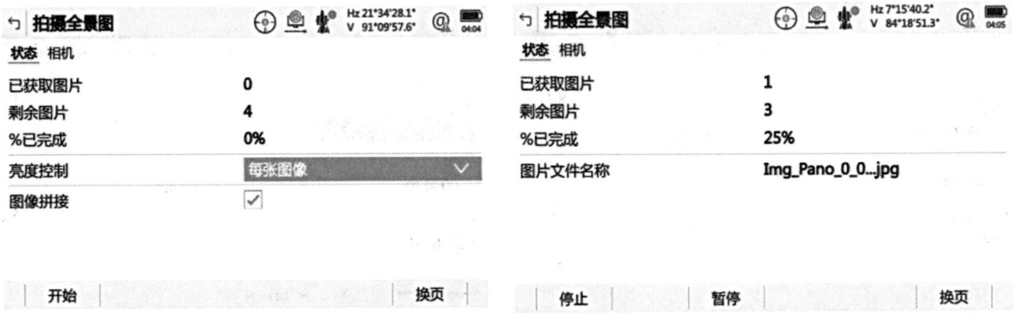

图9-1-27　全景图获取并组合

【知识链接】

知识点一：传统施工测量

施工测量即各种工程在施工阶段所进行的测量工作。其主要任务是在施工阶段将设计在图纸上的建筑物的平面位置和高程，按设计与施工要求，以一定的精度测设（放样）到施工作业面上，作为施工的依据，并在施工过程中进行一系列的测量控制工作，以指导和保证施工按设计要求进行。

施工测量是直接为工程施工服务的，它既是施工的先导，又贯穿于整个施工过程。从场地平整、建（构）筑物定位、基础施工，到墙体施工、建（构）筑物构件安装等工序，都需要进行施工测量，才能使建（构）筑物各部分的尺寸、位置符合设计要求。其主要内容有：

（1）建立施工控制网；

（2）依据设计图纸要求进行建（构）筑物的放样；

（3）每道施工工序完成后，通过测量检查各部位的实际平面位置及高程是否符合设计要求；

（4）随着施工的进展，对一些大型、高层或特殊建（构）筑物进行变形观测，作为鉴定工程质量和验证工程设计、施工是否合理的依据。

知识点二：传统测量仪器的介绍

1. 水准仪

水准仪是建立水平视线测定地面两点间高差的仪器。原理为根据水准测量原理测量地面点间高差。主要部件有望远镜、管水准器（或补偿器）、垂直轴、基座、脚螺旋等。按结构分为微倾水准仪、自动安平水准仪、激光水准仪和数字水准仪（又称电子水准仪）；按精度分为精密水准仪和普通水准仪。

2. 经纬仪

经纬仪是一种根据测角原理设计的测量水平角和竖直角的测量仪器，分为光学经纬仪和电子经纬仪两种，最常用的是电子经纬仪。经纬仪是望远镜的机械部分，使望远镜能指向不同方向。经纬仪具有两条互相垂直的转轴，以调校望远镜的方位角及水平高度。经纬仪是一种测角仪器，它配备照准部、水平度盘和读数的指标、竖直度盘和读数的指标。

3. 全站仪

全站仪，即全站型电子测距仪，是一种集光、机、电为一体的高技术测量仪器，是集水平角、垂直角、距离（斜距、平距）、高差测量功能于一体的测绘仪器系统。与光学经纬仪比较，电子经纬仪将光学度盘换为光电扫描度盘，将人工光学测微读数代之以自动记录和显示读数，使测角操作简单化，且可避免读数误差的产生。因安置一次仪器就可完成该测站上全部测量工作，所以被称为全站仪，广泛用于地上大型建筑和地下隧道施工等精密工程测量或变形监测领域。

知识点三：测量机器人的介绍

测量机器人又称自动全站仪，是一种集自动目标识别、自动照准、自动测角与测距、自动目标跟踪、自动记录于一体的测量平台（图9-1-28）。它的技术组成包括坐标系统、操纵器、换能器、计算机和控制器、闭路控制传感器、决定制作、目标获取和集成传感器等八大部分。

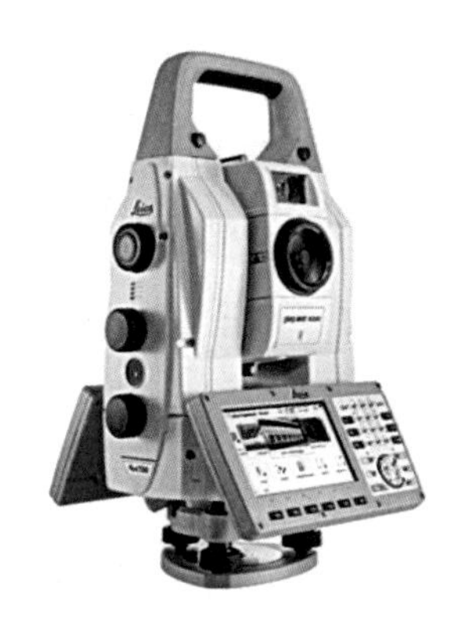

图9-1-28　徕卡测量机器人

（1）坐标系统为球面坐标系统，望远镜能绕仪器的纵轴和横轴旋转，在水平向360°、竖向180°范围内寻找目标；（2）操纵器的作用是控制机器人的转动；（3）换能器可将电能转化为机械能以驱动步进马达运动；（4）计算机和控制器的功能是从设计开始到终止操纵系统、存储观测数据并与其他系统接口，控制方式多采用连续路径或点到点的伺服控制系统；（5）闭路控制传感器将反馈信号传送给操纵器和控制器，以进行跟踪测量或精密定位；（6）决定制作主要用于发现目标，如采用模拟人识别图像的方法（称为试探分析）或对目标局部特征分析的方法（称为句法分析）进行影像匹配；（7）目标获取用于精确地照准目标，常采用开窗法、阈值法、区域分割法、回光信号增强法以及方形螺旋式扫描法等；（8）集成传感器包括采用距离、角度、温度、气压等传感器获取各种观测值。

由影像传感器构成的视频成像系统，通过影像生成、影像获取和影像处理，在计算机和控制器的操纵下实现自动跟踪和精确照准目标，从而获取物体或物体某部分的长度、厚度、宽度、方位、二维和三维坐标等信息，进而得到物体的形态及其随时间的变化。有些自动全站仪还为用户提供了一个二次开发平台，利用该平台开发的软件可以直接在全站仪上运行，利用计算机软件实现测量过程、数据记录、数据处理和报表输出的自动化，从而在一定程度上实现了监测自动化和一体化。

知识点四：测量机器人的特点

测量机器人具有无人值守、全自动（定时或连续）长期监测、监测精度高、及时处理、可靠性高等特点。测量机器人主要计算机与全站仪的通信模块、学习测量模块、自动测量模块和成果输出模块等几部分构成。

（1）计算机与全站仪的通信模块，是实现测量自动化的一个最基本的功能模块，它的主要功能是解决计算机与全站仪之间的双向数据通信，人工操作计算机来向仪器发出指令，仪器执行相应的操作后返回给计算机一些相应的信息，从而来完成整个通信过程。（2）学习测量模块，可使测量机器人根据已有的数据，具有记忆的功能，将测量原始数据存储，并在以后的自动测量中调用数据来进行自动化的重复观测，得到不同时刻观测点的三维坐标信息，该模块为自动测量模块提供了基础数据。（3）自动测量模块，其功能主要是根据用户的设定，根据学习测量的数据，定时对特定点位进行自动观测，自动存储测量成果，包括原始数据和经过差分改正后的数据，从而得到不同变形点位的变形数据，经过多期观测值的累积以及首期观测值之间的比较差值，就可以得到不同点在不同周期下的变形趋势。（4）成果输出模块，可以提供变形量报表、不同周期的变形量趋势图等资料，使得变形成果资料更加生动并能够满足不同用户的需求。

知识点五：测量机器人的应用

利用测量机器人自动跟踪目标、实时测量的特点，在测绘工程和工业测量等方面均有重要应用。

（1）边坡（包括自然边坡和人工边坡）因受地质产状、岩性、地质构造、水、人工扰动和地震等因素的综合影响，易造成边坡失稳，从而产生滑坡、崩坍、变形失稳、泥石流、塌陷等地质灾害，这些地质灾害是目前安全生产的最大隐患之一，目前广东、四川等一些雨水较多的省份已经利用测量机器人成功对边坡进行有效和精确的变形监测。

（2）在道路路基施工和路面施工中，利用测量机器人实时跟踪测量的优势，可以随时得到施工点的平面位置和施工标高，若知道该点的设计标高，就可以得到该点处的填挖高度，从而使道路施工的动态控制成为可能。大大提高施工效率和精度，减轻测量人员的劳动强度，实现了道路测量与施工的自动化、一体化、程序化。

（3）测量机器人已经成为大跨度桥梁施工过程中进行施工监测和控制的主要工具。在大跨度桥梁结构施工过程中，由于桥梁结构的空间位置会随施工进展不断发生变化，要经历一个漫长和多次的体系转换过程，若同时考虑到施工过程中结构自重、施工荷载以及混凝土材料的收缩、徐变、材质特性的不稳定性和周围环境温度变换等因素的影响，将使得施工过程中桥梁结构各个施工阶段的变形不断发生变化，在不同程度上影响成桥目标的实现，并可能导致桥梁合龙困难、成桥线形与设计要求不符等问题。故，在施工阶段就需要对桥梁施工过程进行监控，不仅能保证施工质量和安全，同时还可为桥梁的长期健康监测与运营阶段的维护管理留下宝贵的参数资料。

（4）在地铁隧道变形监测中，通过自动化测量机器人监测设备系统，把在外力作用下地铁隧道变化数据传送至控制器或仪器内，通过处理软件，计算断面收敛量，再通过互联网及远程通信系统，使有关各方随时掌握地铁隧道收敛情况和规律，可有效保障地铁的安全运行。

任务 9.2 人工智能地面抹平机器人

【任务描述】

通过认真阅读本教材及建筑施工相关教材知识点，开展调研，以小组为单位，对传统地面抹平施工与地面抹平机器人施工对比分析。

掌握地面抹平机器人操作步骤。通过教学演示，复述地面抹平机器人的操作步骤及其注意事项。

【任务成果】

完成并提交学习任务成果9.2–1、9.2–2。

学习任务成果9.2–1

分项	传统地面抹平施工	地面抹平机器人施工
现场作业图		
施工作业描述		
人工		
工时		
优点		
缺点		
注意事项		

学校				成绩
专业		姓名		
班级		学号		

学习任务成果9.2-2

机器人名称	步骤	注意事项
地面抹平机器人	使用前置条件	
	开机	
	控制模式选择	
	激光发射器安装调试	
	遥控器端控制	
	自动作业	
	状态显示	
	关机	

操作建议（结合小组操作过程中提出机器人操作建议）

学校				成绩
专业		姓名		
班级		学号		

【任务实施】——地面抹平机器人的操作步骤

一、使用前置条件

机器人施工前置条件（图9–2–1），具体如下：

（1）混凝土楼面达到初凝状态，表面硬度达到要求（人行走不留下深痕）；

（2）板面标高在–5 ~ 8mm范围内；

（3）用脚轻踩混凝土面，确认踩痕在3mm左右。

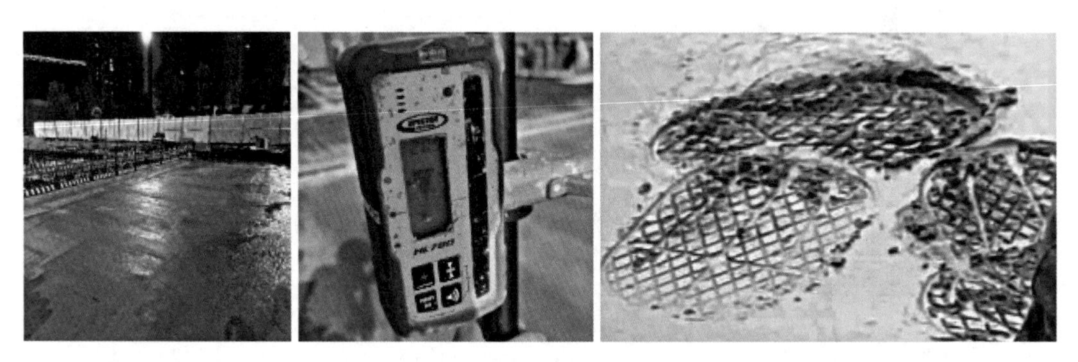

图9–2–1　地面抹平机器人使用前置条件

二、机器人外观（图9–2–2）

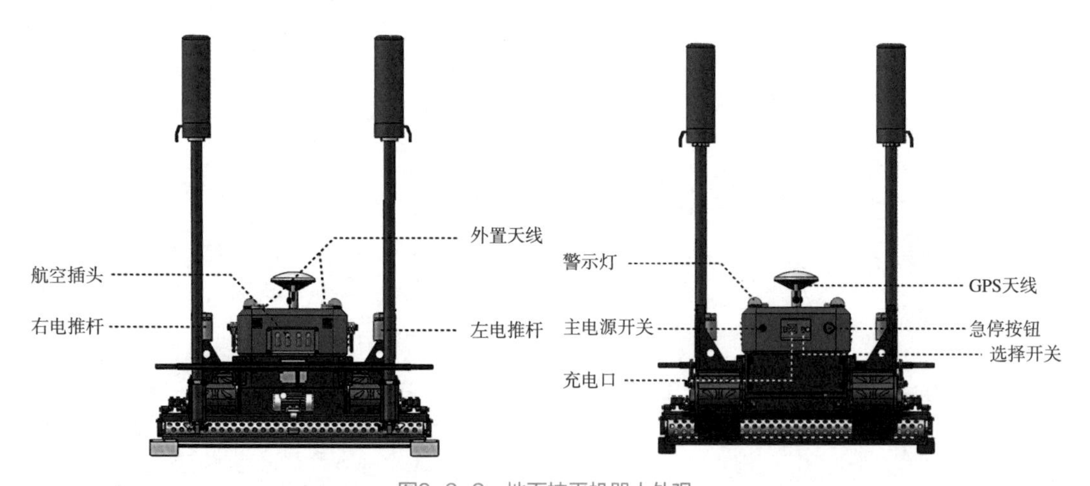

图9–2–2　地面抹平机器人外观

三、开机

按下主电源开关，开关指示灯亮绿灯，机器人通电，内部控制系统启动，机器人将发出“机器人启动，请注意”提示声音。

四、关机

再次按下主电源开关，间隔约3s，开关指示灯熄灭，机器人断电。

五、控制模式选择

（1）遥控模式。将模式选择开关置于“遥控”位置，机器人将处于遥控操作模式，可通过遥控器端操作控制机器人。

（2）PAD模式。将模式选择开关置于“PAD”位置，机器人将处于PAD操作模式，可通过PAD端操作控制机器人。

六、激光发射器安装调试

（1）架设激光发射器。选择空旷无遮挡的场地架设三脚架，安装激光发射器。将手持标定杆上的一米刻线对齐现场一米标高线，保持标定杆竖直，上下调整激光发射器，直至手持标定杆上手持激光接收器读数居中（图9–2–3）。

（2）安装抹平机激光接收器。安装激光接收器至2根固定杆上，激光接收器底部与定位座接触后，拧紧激光接收器螺母。

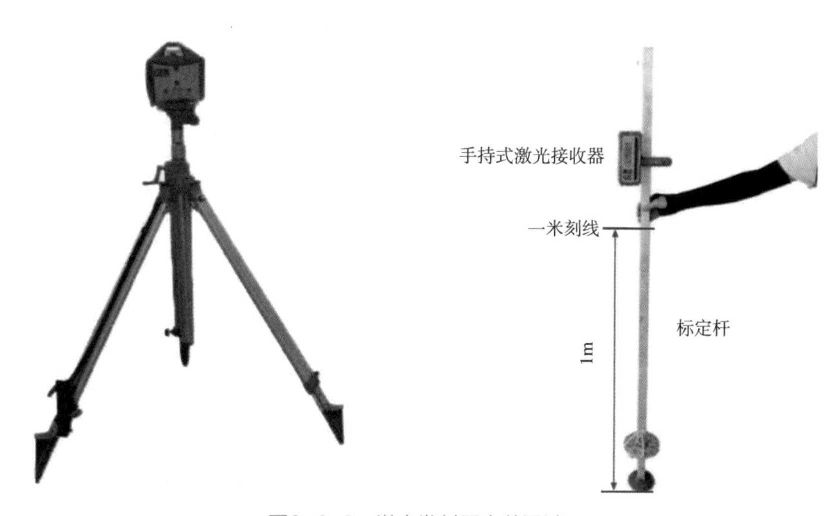

图9–2–3　激光发射器安装调试

七、遥控器端控制

1．遥控操作面板介绍（图9–2–4）

2．遥控器开机

旋转遥控器电源开关置ON状态，遥控器开机，显示屏将点亮。

遥控器开机状态下，长按遥控器启动按钮约3s，遥控器将与机器人建立连接；如未

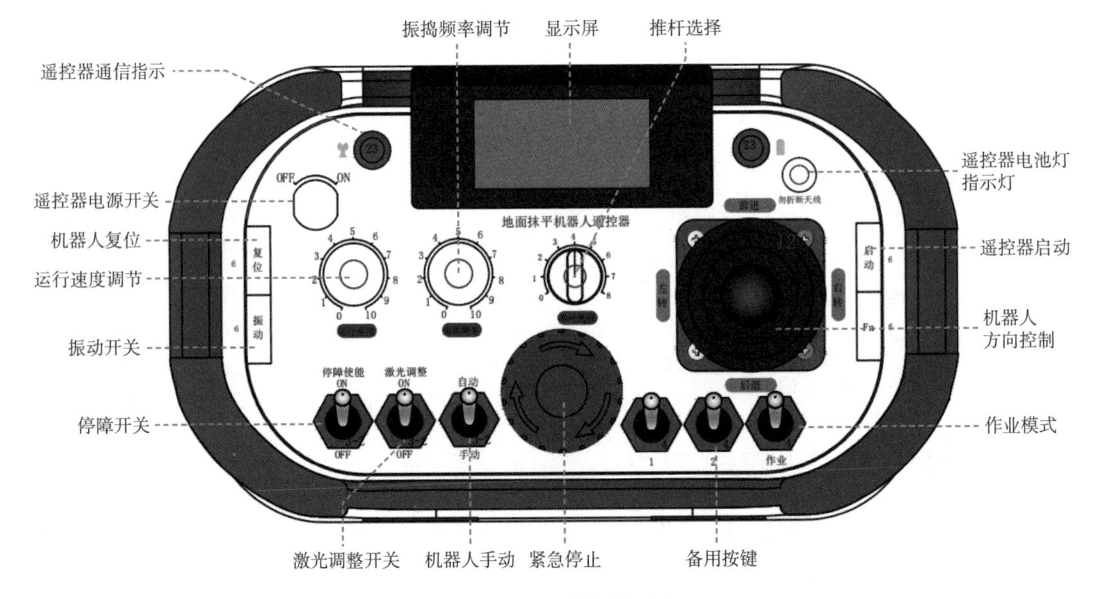

图9-2-4 遥控操作面板

连接成功，显示屏将闪烁显示“遥控器未连接”报警提示。需重复以上操作步骤。连接成功后，遥控器端通信指示灯将亮绿灯。

备注：使用遥控器操作时，需将控制操作模式选择开关置于“遥控器”端。

3．手动模式

机器人模式选择开关置“手动”位置，机器人将处于手动模式状态，机器人各动作可以单独控制。

4．底盘方向控制

（1）机器人前进：拨动摇杆“前进”，机器人将保持速度前进，再拨动一次摇杆“前进”，机器停止前进。

（2）机器人后退：拨动摇杆“后退”，机器人将保持速度后退，再拨动一次摇杆“后退”，机器停止后退。

（3）机器人左转：拨动摇杆“左转”，机器人将左转。

（4）机器人右转：拨动摇杆“右转”，机器人将右转。

备注：机器人左转或右转时，如同时按住遥控器“FN”按钮，可增加机器人转动速度。

5．速度控制

旋转“运行速度”旋钮，调节机器人运行速度（图9-2-5）。

备注：在控制底盘运动时，应优先调节机器人的运行速度（速度0~5范围内合适）。

6．上装控制—推杆

推杆上升：旋转“推杆选择”推杆编号；拨动摇杆“前进”，推杆收回。

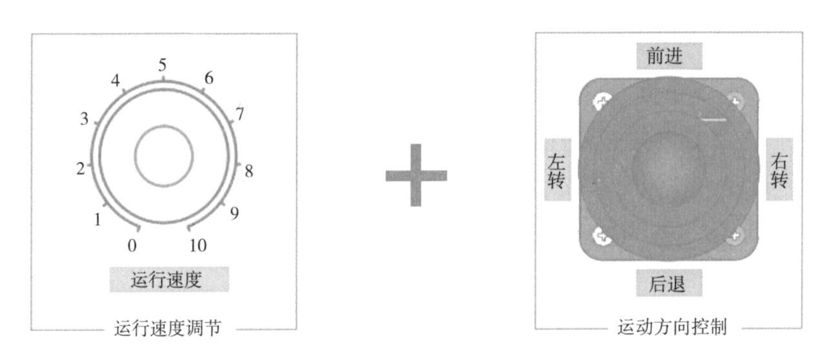

图9-2-5　运行速度及运动方向控制

推杆下降：旋转“推杆选择”推杆编号；拨动摇杆“后退”，推杆伸出。

备注：在控制推杆动作前，应优先旋钮“推杆选择”选择需要控制的推杆编号；如“0”表示未选择任何推杆（默认为底盘控制）；“1”表示左推杆；“2”表示右推杆；“3”表示左右推杆同时动作。在选择推杆编号后，摇杆方向中的“左转”和“右转”功能将失效（图9-2-6）。

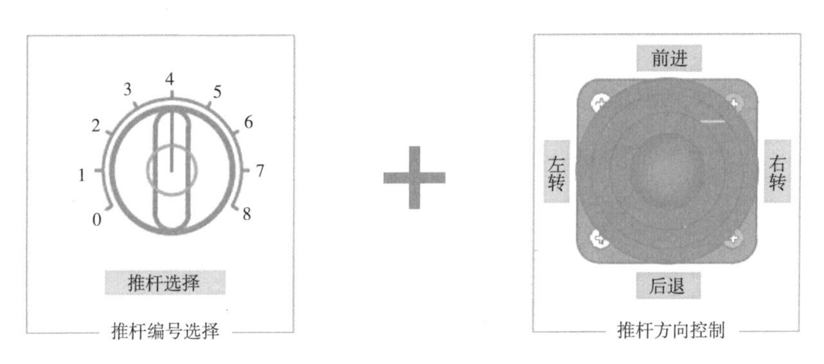

图9-2-6　推杆编号选择及推杆方向控制

7．上装控制—振捣

振捣开启：按下“振动”按钮，机器人打开振捣电机。

振捣关闭：再次按下“振动”按钮，机器人将关闭振捣。

振捣频率控制：旋转“振捣频率”旋钮，调节机器人振捣电机振捣频率（图9-2-7）。

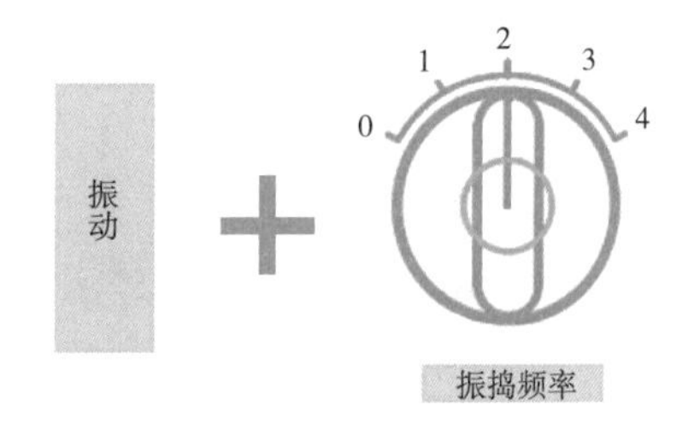

图9-2-7　振捣频率设置

8．上装控制—激光

激光调整ON：拨动“激光调整”开关到ON，机器人将打开激光调平功能。

激光调整OFF：拨动“激光调整”开关到OFF，机器人将关闭激光调平功能（图9-2-8）。

9. 上装控制—安全触边

停障使能ON：拨动“停障使能”开关到ON，机器人将打开触边使能功能。

停障使能OFF：拨动“停障使能”开关到OFF，机器人将关闭触边使能功能（图9-2-9）。

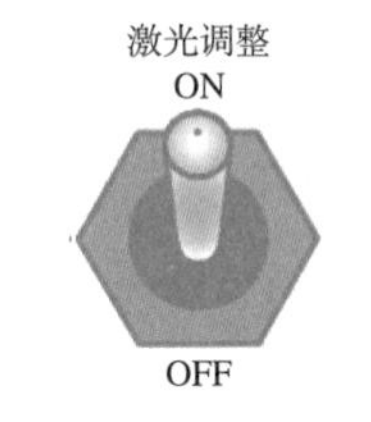

图9-2-8 激光调整设置

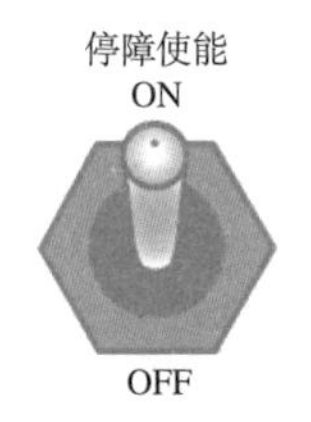

图9-2-9 停障使能设置

八、自动作业

1. 自动作业模式介绍

自动作业模式：机器人在抹平作业中，将自动打开激光调平和振捣功能，操作人员只需控制底盘方向和运行速度即可。

2. 自动模式操作流程（图9-2-10）

（1）将“手动/自动”选择开关置于自动状态，机器人处于自动模式状态。

（2）将“激光调整”，拨到ON状态，机器人处于激光自动调平功能模式。

（3）拨动“作业”开关，机器人将处于自动作业模式；如需停止自动作业模式，则再次拨动“作业”开关，机器人将停止作业模式，上装功能将回到原点并停止动作。

（4）选择合适速度并控制底盘方向运动。

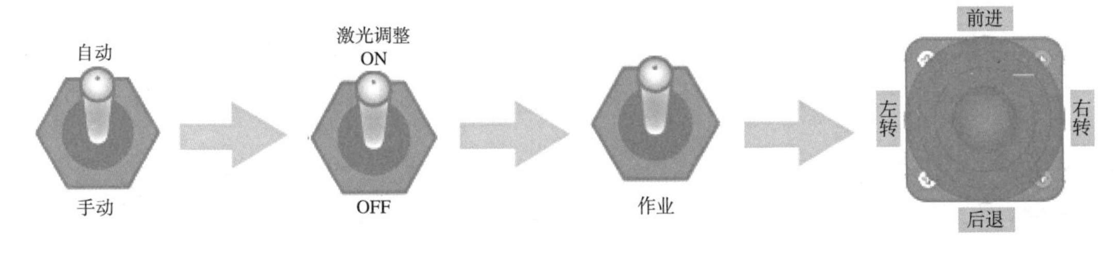

图9-2-10 自动模式操作流程

九、状态显示

遥控器显示屏将实时显示机器人运行速度、电池电量、报警代码等信息，有助于用户了解机器人当前状态（图9-2-11）。

当机器人处于故障状态时，在解决故障后需要按下遥控器端“复位”按钮，来解除报警状态。

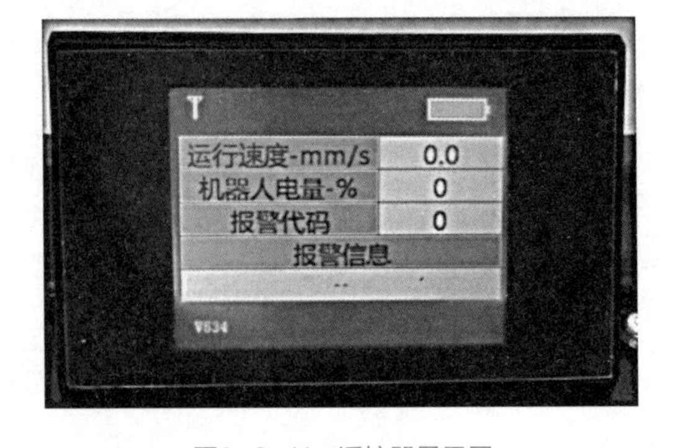

图9-2-11 遥控器显示屏

【知识链接】

知识点一：传统地面抹平施工工艺

1. 地面抹平作业

地面抹平作业主要是指混凝土初凝前进行的抹平收面工序。在混凝土浇筑后，为有效防止开裂现象的发生，一般在混凝土初凝时（手指按表面不粘手刚好留指纹即可断为初凝），派专人边稍用力挤压边收面，去掉一些细小裂纹，然后要及时对混凝土表面施以喷水养护，喷水时要注意不要过多，以喷雾小雨状最佳，喷水间隔时间应视施工环境温度、风力而定，以保持结构表面湿润为准。混凝土浇筑工程中，当混凝土振动完成后，表面要按工程要求处理，办法就是用铁抹子或木抹子在混凝土表面反复压抹，直到达到工程所需表面光洁要求。

2. 地面抹平施工工艺步骤

地面抄平→混凝土地面浇筑→挂线第一次找平→铝合金杆收面→磨光机二次抹面找平→覆盖薄膜→洒水养护。

知识点二：地面抹平机器人介绍

随着我国经济快速增长，人们生活水平的日益提高，人口老龄化、用工成本变高给生产企业带来了越来越高的生产成本负担，国家针对目前的社会现象，减轻企业负担的同时，提高国产品牌的生产技术，提出“智能制造、工业4.0、机器人”等新政策与新技术。本项目以广东博智林机器人有限公司的抹平机器人为例，这种小型轻量化、智能化的地面抹平机器人，替代人力实现自动化施工，对混凝土初凝地面进行抹平处理，并保证地面的施工质量达到高精度要求。

图9-2-12　地面抹平机器人

地面抹平机器人（图9-2-12），主要应用于混凝土初凝地面的抹平收面工序。采用履带行走机构和轻量化的机身，使得整机在初凝阶段的混凝土面上无打滑运动，尾部的振捣系统能够起到很好的提浆效果，配合高精度的激光测量与尾板实时标高控制系统，可以精准控制混凝土板面的水平度。基于GNSS导航技术，可实现自动路径规划的全自动施工作业。相比传统的地面抹平施工工法，大幅度提升了工作效率和地面抹平效果，在全自动高精度地面整平机器人施工的前提下，能够实现真正的高精度地面。

设备上安装有激光系统、刮板机构、履带行走系统、振捣提浆机构、锂电池、控制器等，施工现场在经过地面整平机作业后的初凝地面，待一定时间的蒸发与凝固后，进行地面抹平作业，使得终凝后的混凝土地面达到高精度地面的标准要求。

知识点三：地面抹平机器人的优点

与普通人工地面抹平相比，地面抹平机器人（图9-2-13）具有以下优点：

图9-2-13 地面抹平机器人现场作业

1. 地面抹平精度高

地面抹平机器人与它的“同事”地面整平机器人组合，在混凝土浇筑时地面整平机器人以激光为标准对工作面进行初次找平，在混凝土工作面初凝阶段时，地面抹平机器人激光找平系统通过实时激光收发信号，确保抹平刮板在水平可控标高线范围内作业，作业后的混凝土地面的平整度偏差控制在1.5mm/m，水平度极差控制在7mm以内，达到高精度地面要求。

2. 节省工期

地面抹平机器人的高质量施工免除了后期住宅楼面木地板安装以及客厅地砖铺贴等二次砂浆找平，实现快速穿插施工、加快装修进度、缩短总建造周期。

3. 施工效率更高

地面抹平机器人配备履带差速底盘，环境适用性更强，在作业过程中实时纠偏，确保覆盖率，有效提高机器施工效率。

4. 作业安全性更高

地面抹平机器人能降低企业成本与工人劳动强度，提高现场作业的安全系数。

任务 9.3
人工智能喷涂机器人

【任务描述】

通过认真阅读本教材及建筑施工相关教材知识点，开展调研，以小组为单位，对传统喷涂施工与喷涂机器人施工对比分析。

掌握喷涂机器人操作步骤。通过教学演示，复述喷涂机器人的操作步骤及其注意事项。

【任务成果】

完成并提交学习任务成果9.3-1、9.3-2。

学生任务成果9.3-1

分项	传统喷涂施工	喷涂机器人施工
现场作业图		
施工作业描述		
人工		
工时		
优点		
缺点		
注意事项		

学校				成绩
专业		姓名		
班级		学号		

学习任务成果9.3-2

<table>
<tr><th>机器人名称</th><th>步骤</th><th>分步骤/方法</th></tr>
<tr><td rowspan="9"> 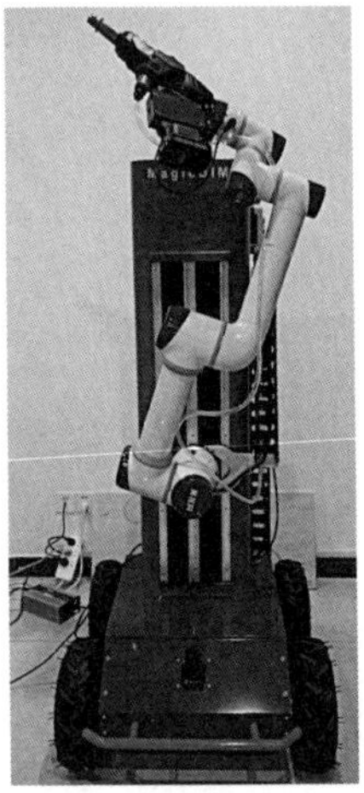测量机器人</td><td rowspan="3">开机</td><td></td></tr>
<tr><td></td></tr>
<tr><td></td></tr>
<tr><td rowspan="3">行走移动</td><td></td></tr>
<tr><td></td></tr>
<tr><td></td></tr>
<tr><td rowspan="2">关机</td><td></td></tr>
<tr><td></td></tr>
<tr><td>充电</td><td></td></tr>
<tr><td colspan="3">操作建议（结合小组操作过程中提出机器人操作建议）</td></tr>
<tr><td colspan="3"></td></tr>
</table>

<table>
<tr><td>学校</td><td colspan="3"></td><td>成绩</td></tr>
<tr><td>专业</td><td></td><td>姓名</td><td></td><td rowspan="2"></td></tr>
<tr><td>班级</td><td></td><td>学号</td><td></td></tr>
</table>

【任务实施】——喷涂机器人的操作步骤

一、喷涂机器人开机

喷涂机器人开机，操作步骤如下所示：

以喷涂机器人为例，其为一款充电机器人，在充完电后，可以直接按机器人背后左下角的【启动开关】按钮即可开启喷涂机器人，如图9–3–1所示。

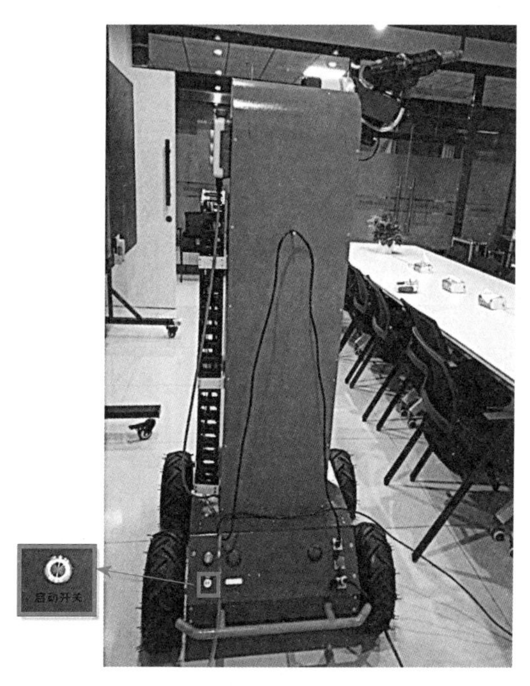

图9–3–1　喷涂机器人开机

将喷涂机器人设备上的一根黑色的网线连接到笔记本电脑上，然后将电脑的IP地址改为192.168.58.10（图9–3–2）。因为喷涂机器人的IP为192.168.58.2，所以电脑必须与机器人的网段相同，所以改为192.168.58.×（某个数字）。

1．进入喷涂机器人操作网页

将喷涂机器人的网址192.168.58.2粘贴到网址栏并回车，在弹出的【登录】窗口用户栏输入：programmer，密码栏输入：123，即可进入喷涂机器人的操作网页页面，如图9–3–3所示。

2．设置操作模式

在进入的喷涂机器人操作页面左侧单击【示教模拟】|【程序示教】，然后再单击右上角的手形图标，在弹出的下拉对话框中单击【点击切换模式】，这时手型图标便变成了自动模式图标，如图9–3–4所示。

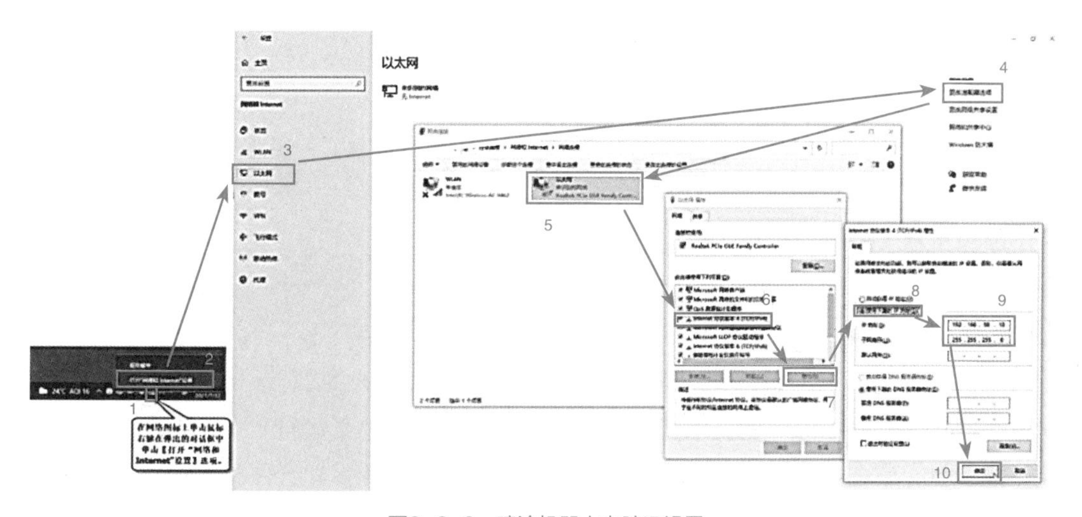

图9–3–2　喷涂机器人电脑IP设置

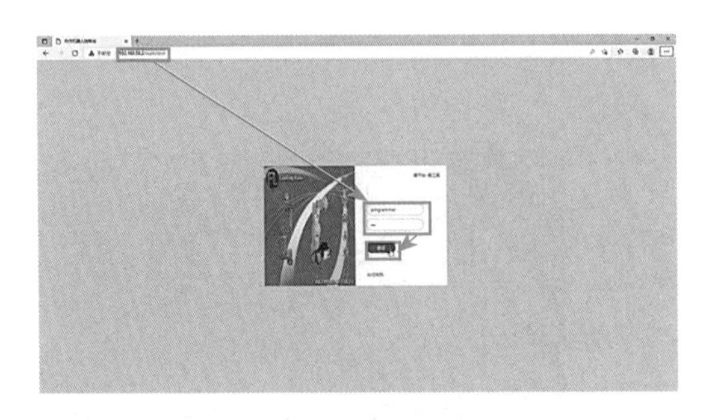

图9-3-3 喷涂机器人操作网页设置

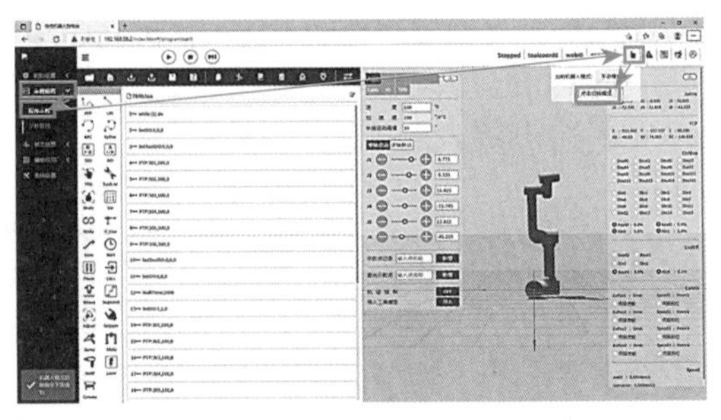

图9-3-4 喷涂机器人操作模式设置

3．开始运行

设置完所有选项后，单击左上角的【开始运行】图标，此时喷涂机器人便开始运行操作，如图9–3–5、图9–3–6所示。

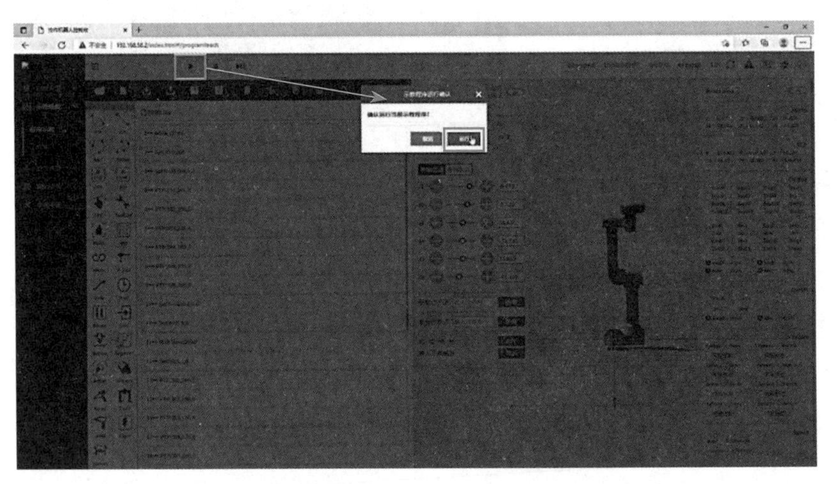

图9-3-5 喷涂机器人启动运行界面

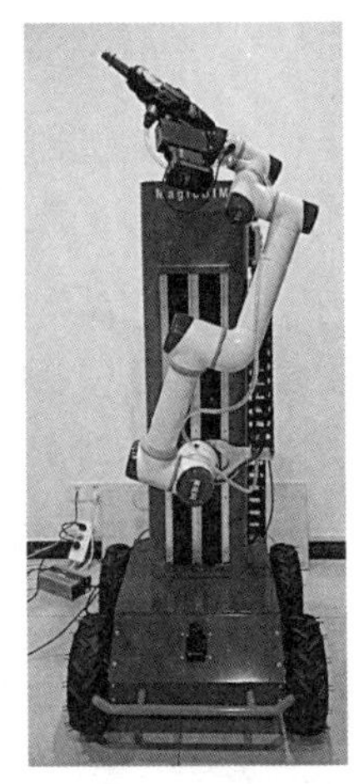

图9-3-6 喷涂机器人启动运行现场

二、喷涂机器人关机

喷涂机器人关机，操作步骤如下所示：

1．停止运行

操作完喷涂机器人后，需要先单击左上角的【停止运行】按钮，将喷涂机器人运行状态设置为停止状态，方可退出操作网页页面，如图9–3–7所示。如果在退出喷涂机器人操作网页页面的时候，未将喷涂机器人状态设置为停止运行状态而直接退出了网页页面，会导致喷涂机器人一直处于运行状态，直至电耗尽后才会停止运行。

2．手动调整机器人形态

在对喷涂机器人设置为停止状态后，通常机器人的姿态很怪异，需要手动将其调整到合适的形态，这时就需要设置其为【手动模式】和【可拖动】方可对其进行手动调节形态，如图9-3-8、图9-3-9所示。

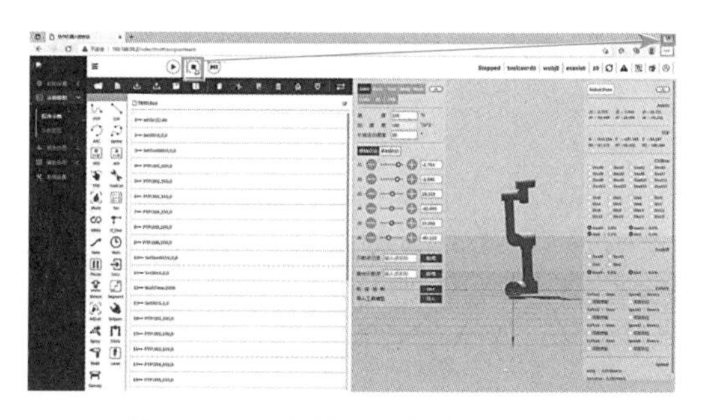

图9-3-7　喷涂机器人停止运行设置

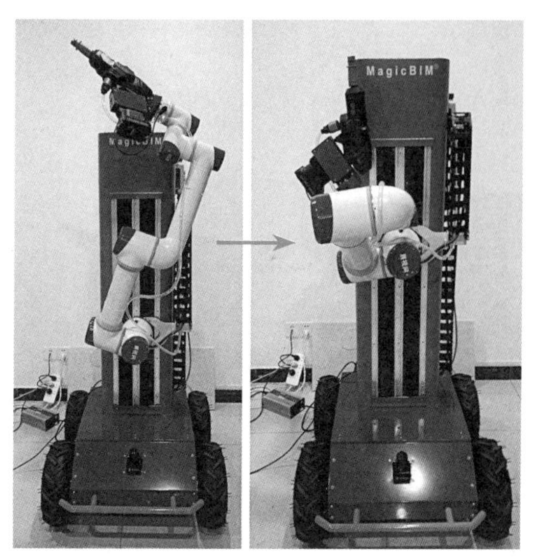

图9-3-9　喷涂机器人手动摆放位置

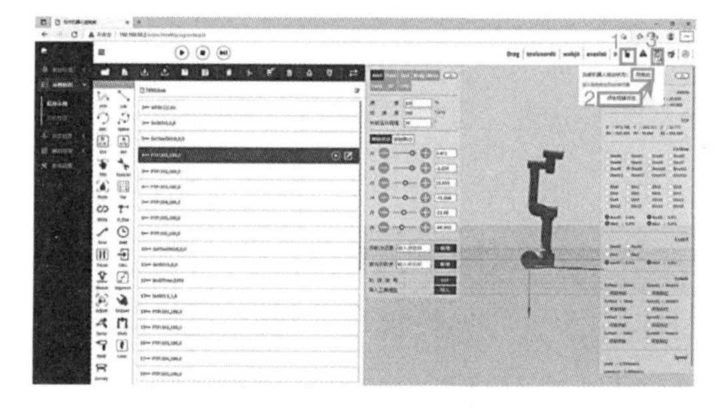

图9-3-8　喷涂机器人手动模式和可拖动模式设置

三、喷涂机器人充电

每次打开喷涂机器人的时候，需检查机器人电量，如果电量不够需要及时为其充电。

将充电线变压器线与喷涂机器人进行连接，并旋转卡扣卡紧充电口，即可开始为喷涂机器人充电，待【电量显示】为100%的时候，停止充电。如果喷涂机器人的电量低于10%的时候，就无法正常进行开机和登录网页操作页面。

四、喷涂机器人行走移动操作

喷涂机器人行走移动操作，操作步骤如下所示：

1．开启遥控器（图9-3-10）

2．打开行走移动开关

将遥控器上方最左边的一个旋钮拨到最下方，这样便打开了遥控器对喷涂机器人行走移动的开关，如图9-3-11所示。

3．操控喷涂机器人行走移动

通过遥控器中间的左右两个摇杆即可对喷涂机器人进行行走移动操作，遥控器的方向以人在喷涂机器人后面为操作基准，如图9-3-12所示。

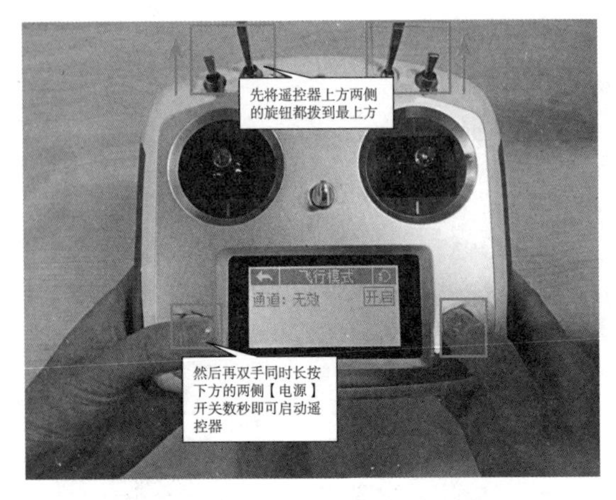

图9-3-10 喷涂机器人遥控器的开启

图9-3-11 喷涂机器人行走移动的开启

图9-3-12 喷涂机器人行走移动

【知识链接】

知识点一：传统喷涂施工工艺

1．喷涂作业

喷涂作业是指通过喷枪使油漆雾化，涂覆于物体表面的加工方法，有压缩空气喷漆、高压无空气喷漆、静电喷漆多种。喷漆作业使用含有大量溶剂的易燃漆料，在要求快速干燥的条件下，将以溶剂蒸汽挥发到空气中，易形成爆炸混合物。特别是静电喷漆，其是在60kV以上高电压下进行的，喷漆嘴与被漆工件相距在250mm以内即易发生火花放电，会引燃易燃蒸汽。

按照加热喷涂材料的热源种类，目前主要有四种类型：电弧喷涂、火焰喷涂、等离子喷涂及爆炸喷涂。利用喷涂技术，可以在各种基体上获得具有耐磨、耐蚀、隔热、导电、绝缘、密封、润滑以及其他特殊机械的物理、化学性能的涂层。喷涂作业应用范围非常广泛，涉及国民经济各个部门以及包括尖端技术在内的各个领域。

2．喷涂施工工艺步骤

施工前准备→喷涂基面处理→喷涂施工→喷涂场地清理→质量验收→喷涂层自然保护。

知识点二：机器人及其分类

1．机器人

一种能够通过编程和自动控制来执行诸如作业或移动等任务的机器，所不同的是这种机器具备一些与人或生物相似的智能能力，如感知能力、规划能力、动作能力和协同能力，是一种具有高度灵活性的自动化机器。

2．操作型机器人

能自动控制、可重复编程、多功能、有几个自由度、可固定或运动，用于相关自动化系统中。

3．程控型机器人

按预先要求的顺序及条件，依次控制机器人的机械动作。

知识点三：喷涂机器人

1．喷涂机器人介绍

喷涂机器人又叫喷漆机器人（spray painting robot），是可进行自动喷漆或喷涂其他涂料的工业机器人（图9–3–13）。喷漆机器人主要由机器人本体、计算机和相应的控制系统组成，液压驱动的喷漆机器人还包括液压油源，如油泵、油箱和电机等。多采用5或6自由度关节式结构，手臂有较大的运动空间，并可做复杂的轨迹运动，其腕部一般有2 ~ 3个自由度，可灵活运动。较先进的喷漆机器人腕部采用柔性手腕，既可向各个方向弯曲，又可转动，其动作类似人的手腕，能方便地通过较小的孔伸入工件内部，喷涂其内表面。

喷漆机器人一般采用液压驱动，具有动作速度快、防爆性能好等特点，可通过手把手示教或点位示数来实现示教。喷漆机器人广泛用于建筑、汽车、仪表、电器、搪瓷等工艺生产部门。

2．喷涂机器人的种类特点

（1）有气喷涂机器人

有气喷涂机器人也称低压有气喷涂机器人，喷涂机依靠低压空气使油漆在喷出枪口后形成雾化气流作用于物体表面（墙面或木器面），有气喷涂相对于手刷而言无刷痕、平面相对均匀、单位工作时间短，可有效地缩短工期。但有气喷涂有飞溅现象，存在漆料浪费，在近距离查看时，可见极细微的颗粒状。一般有气喷涂采用装修行业通用的空气压缩机，相对而言一机多用、投资成本低，市场上也有抽气式有气喷涂机、自落式有气喷涂机等专用机械。

（2）无气喷涂机器人

无气喷涂机器人可用于高黏度油漆的施工，而且边缘清晰，甚至可用于一些有边界要求的喷涂项目。按机械类型，可分为气动式无气喷涂机、电动式无气喷涂机、内燃式无气喷涂机、自动喷涂机等多种。

3. 喷涂机器人的优点

与普通人工喷涂相比，喷涂机器人具有以下优点：

（1）喷涂品质更高

喷涂机器人精确地按照轨迹进行喷涂，无偏移并完美地控制喷枪的启动。确保指定的喷涂厚度，偏差量控制在最小。

（2）更节约喷漆和喷剂

喷涂机器人的喷涂能减少喷漆和喷剂的浪费，延长过滤寿命，降低喷房泥灰含量，显著加长过滤器工作时间，减少喷房结垢。

（3）过程控制更精细

优质的喷涂机器人配置的喷涂控制软件，可使得用户控制喷涂参数，包括静电电荷、雾化面积、风扇宽度、产品压力等。

（4）灵活性更高

使用喷涂机器人可以喷涂具有复杂几何结构或不同大小和颜色的产品。另外，简单的编程系统允许自动操作小批量的工件喷涂。在初次投产以后，机器人喷涂生产线可以在任何时候进行更新。

（5）生产效率更高

使用喷涂机器人进行喷涂，不仅缺陷和手工补漆减少、返工率低。同时，超喷减少且无需研磨和抛光等后续加工，节省工时。而且机器人具有高可靠性，平均无故障时间长，可每天多班连续工作。

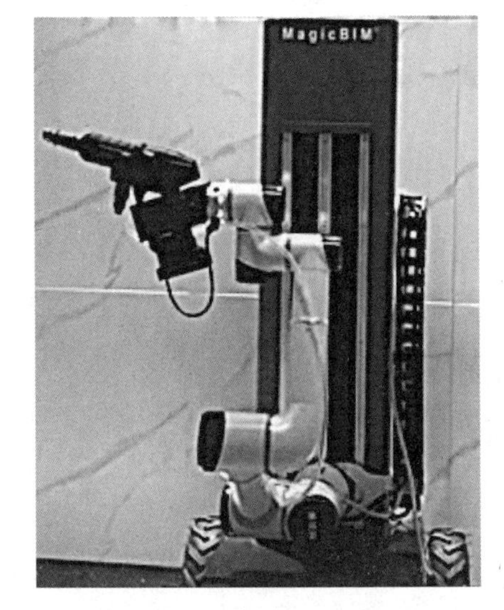

图9-3-13 喷涂机器人演示介绍

案例拓展

提升工程质量安全、效益和品质 建筑机器人派上了大用场

通过推广智能建造，传统建筑业将迎来转型升级，不仅可以推动行业的技术进

步，还可以提升工程质量安全、效益和品质，有效拉动内需，培育国民经济的新增长点。

1．建筑机器人效率高

在2022年中国核能高质量发展大会上，中建二局研发的“埋件焊接机器人”精彩亮相。定位、组对、调整，固定好夹具后，核电预埋件焊接机器人即可自动开始焊接作业。

如今，楼层清洁、室内喷涂、地砖铺贴等建筑工序不再由建筑工人亲力亲为，建筑机器人辅助和替代“危、繁、脏、重”的人工作业，提高了工程建设机械化、智能化水平。

2．培育智能建造试点城市

住房和城乡建设部2022年发布通知称，经城市自愿申报、省级住房和城乡建设主管部门审核推荐和专家评审，决定在北京、天津、重庆、广州、深圳、沈阳、南京、合肥、河北雄安新区等24个城市地区开展智能建造试点，试点期3年。

这批城市不仅建筑业企业基础较好，而且近年来均拥有大量工程建设项目，具有较好的推行智能建造的条件，预计可以取得良好的智能建造应用效果。另外，这些城市在地域分布上也有代表性，能够为在全国全面推进建筑业转型升级、推动高质量发展起到示范引领作用。

3．转型之路还需努力

目前，中国的一些企业在智能建造方面走在了前列，例如，建筑业的中央企业大多在智能建造方面具有雄厚实力，并将智能建造技术应用在大型复杂工程中；有的房地产企业也投入建筑机器人的开发应用，已取得一定成效。但总体来看，中国智能建造的智能化系统水平还不够高，智能化系统的种类、集成度以及应用面也比较有限，在人才培养、科技创新和应用落地等方面还需努力提升质量。

评价反馈

1. 实训报告

以小组为单位，参考前面智能机器人的操作步骤，实现本实训项目的预设目标，完成实训报告撰写，由实训指导老师结合实训内容及实训报告进行综合评价。

实训步骤
（用文字、图片，对实训过程的关键步骤及内容进行记录等）

实训结果
（实现本实训项目预设目标，用文字、图片，对实训结果进行记录等）

实训拓展
（选取实训拓展部分的一点，尝试进行探索实践并记录过程，或者说说自己的思考）

实训总结与体会
（包括实训收获、实训中遇到的难点及解决办法等）

2. 评价反馈

1）学生以小组为单位，对以上学习情境的学习过程与结果进行互评。

生生互评表

班级：	姓名：		学号：
评价项目	项目9　了解智能机器人		
评价任务	评价对象标准	分值	得分
了解智能机器人	了解智能机器人的分类和优点。	20	
智能机器人的操作	熟悉智能机器人的操作，并以小组为单位操作智能机器施工作业。	35	
学习纪律	态度端正、认真，无缺勤、迟到、早退现象。	10	
学习态度	能够按计划完成任务。	10	
学习质量	任务完成质量。	10	
协调能力	是否能合作完成任务。	5	
职业素质	是否严格按照规范解决问题。	5	
创新意识	是否能总结操作技巧。	5	
合计		100	

2）教师对学生学习过程与结果进行评价。

教师综合评价表

班级：	姓名：		学号：
评价项目	项目9　了解智能机器人		
评价任务	评价对象标准	分值	得分
了解智能机器人	了解智能机器人的分类和优点。	20	
智能机器人的操作	熟悉智能机器人的操作，并以小组为单位操作智能机器施工作业。	35	
学习纪律	态度端正、认真，无缺勤、迟到、早退现象。	10	
学习态度	能够按计划完成任务。	10	
学习质量	任务完成质量。	10	
协调能力	是否能合作完成任务。	5	
职业素质	是否严格按照规范解决问题。	5	
创新意识	是否能总结操作技巧。	5	
合计		100	

参考文献

[1] 赵春江. 人工智能引领农业迈入崭新时代[J]. 中国农业科技，2018（272）：29-31.
[2] 曹梦川. 人工智能在农业上的应用与展望[J]. 宁夏农林科技，2018（5）：59-60.
[3] 李中科，赵慧娟，苏晓萍，等. 人工智能在农业的最新应用及挑战[J]. 农业技术与装备，2018（6）：90-92.
[4] 刘韬，葛大伟. 机器视觉及其应用技术[M]. 北京：机械工业出版社，2018.
[5] 程光. 机器视觉技术[M]. 北京：机械工业出版社，2019.
[6] 王文利. 智慧园区实践[M]. 北京：人民邮电出版社，2018.
[7] 钱慧敏，何江，关娇. “智慧+共享”物流耦合效应评价[J]. 中国流通经济，2019（11）：3-16.
[8] 周苏，张泳. 人工智能导论[M]. 北京：机械工业出版社，2020.
[9] 杜睿云，蒋侃. 新零售：内涵、发展动因与关键问题[J]. 价格理论与实践，2017（2）：139-141.
[10] 石红兰. 基于图像处理的车牌识别系统的研究与实现[J]. 机电信息，2011（21）：178-178，185.
[11] 佀君淑，张建文. 智能交通中图像处理技术应用综述[J]. 电子信息，2017（6）：87.